尾管悬挂器可视化标准与应用

冯克满　王　超　于明武　尚　磊　朱剑锋　房恩楼　田军政　等著

石油工業出版社

内 容 提 要

本书着重介绍了国内外常规机械脱手尾管悬挂器、液压脱手尾管悬挂器和特殊的金属膨胀密封式尾管悬挂器及配套工具与附件的结构工作原理，详细介绍了国内外常用尾管悬挂器系统及配套工具的日常维护保养要求与组装程序，规范了机械脱手、液压脱手以及金属膨胀密封式等类型尾管悬挂器系统的现场操作程序，梳理并编制了三种常用的尾管回接工艺技术方案。

本书可供钻完井工程技术人员参考使用。

图书在版编目（CIP）数据

尾管悬挂器可视化标准与应用 / 冯克满等著 . — 北京：石油工业出版社，2024.3

ISBN 978-7-5183-6584-5

Ⅰ . ①尾…　Ⅱ . ①冯…　Ⅲ . ①衬管悬挂器 – 标准 – 研究　Ⅳ . ① TE925-65

中国国家版本馆 CIP 数据核字（2024）第 043196 号

出版发行：石油工业出版社

（北京安定门外安华里 2 区 1 号　100011）

网　址：www. petropub. com

编辑部：（010）64523583　图书营销中心：（010）64523633

经　　销：全国新华书店

印　　刷：北京中石油彩色印刷有限责任公司

2024 年 3 月第 1 版　2024 年 3 月第 1 次印刷

787 × 1092 毫米　开本：1/16　印张：20.5

字数：400 千字

定价：180.00 元

序

“书痴者文必工，艺痴者技必良”，中海油田服务股份有限公司油田化学事业部的众多专家，十多年来在千余口不同井况的尾管固井作业中，从陆地组装到现场作业，对尾管悬挂器结构原理及作业流程，析毫剖厘，深入研究。铢积寸累，终于形成了国内首部系统讲述尾管悬挂器作业总装测试及现场施工的标准化指导性书籍。

十余年的实践经验，标准化的作业程序对提升现场作业成功率、保障尾管固井作业质量等方面至关重要。《尾管悬挂器可视化标准与应用》一书作为尾管作业总装测试及现场施工的集大成之作，是一本系统阐述国内外各主流尾管工具的专业性书籍，将成为尾管作业工程师理论学习和系统化培训的指导性资料。同时，经专家组躬行实践所得的可视化标准将持续为海上尾管作业安全保驾护航，有效把控尾管作业施工风险，保证作业质量，为保障海上油气开采安全添砖加瓦。

中海油田服务股份有限公司油田化学事业部主营业务包括海上油田固井工程等服务，拥有众多经验丰富的固井工具与工艺技术专家，他们在多年尾管固井作业经验基础上，利用现有资源优势总结编写的此部专著，对石油行业尾管固井作业标准化管理和施工具有重要参考价值，对整个石油行业尾管悬挂器作业的规范化将是史无前例的，可将整个行业的尾管固井作业管理从尾管工具总装测试到现场作业施工的规范化提升到新的高度。本书可作为国内各油田钻完井工程作业组织管理单位、作业施工单位和相关尾管工具服务供应商在尾管工具作业管理及施工方面的指导和参考书籍。本书的成功出版发行必将为行业作业管理规范化、标准化贡献巨大价值，为保障国内尾管工具作业质量贡献积极力量。

中海油服油田化学事业部总经理

2024 年 05 月

前　言

近些年，随着钻井作业难度越来越大，尾管固井作业相对常规套管固井作业在解决易塌易漏、高温高压、“窄压力窗口”等复杂井况作业难题时展现出了显著的优势，尾管固井作业不仅能大幅降低套管用量和固井成本，还能有效缩短钻井周期、提升钻井时效、改善钻井作业条件，经济效益显著。因此，采用尾管固井作业方式已经成为提高作业效率、保障固井作业质量的主要技术措施。尾管固井作业是一项具有高风险、高难度、高施工质量要求的作业，尾管悬挂器作为尾管固井的专用工具，其使用的可靠性也应具备更高的要求。

尾管悬挂器经历了近百年的发展历程。早在 20 世纪 20 年代，美国得克萨斯州钢铁厂就成功地研制了全球首套机械式尾管悬挂器，为创新固井作业模式开创了先河。20 世纪 70 年代，随着国外尾管悬挂器技术的引入，国内如四川、华北等油田的科研机构相继开展了该技术的研究，最终成功研制出普通机械式和液压式尾管悬挂器，并在一些油田得到了应用。20 世纪 90 年代进入发展中期，国内对尾管悬挂器技术的自主研发力量得到了加强，制造技术有了提高，尾管悬挂器性能和质量趋于稳定。进入 21 世纪以来，尾管悬挂器技术进入了快速发展期。随着钻完井技术的不断发展，伴随着深井、超深井钻井不断增多，尾管悬挂器技术得到了快速发展，技术水平不断提高，尾管悬挂器规格类型不断推陈出新，尾管悬挂器技术日趋成熟。目前，尾管悬挂器多采用模块化设计，从最初“机械坐挂、机械脱手”的简单功能，向着耐高温、可旋转、悬挂能力强、过流面积大、防砂效果好、防提前坐挂坐封、脱手可靠性高、可应急脱手等多功能方向发展。

为了践行保障国家能源安全战略的重要使命，中国海洋石油集团有限公司进一步加大了油气勘探开发力度，钻井作业量不断攀升，尾管固井作业数量也呈现出逐年递增的趋势。为了在实际作业中加强对尾管悬挂器服务商的有效监管，实现尾管固井作业从组装到现场施工的全过程控制，有效降低作业风险，提高尾管悬挂器及工具应用成功率，保障工程效率和质量，2011 年，中海油田服务股份有限公司油田化学事业部成立了固井工具项目组，经过对国内海上油气田常用尾管悬挂器结构原理与应用的潜心研究，结合一千余口井的实践经验，总结编写了《尾管悬挂器可视化标准与应用》，该书对管控尾管悬挂器作业、提高作业成功率以及对专业技术人员的培训具有重要指导作用。

本书主要介绍了尾管悬挂器系统的结构原理、维保组装及现场操作，有助于油田钻完井工程技术人员提高尾管悬挂器系统的理论认识和现场应用水平，进一步提升固井作业质量。本书在编写过程中得到了威德福（中国）能源服务有限公司、斯伦贝谢科技服务（成都）有限公司、哈里伯顿（中国）能源服务有限公司、德州大陆架石油工程技术有限公司及深圳市迈威石油设备技术有限公司有关技术人员的大力支持，在此表示衷心感谢！由于水平有限，难免存在疏漏，恳请广大读者给予指正。

目 录

第一章 尾管悬挂器系统结构原理

尾管悬挂器系统是将尾管串悬挂于上层套管内，由尾管悬挂器和送入工具组成，通常使用钻具送至井下设计位置，进行坐挂及注水泥等操作，还可配合完井管串使用来进行完井等作业。使用尾管悬挂器进行尾管固井作业可以有效降低钻机负荷及施工压力，提高时效、降低成本。

目前，国际上常用的尾管悬挂器，按坐挂方式可分为机械式、液压式和金属膨胀密封式三大类。机械式尾管悬挂器通过上提下放及旋转管柱操作来实现悬挂器坐挂；液压式尾管悬挂器通过打压推动悬挂器卡瓦来实现坐挂；金属膨胀密封式尾管悬挂器通过打压推动膨胀锥，胀封金属膨胀体来实现坐挂。

根据尾管悬挂器使用的普及程度，将坐挂方式为机械式和液压式的尾管悬挂器归类为常规尾管悬挂器，本章就常规式和金属膨胀密封式尾管悬挂器及附件的结构与原理进行简要介绍。

第一节　常规尾管悬挂器

常规尾管悬挂器总成主要包括：回接筒、封隔器或送放短节、悬挂器、牵制短节（可选）、服务工具（防砂帽、坐封器、送入工具、中心管、密封补芯）等部件。

送入工具脱手方式分为机械式和液压式。机械式脱手通过正转倒扣的方式来实现，液压式脱手通过打压回收棘爪的方式来实现。

一、机械脱手尾管悬挂器总成

斯伦贝谢 RRT 系统尾管悬挂器总成如图 1–1–1 所示，威德福 R–Tool 系统尾管悬挂器总成如图 1–1–2 所示。

二、液压脱手尾管悬挂器总成

斯伦贝谢 CRT 系统尾管悬挂器总成如图 1–1–3 所示，威德福 HNG 系统尾管悬挂器总成如图 1–1–4 所示。

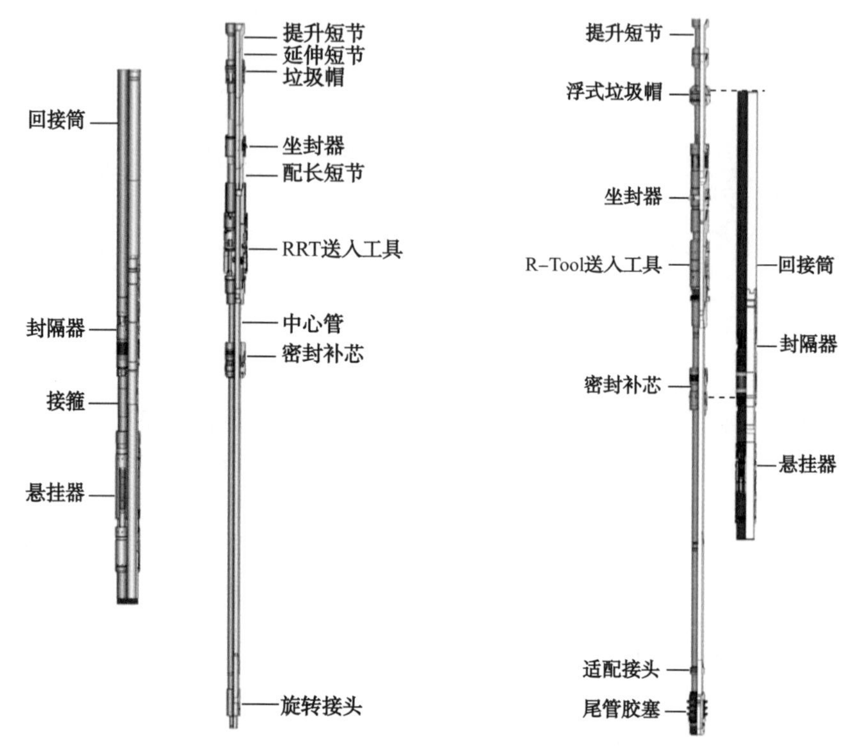

图 1-1-1　斯伦贝谢 RRT 系统尾管悬挂器总成　　图 1-1-2　威德福 R-Tool 系统尾管悬挂器总成

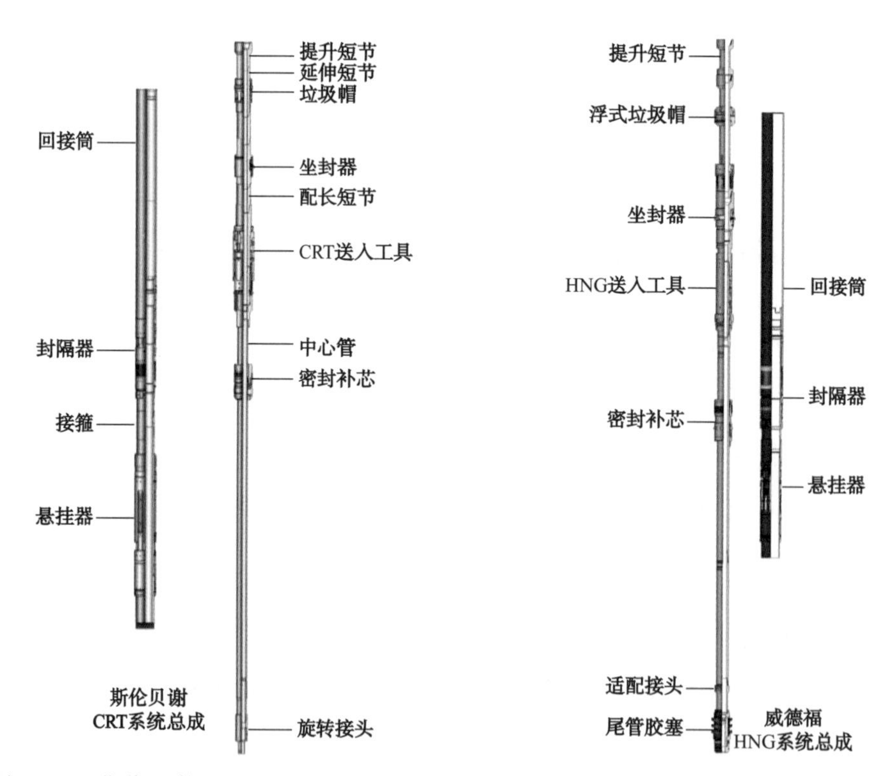

图 1-1-3　斯伦贝谢 CRT 系统尾管悬挂器总成　　图 1-1-4　威德福 HNG 系统尾管悬挂器总成

三、尾管悬挂器主要部件工作原理

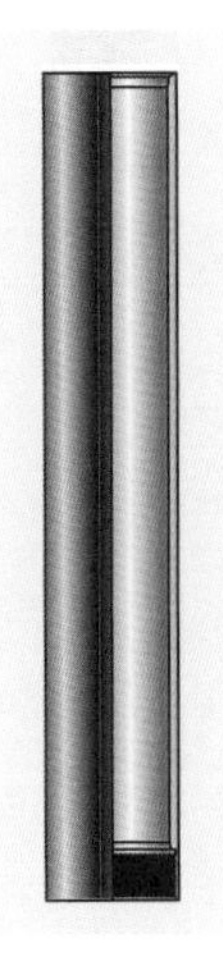

1. 回接筒

回接筒主要用于尾管的回接作业，承接回接插头实现密封。在常规尾管作业过程中，可为送入工具提供安全的操作空间，并传递坐封封隔器时所需的钻具重量。它的上部安装防砂帽，下部通过螺纹连接至尾管顶部封隔器。另外，回接筒全部采用内抛光设计，长度可以按需定制。

2. 尾管顶部封隔器（常规型）

尾管顶部封隔器主要用于封隔上层套管与尾管的环空，避免由于异常地层压力或水泥浆失重等原因，导致高压油气水侵入尚未完全凝固的水泥浆而形成窜流通道。封隔器上部连接回接筒，下部连接尾管悬挂器。其内部有与液压脱手送入工具配合的凹槽或与机械脱手送入工具配合的反扣螺纹，实现与送入工具的连接和脱手。内密封面与密封补芯、中心管配合实现工具密封。送入工具脱手后，通过坐封工具，将钻具重量施加到回接筒，再传递至封隔器上，分别剪切封隔器的两组销钉，压缩胶筒并推动反向卡瓦沿锥体下行，使胶筒完全膨胀贴合于上层套管内壁实现密封、使反向卡瓦的合金齿嵌入上层套管内壁进行锚定；同时，封隔器内部的倒齿机构锁死，防止封隔器解封，最终实现封隔器的永久坐封。

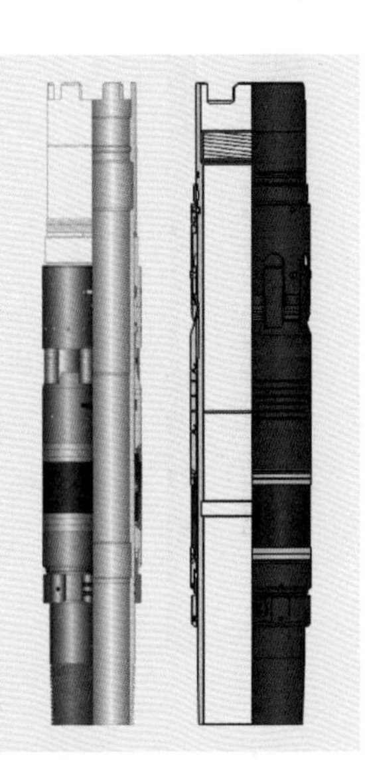

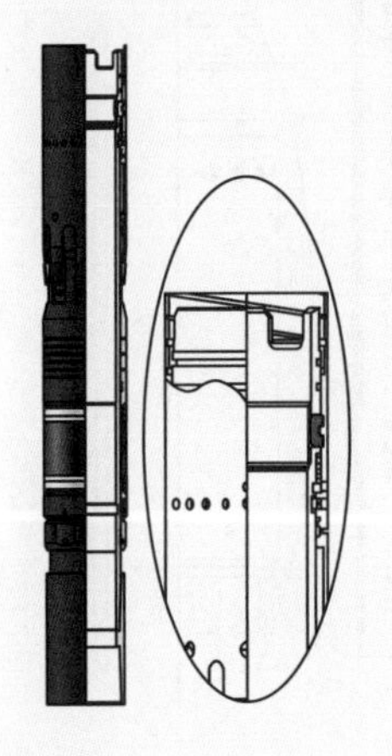

3. 尾管顶部封隔器（防提前坐封型）

具有防提前坐封功能的封隔器，在与送入工具连接时，倒扣螺母连接到位后，会将封隔器本体的三个锁块向外推挤至封隔器本体与外筒的锁定位置，通过限制封隔器外筒向下运动的行程，来防止提前坐封。送入工具脱手后，倒扣螺母离开锁块位置。释放对锁块的限位，在上部钻具重量的作用下，封隔器外筒可顺利向下移动，从而实现封隔器的坐封。封隔器与回接筒的连接，使用钢丝在螺旋槽内固定的形式，可有效防止旋转过程中回接筒脱落。

4. 送放短节

送放短节用于不需要尾管顶部封隔的作业。其内部有与液压脱手送入工具配合的凹槽或与机械脱手送入工具配合的反扣螺纹，实现与送入工具的连接和脱手。内密封面与密封补芯、中心管配合实现工具密封。送放短节与尾管顶部封隔器的区别在于无外部的胶筒及卡瓦等组件。

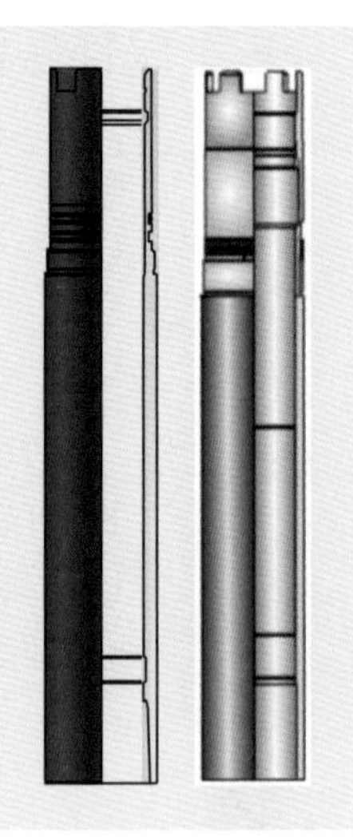

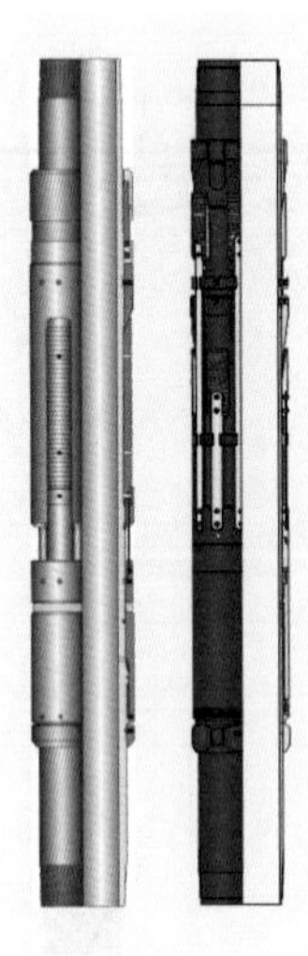

5. 尾管悬挂器（液压式）

尾管悬挂器主要用于将尾管悬挂在上层套管内壁。常规型尾管悬挂器通过投球、打压剪断液压缸上的剪切销钉，使液压缸推动卡瓦沿锥体向上运动，随后下放全部的尾管重量以及相应的钻具重量，卡瓦的合金齿嵌入套管内壁，实现尾管串的悬挂。

6. 尾管悬挂器（液压式防提前坐挂）

防提前坐挂机构的 4 个锁块，被液压缸覆盖着，将悬挂器卡瓦和本体锁定在一起，无法产生相对位移。在液压缸销钉被剪切前，可确保尾管悬挂器不会坐挂。尾管下到位后，投球打压，剪断液压缸销钉，液压缸向上运动时，自动解除 4 个锁块的锁定状态，从而实现坐挂。另外，悬挂器本体带有轴承可实现旋转固井。

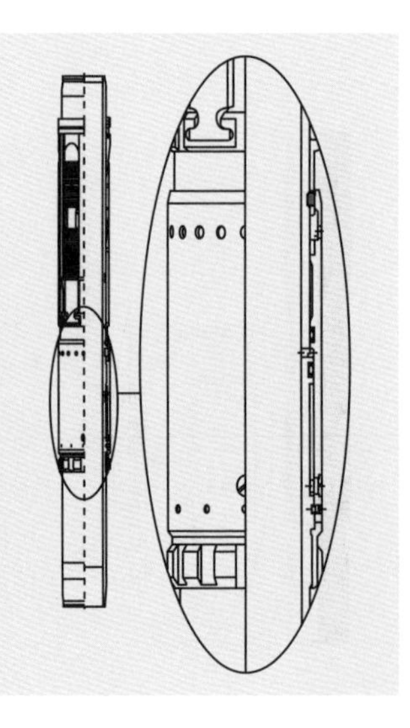

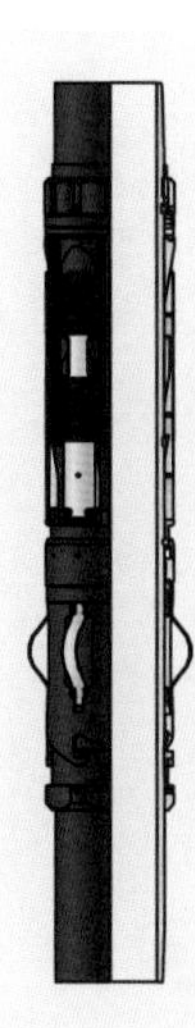

7. 机械式尾管悬挂器

机械式尾管悬挂器没有传压孔和液压缸，因此其循环压力不受限制。尾管下至设计深度后，上提拉伸尾管悬挂器时，通过摩擦片与上层套管产生的摩擦力，使尾管悬挂器本体上的键块沿着外筒的J形槽向上运动到J形槽的顶端。向右正转1/6圈后，键块脱离J形槽锁定位置。此时，下放尾管，悬挂器锥体随着本体向下运动将卡瓦撑开，并悬挂于上层套管上。坐挂后，可通过上提解挂，恢复下入状态。

8. 牵制短节

牵制短节可将尾管锚定于上层套管内壁，防止在脱手过程中，将尾管提活，适用于尾管悬重较轻的作业。其工作原理与尾管悬挂器相同，只是卡瓦运动方向相反，牵制短节的卡瓦是向下运动的。牵制短节都配有解封机构，可通过过提的方式，拉断剪切销钉或剪切铁丝实现解封。

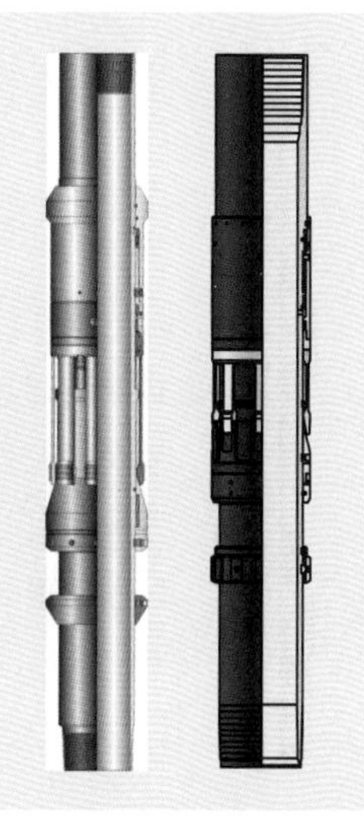

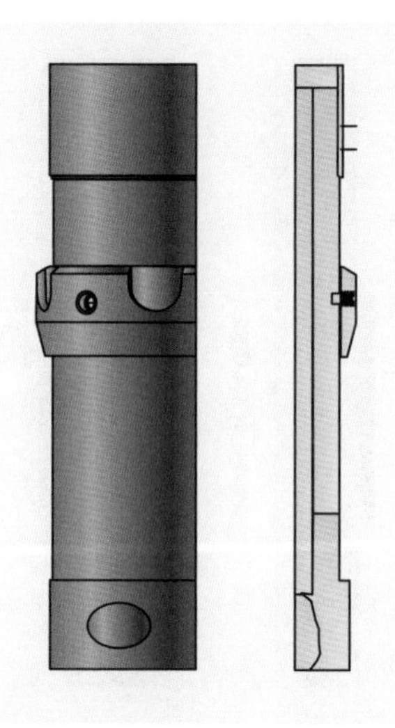

9. 简易防砂帽

简易防砂帽罩在回接筒的顶部，固定于提升短节上。主要用来防止沉砂、岩屑及水泥固相颗粒等杂质进入回接筒内。其结构简单、实用，试脱手安全距离较长。但在试脱手操作过程中，会随提升短节向上移动而脱离回接筒，故无法避免沉砂的进入，防砂效果欠佳。

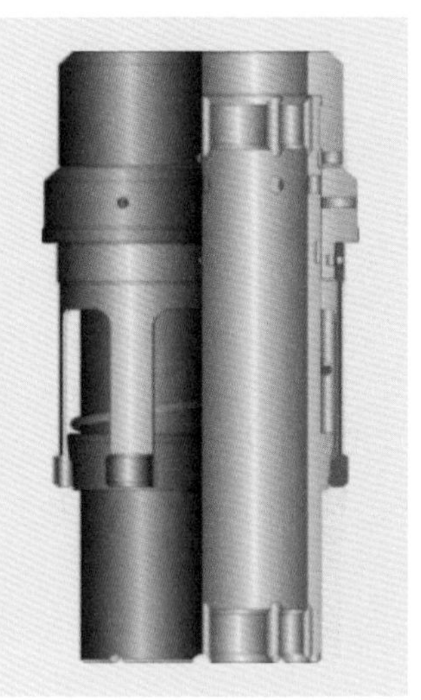

10. 常规防砂帽

常规防砂帽 JBT（Tie-back Junk Bonnet），通过棘爪锁定在回接筒顶部的凹槽内，回收之前不会脱离回接筒，防砂效果较为理想。正常情况下可通过压缩内置的弹簧来回收。当无法实现正常回收时，还可通过剪切棘爪套销钉的方式，实现应急回收。试脱手时，应避免提活防砂帽。

11. 浮式防砂帽

浮式防砂帽 FJB（Floating Junk Bonnet）能与回接筒形成密封，工具入井前回接筒内灌满清水，浮式防砂帽会漂浮在回接筒顶部，平衡回接筒内外压力，能够有效避免沉砂及水泥等固相颗粒进入回接筒。当防砂帽被沉砂掩埋，无法提活时，可通过上提剪切基座销钉，打开循环孔，开泵进行冲洗。解封后基座可在弹簧作用下自动复位。另外，防砂帽顶部的刀翼结构还可实现倒划，清刮顶部堆积的沉砂。

12. 坐封器

坐封器用于传递送入钻具的重量来坐封尾管顶部封隔器，它内置高强度轴承，可实现旋转坐封。坐封器的胀封挡块在回接筒内处于收缩状态，当坐封器被提出回接筒后，胀封挡块会在弹簧的弹力作用下完全张开压在回接筒上，进而传递钻具重量，坐封顶部封隔器。

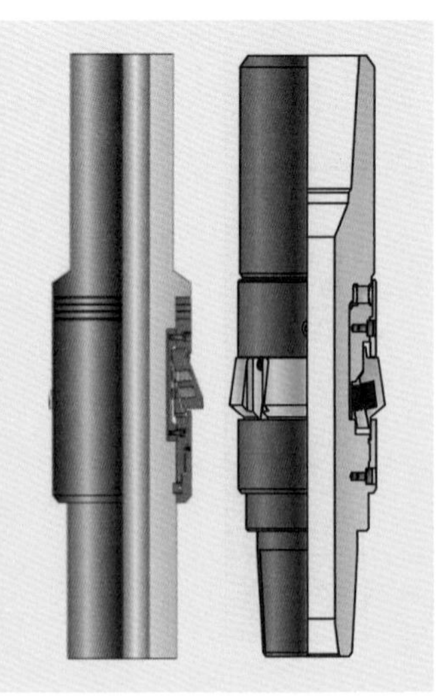

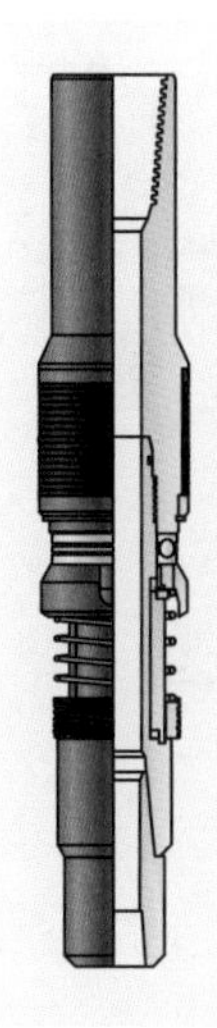

13. 机械式送入工具

机械式送入工具通过反扣螺母与尾管顶部封隔器或送放短节连接，尾管送入到位后，通过正转倒扣的方式即可实现脱手。此工具在下入过程中禁止旋转。

14. 送入工具（机械式带液锁装置）

带液锁装置的送入工具通过反扣螺母与尾管顶部封隔器或送放短节连接，其液锁装置是防止提前脱手的保护装置，可实现管串的旋转下入，与可旋转式尾管悬挂器配合使用时，可实现旋转固井。液锁解除压力可调，其设定压力通常与坐挂压力相近，在打压坐挂的同时，液锁也被解除。液锁解除后，通过下压正转即可实现送入工具的脱手。送入工具脱手后，继续旋转一定圈数，扭矩又重新传递到尾管上。送入工具底部接头内装有阀座，无法憋压解除液锁时，可通过投入坐落阀的方式，进行应急脱手操作。

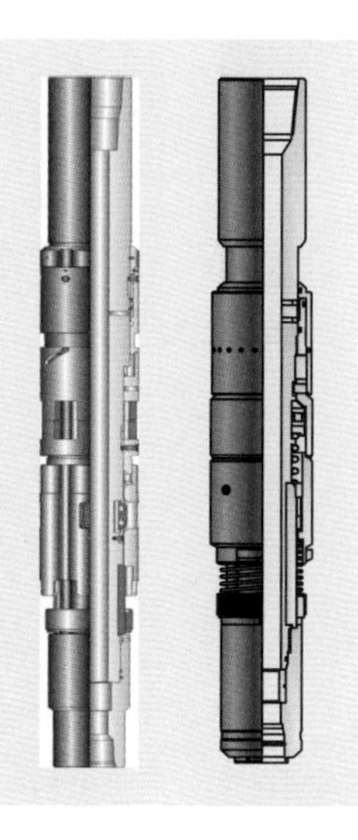

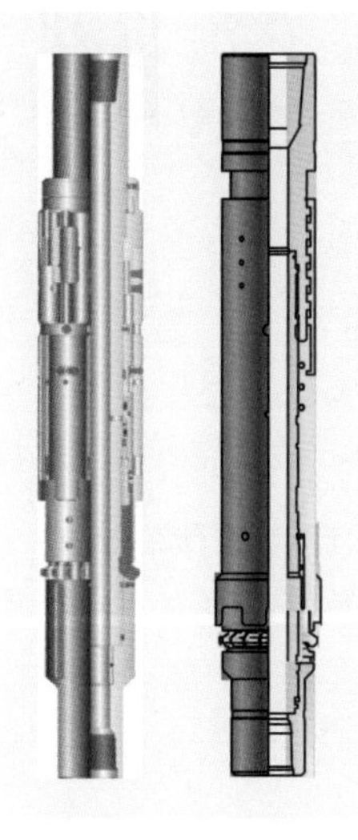

15. 送入工具（液压式）

液压脱手送入工具，通过棘爪与尾管顶部封隔器或送放短节对应的凹槽配合连接，可实现管串的旋转下入，与可旋转式尾管悬挂器配合使用时，可实现旋转固井。脱手时，使工具保持下压状态，打压剪切液压缸销钉后，液压缸带动棘爪向上运动，脱离封隔器凹槽，实现脱手。同时，送入工具内部的止退卡簧将棘爪总成限制在本体槽口上，确保其不会重新插入封隔器槽口内。如无法实现正常脱手，通过反转剪切应急脱手销钉，继续下压实现应急脱手。部分该类型送入工具底部接头内装有阀座，还可通过投入坐落阀憋压的方式，进行应急脱手操作。

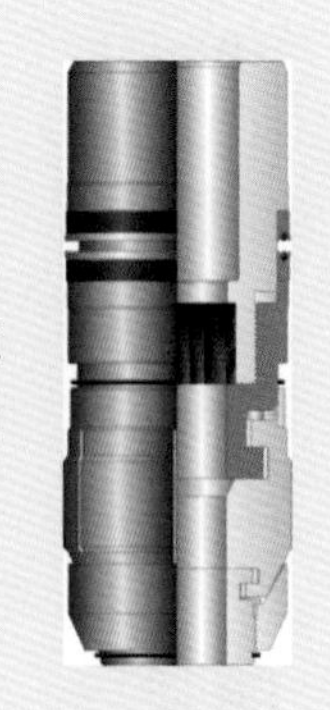

16. 密封补芯（常规型）

常规型密封补芯用于密封尾管封隔器或送放短节与中心管的环形空间，通过锁块固定在尾管封隔器或送放短节的凹槽内。回收送入工具时，上提至中心管底部的缩径处即可泄压及释放锁块，继续上提回收密封补芯。

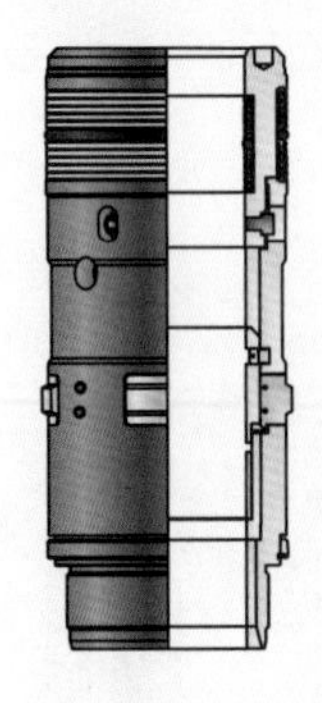

17. 密封补芯（防抱死型）

防抱死型与常规型密封补芯的区别在于，其带有变径内衬套，锁块与中心管不直接接触，可有效避免在压力作用下锁块损伤甚至抱死中心管。回收送入工具时，由连接在中心管底端适配接头向上拉动内衬套，剪断内衬套的剪切销钉，释放锁块，回收密封补芯。

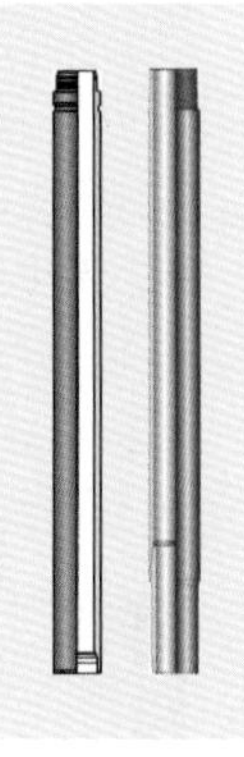

18. 中心管

中心管外表面抛光处理与密封补芯密封，并提供试脱手、坐封的上提操作空间，确保密封补芯不提前失效。部分型号中心管下端采用缩径设计，用于释放密封补芯锁块及泄压。

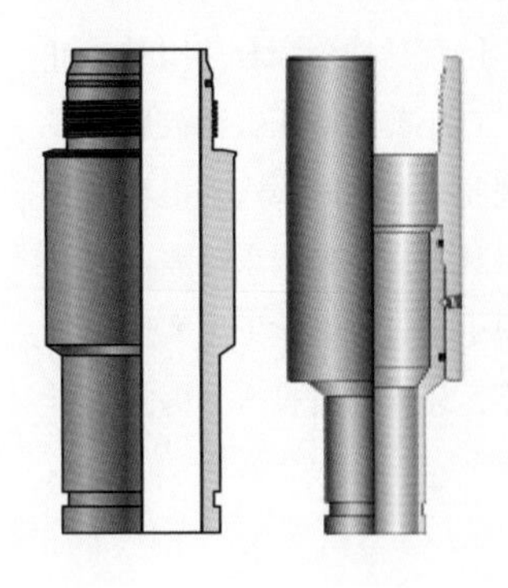

19. 尾管胶塞适配接头

尾管胶塞适配接头安装于中心管下端，用于连接尾管胶塞及回收密封补芯。部分型号胶塞适配器带有轴承，可旋转。

第二节 金属膨胀密封式尾管悬挂器

哈里伯顿金属膨胀密封式尾管悬挂器与常规尾管悬挂器不同，其外部没有液压缸及卡瓦等活动部件，并且坐封（坐挂）及脱手操作也都是在固井之后完成的。

哈里伯顿金属膨胀密封式尾管悬挂器相关操作流程如图 1–2–1 所示。正常情况下，尾管胶塞碰压后，通过钻杆内打压，关闭、坐封阀板来激活传压通道，打压推动膨胀锥将金属膨胀密封体胀封并贴合于套管内壁完成坐封，随后下放钻具进行脱手。当阀板不能正常关闭时，还可以通过下压、左转（剪切扭矩剪切销钉）、上提的应急操作方式来关闭阀板。阀板关闭后，如需坐封尾管悬挂器，可按正常程序继续打压进行操作。如无需坐封尾管悬挂器，则可通过下压管柱来完成送入工具的应急脱手。另外，阀板关闭后如无法憋压，还可以通过地面投球的方式，进行尾管悬挂器的坐封操作。

尾管悬挂器总成主要包括以下部件：回接筒、膨胀坐封体、底部衬套；应急机构、阀板机构、旁通机构、推筒机构、膨胀锥、泄压座、棘爪释放机构等。

一、金属膨胀密封式尾管悬挂器总成

哈里伯顿 HTVF 金属膨胀密封式尾管悬挂器总成如图 1–2–2 所示。

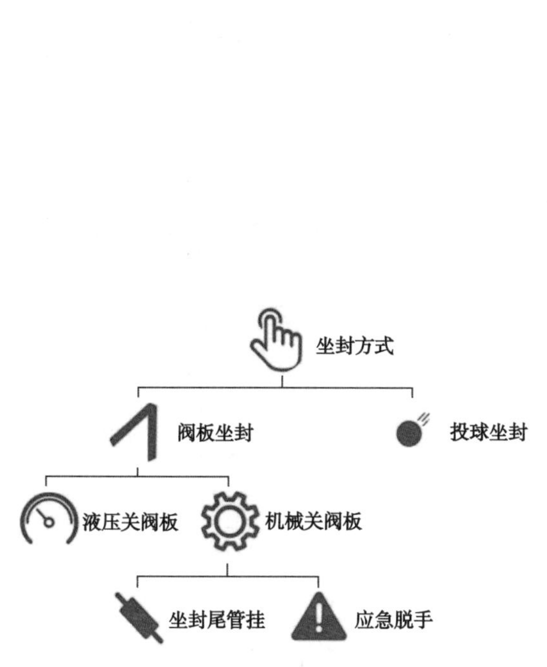

图 1–2–1 哈里伯顿金属膨胀密封式尾管悬挂器相关操作流程

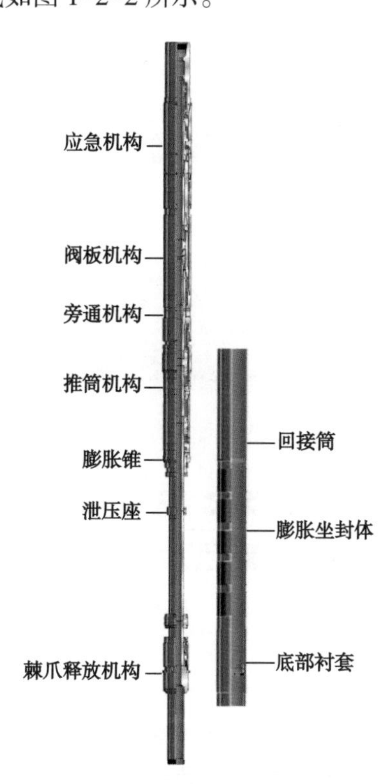

图 1–2–2 哈里伯顿 HTVF 金属膨胀密封式尾管悬挂器总成

二、金属膨胀密封式尾管悬挂器工作原理

下面以操作流程的形式对金属膨胀密封式尾管悬挂器的主要工作原理进行介绍，包括：液压关阀板坐封尾管悬挂器、送入工具正常脱手、机械关阀板坐封尾管悬挂器、投球坐封尾管悬挂器，以及机械关阀板时，工具移动距离、锁块在J形槽内的移动轨迹等。

1. 液压关阀板，坐封尾管悬挂器

（1）碰压后，钻杆内打压。

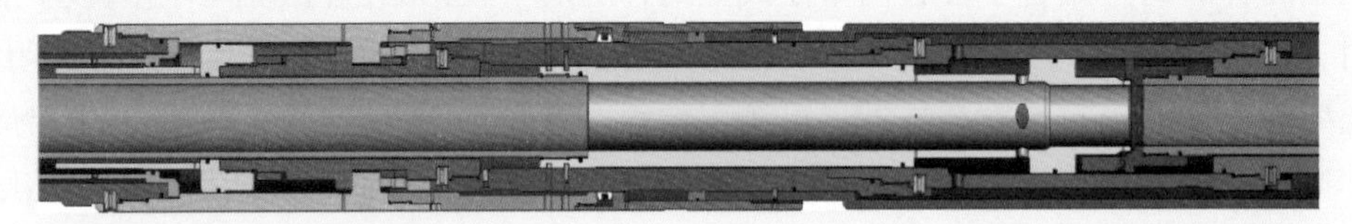

（2）在压力作用下，球座上移。

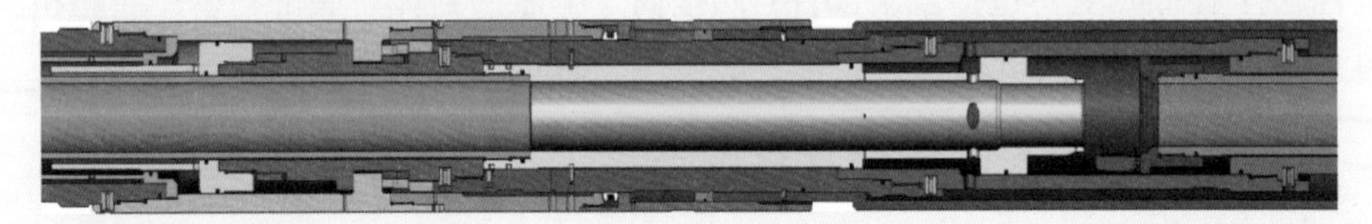

（3）阀板失去支撑后，关闭。

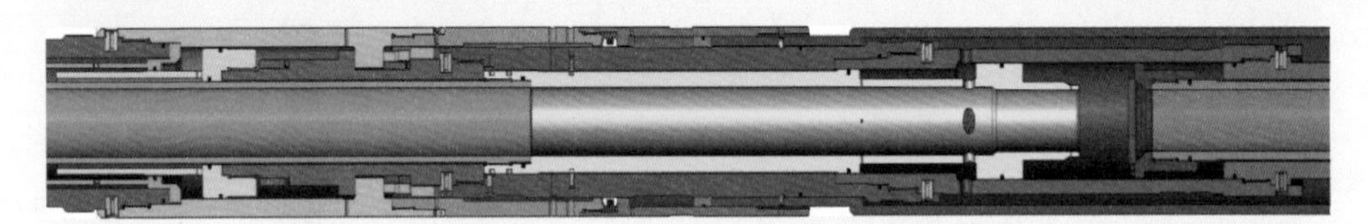

（4）放压后，再次打压，阀板下行。

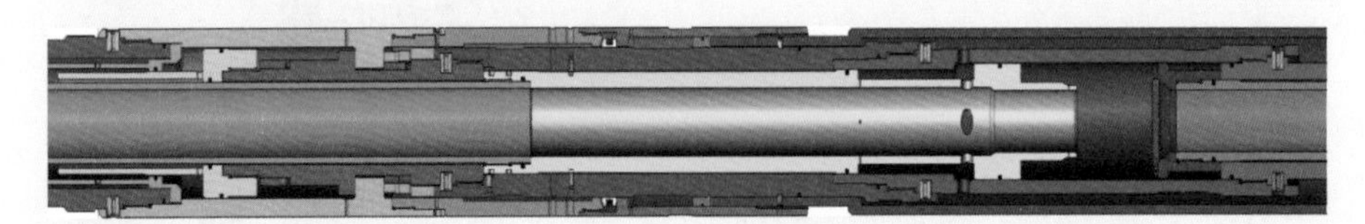

（5）下行到位后，旁通孔打开，下部心轴的压力可以释放至环空。

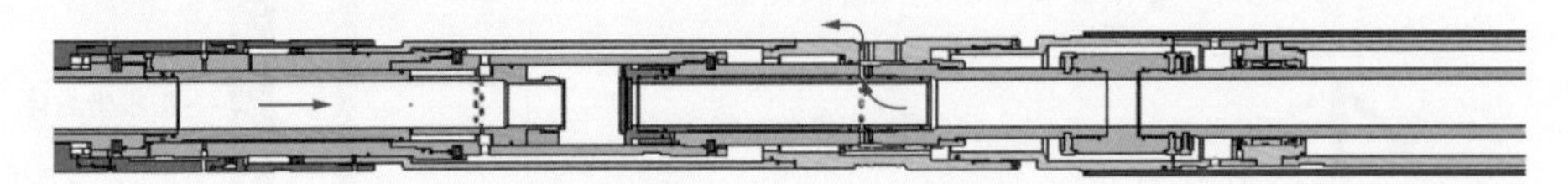

（6）继续打压，压力通过工具的侧孔传递至推筒及膨胀锥，并推动膨胀锥下行，坐封尾管悬挂器。

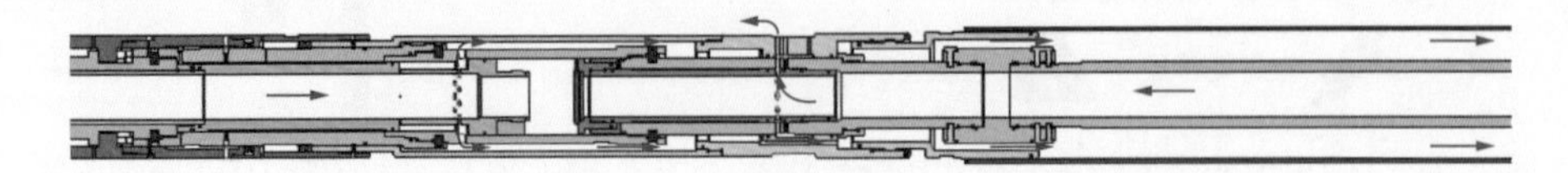

（7）坐封完成后，膨胀锥推动开孔密封套，剪断剪切销钉。

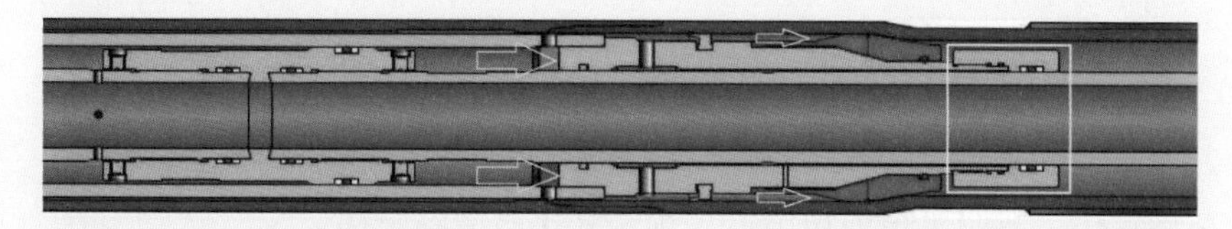

（8）泄压孔打开，压力释放。

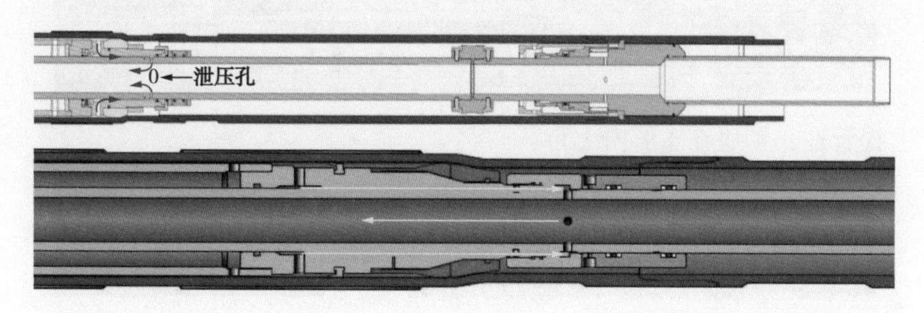

2. 服务工具正常脱手

坐封结束后，下压管柱，服务工具心轴（绿色部分）下行，棘爪失去支撑，上提管柱脱手服务工具。

（1）服务工具脱手前位置。

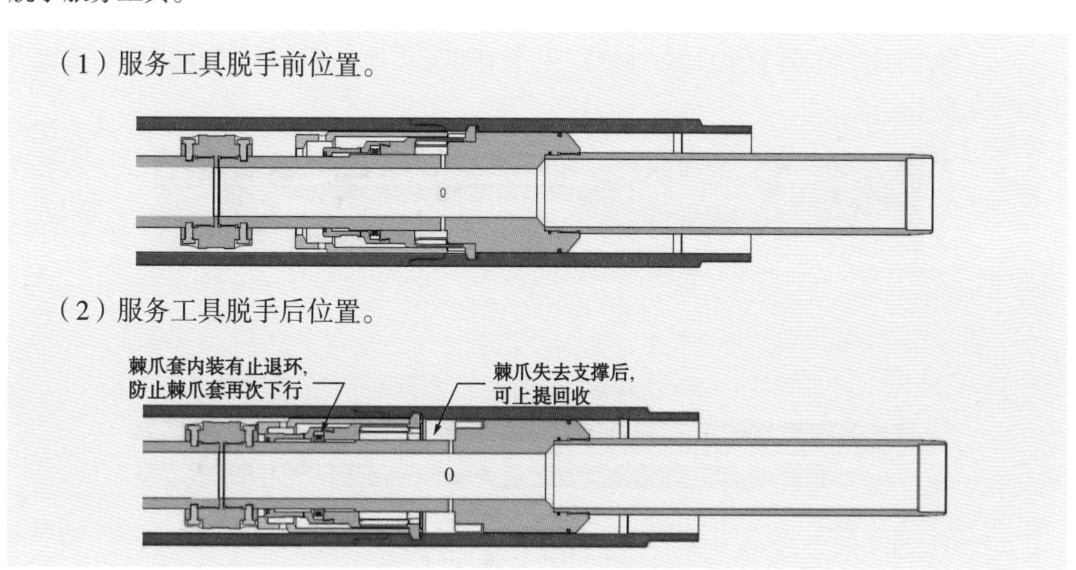

（2）服务工具脱手后位置。

3. 机械关阀板坐封尾管悬挂器

（1）下至设计位置。

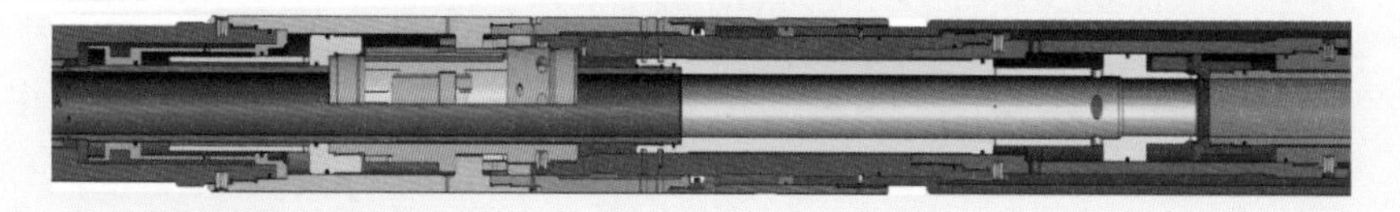

（2）下压管柱，锁块在J形槽内下行。

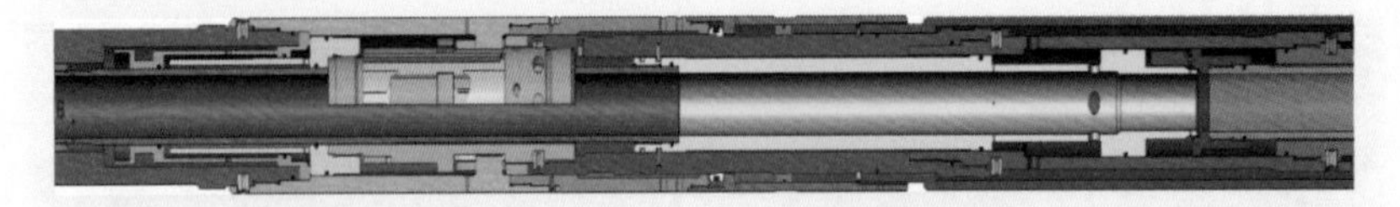

（3）左转管柱，剪切扭矩剪切销钉，锁块在J形槽内左移。

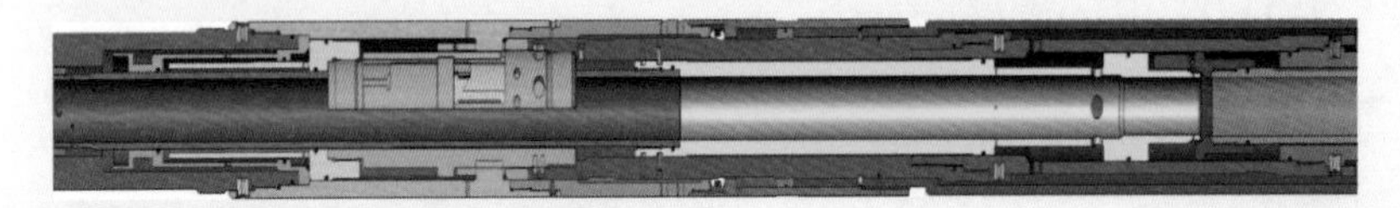

（4）上提管柱，锁块在J形内上行。

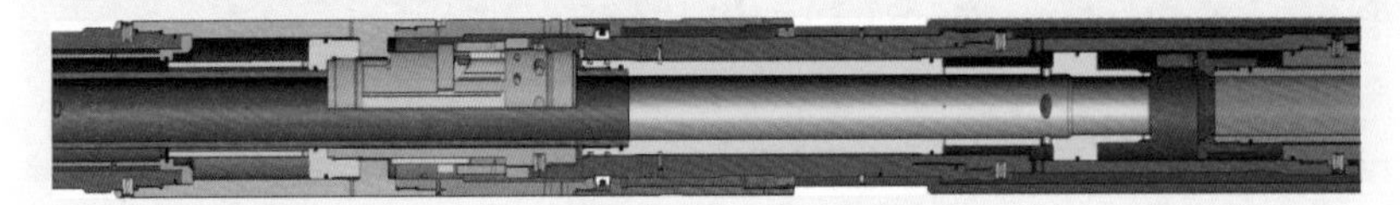

（5）阀板失去支撑后关闭。

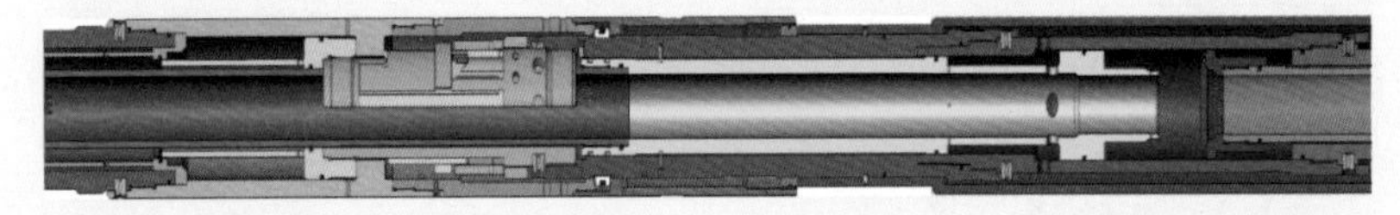

（6）继续打压坐封尾管悬挂器，随后下压管柱脱手；如无须坐封尾管悬挂器，可直接下压管柱脱手。

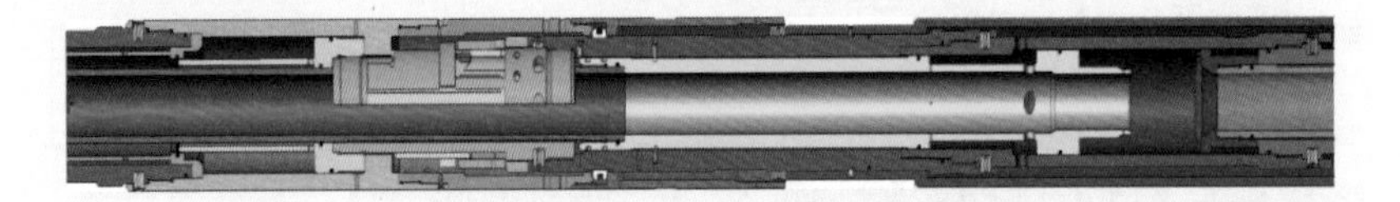

4. 机械关阀板时工具移动距离

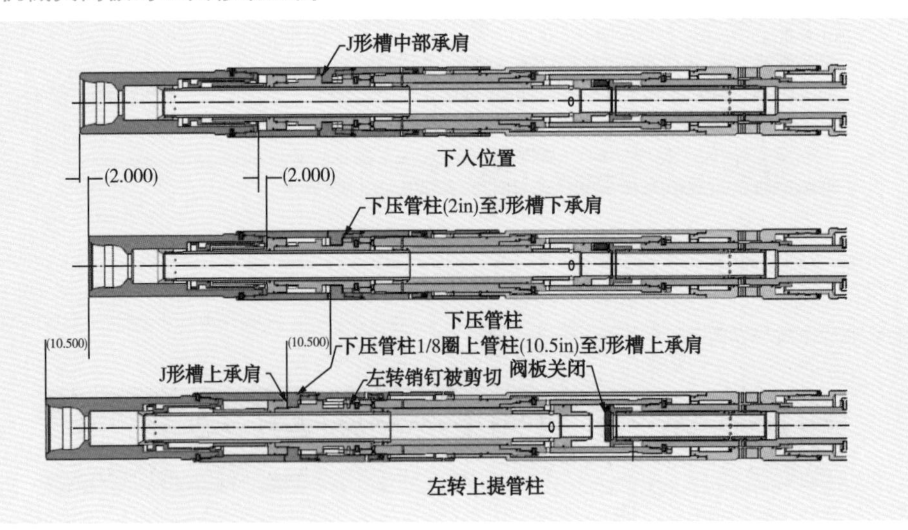

5. 机械关阀板时，随工具移动，锁块在 J 形槽内的移动轨迹

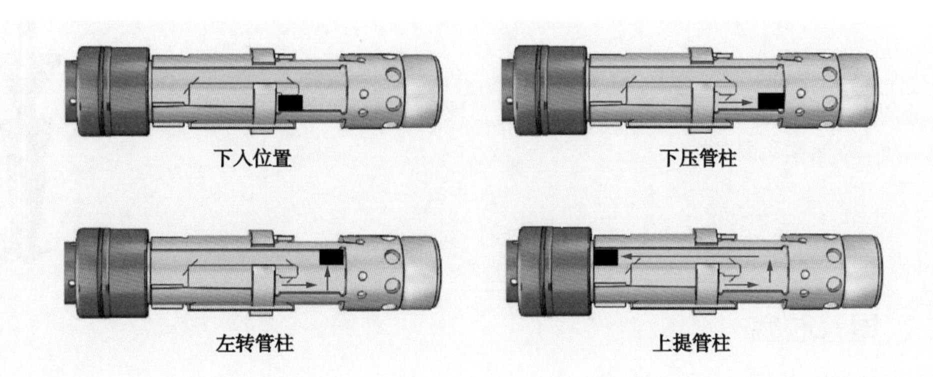

6. 投球——坐封尾管悬挂器

对于井斜小于 60° 的井，在坐封尾管悬挂器的过程中，如果阀板无法关闭或阀板关闭后无法稳压，可以通过地面投球的方式打压坐封尾管悬挂器。

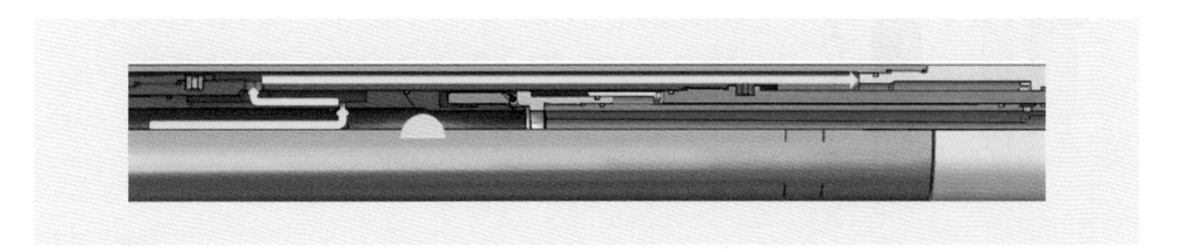

第三节　尾管悬挂器附件

尾管悬挂器主要附件包括：钻杆胶塞、尾管胶塞、球、球座、碰压座、浮箍、浮鞋等。

一、钻杆胶塞

1. 常规型钻杆胶塞

钻杆胶塞用于清刮钻杆内壁，剪切释放尾管胶塞并与其啮合为一体，形成密封。其导引头带有锁紧及防转机构，可防止脱离尾管胶塞，并确保后续钻塞时其不会随钻转动。

钻杆胶塞的耐温等级与胶翼组合尺寸，可分别根据井温与送入钻具组合进行选择。

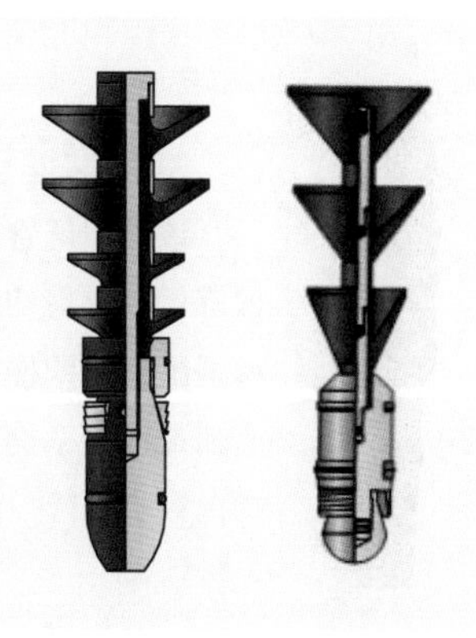

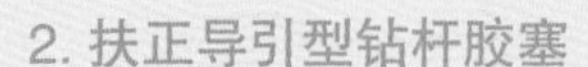

2. 扶正导引型钻杆胶塞

该型钻杆胶塞导引头底部带有扶正胶翼，可使其在钻具内的居中度得以提升，减少在变径位置遇卡的风险。

二、尾管胶塞

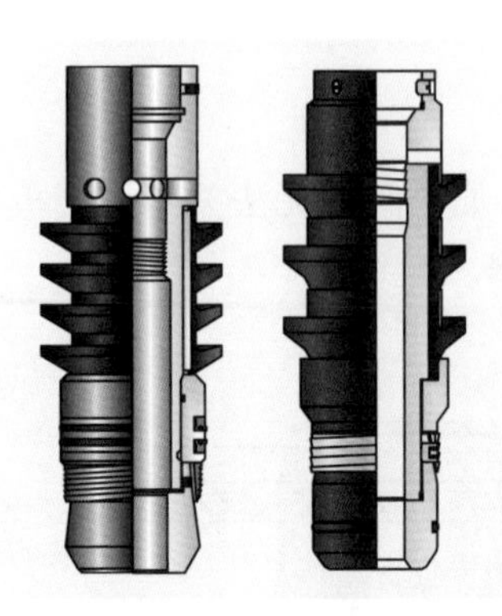

1. 常规型尾管胶塞

尾管胶塞由钻杆胶塞对其剪切释放并啮合为一体，泵送下行清刮尾管内壁，最终与碰压座或球座啮合并碰压。其导引头的本体带有锁紧及防转机构，可防止在压力作用下脱离碰压座或球座，并确保后续钻塞时其不会随钻转动。尾管胶塞的耐温等级与胶翼组合尺寸，可分别根据井温与尾管内径进行选择。

2. 二级剪切型尾管胶塞

该类型的尾管胶塞配备了二级剪切延伸套，当一级剪切失效时，提高压力剪切二级销钉，释放尾管胶塞。

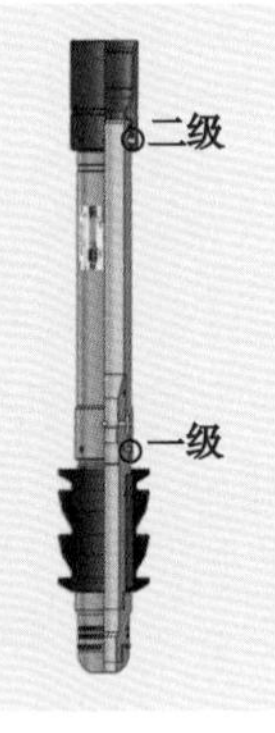

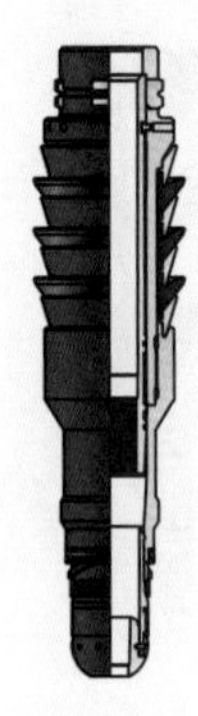

3. 带球座型尾管胶塞

该类型尾管胶塞连接在中心管下部，可缩短球的落座时间，提高落座成功率，有效降低球座剪切瞬间产生的激动压力。尾管胶塞的 4 个锁块由内衬套支撑，固定在胶塞适配器的凹槽内。投球入座后，憋压所产生的拉力，不会直接作用于尾管胶塞内衬套而造成胶塞提前释放。钻杆胶塞与尾管胶塞啮合后，剪切内衬套上的剪切销钉，推动内衬套下行，使 4 个锁块失去支撑，与胶塞适配器脱离，实现尾管胶塞的释放。

三、球

球与球座配合使用，投球后通过自由下落或泵送使其入座，封堵通孔，实现憋压。常用球有：铜球、铝球、树脂球、胶木球。

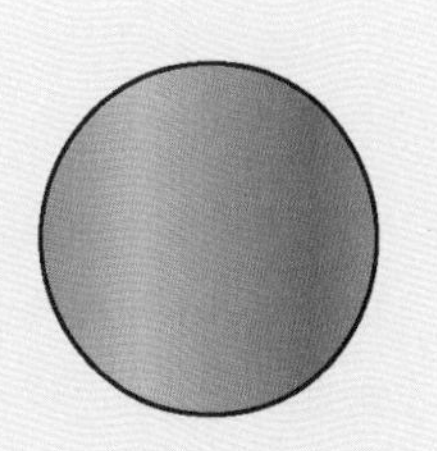

四、球座

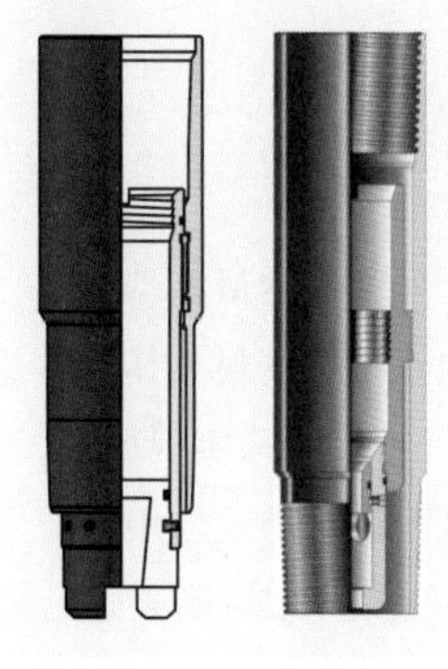

1. 尾管球座

尾管球座同时具备球座与碰压座的功能，用来完成憋压及碰压等操作。球落座后，打压完成坐挂、脱手等操作，随后继续打压剪切球座，重新建立循环。球座的剪切压力可通过增减剪切销钉的数量（或更换相应压力等级的破裂盘）进行调节。内置的碰压衬套用来承接尾管胶塞，并完成碰压。碰压座内衬套的防转止退机构，可防止尾管胶塞旋转、脱离碰压座，并实现双向承压。

2. 中心管球座

中心管球座配合密封皮碗等使用，连接在中心管下部。可缩短球的落座时间，提高落座成功率，有效降低球座剪切瞬间产生的激动压力。

尾管下入到位，投球憋压进行坐挂、脱手等操作后，继续打压剪切球座销钉，球座阀芯翻转 90°，翻转之后球座阀芯与本体内通径，可保证钻杆胶塞顺利通过。目前常用的中心管球座有自翻转及助推弹簧两种类型。

五、碰压座

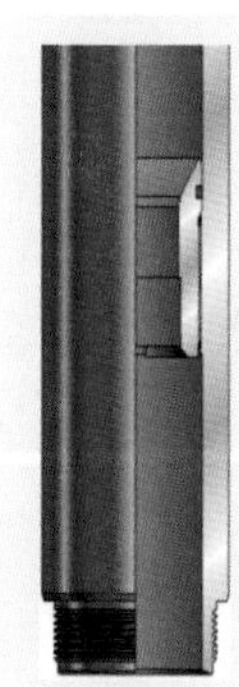

碰压座是用来承接尾管胶塞的止动机构，为水泥浆顶替到位提供指示。碰压座内衬套的防转止退机构，可防止尾管胶塞旋转、脱离碰压座，并实现双向承压。

六、浮箍

浮箍是一种较为常用的套管附件，它安装于球座以下的尾管上，其内部采用单流阀的设计，只允许流体正向通过，其浮阀承受反向压差并密封。常用的浮箍有单阀和双阀，可根据实际需要进行选择。

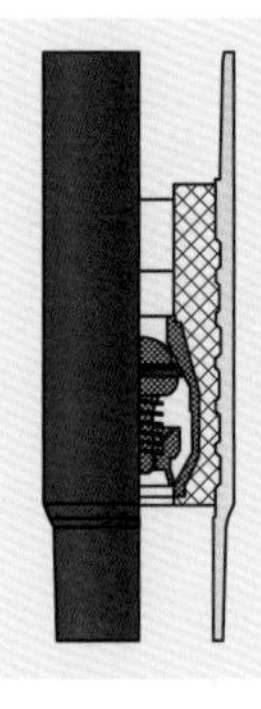

七、浮鞋

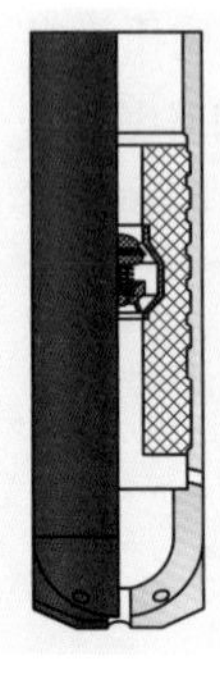

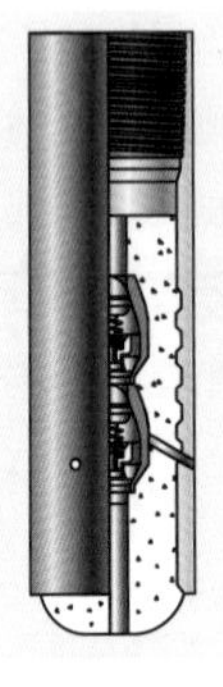

1. 常规浮鞋

浮鞋是一种较为常用的套管附件，连接在整个尾管串的最底端，单流阀的设计只允许流体正向通过，其浮阀承受反向压差并密封。其本体设计有侧孔和刀翼，在底孔被堵塞的情况下，可以通过侧孔实现循环。底部刀翼的设计在尾管串坐底旋转脱手操作时起到增大扭矩的作用，防止尾管串转动。常用的浮鞋有单阀和双阀的型号，可根据实际需要进行选择。

2. 划眼浮鞋

划眼浮鞋与常规浮鞋区别在于，它带有偏心导引头与合金刀翼，具有划眼功能，可提高尾管串的遇阻通过能力。常用的划眼浮鞋有单阀和双阀的型号，可根据实际需要进行选择。

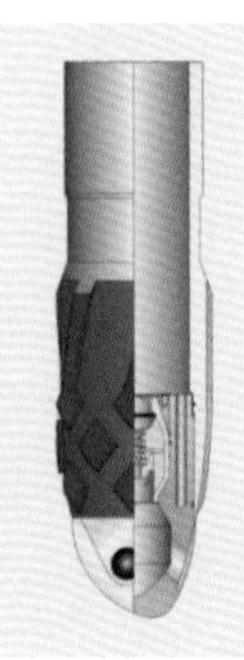

八、皮碗密封短节

皮碗密封短节用来密封送入工具与尾管的环形空间，与中心管球座配合使用，以实现后续的坐挂、脱手等操作。

第二章 尾管悬挂器维保与组装

尾管悬挂器维保与组装是尾管固井的重要环节，维保与组装质量直接决定尾管悬挂器作业甚至整口井作业的成败。为避免因工具组装环节的失误而造成不可预知的事故，应制定相关的规程与标准，以规范和指导尾管悬挂器的维保与组装。本章对机械脱手尾管悬挂器、液压脱手尾管悬挂器和金属膨胀密封式尾管悬挂器的维保与组装程序进行了规范。

工具装配人员应严格按照维保组装程序对工具进行维护保养与组装，现场操作人员也应充分了解维护保养与组装程序。

第一节 基本要求与注意事项

一、基本要求

1. 环保要求

所有维保过程中产生的废弃物应按照当地的环保规定进行处理。

2. 劳保用品要求

（1）劳保用品穿戴齐全：安全帽、护目镜、工服、钢头工鞋、耳塞（如有噪声危害时）。

（2）维保工具时应佩戴防护手套，以防止锐利处对手的伤害；安装较小的螺钉及密封件时，可根据情况更换为线制手套或胶皮手套；使用手锤、撬杠等工具或进行吊装、搬运时应使用防夹挤手套，以防碰撞或受到挤压伤害。

（3）使用气、电砂轮等工具时应佩戴防护面罩。

二、注意事项

1. 吊装及使用叉车时的注意事项

进行吊装重物或叉车作业时，应提前做好提示，并疏散无关人员，以防砸伤或受到挤压伤害。

2. 试压时的注意事项

（1）试压前，应对试压区域设置警示标识，提示并疏散无关人员。

（2）试压介质通常为清水，冬季环境温度低于0℃时应使用防冻液。

（3）应使用合适量程的试压仪表进行压力测试，并定期校准。

（4）试压要求：稳压15min，压降小于2%；试压期间，应使用压力记录仪做好记录。

3. 关于螺纹的注意事项

（1）拆解过程中，如遇工具存放时间过长、锈蚀、损坏等因素导致螺纹过紧时，可根据实际情况更换相应尺寸的手工具，必要时使用卸扣机。

（2）组装前，清洁连接处，修复有损伤的螺纹，并对所有螺纹进行探伤。

（3）组装过程中，注意保持工具的水平，固定并支撑好薄弱点。及时打好备钳，避免扭矩增加时强行上扣；参照相应的上扣扭矩，选择相应尺寸的手工具，必要时使用上扣机。

（4）本维保程序中，如无特别提示，所有螺纹的安装均为正扣。

4. 维保过程中的相关注意事项

（1）拆解过程中，丢弃所有使用过的剪切销钉和O形圈；注意检查每一个部件的磨损程度、是否有损伤等，并根据情况更换；检查所有可活动部件在相应位置能否活动自如，如不能自由活动，测量并检查是否存在变形、损伤等，并根据情况更换。

（2）清洗过程中，注意保护工具的O形圈槽及密封面。

（3）组装前，确认所有部件都已清洁干净、无损伤；所有O形圈均已更换并准备就绪。

（4）组装过程中，所有螺纹位置均匀涂抹润滑脂；所有密封件位置均匀涂抹密封脂；所有使用管钳、链钳产生的牙痕应使用锉刀或砂轮片进行打磨、修整。

第二节　机械脱手尾管悬挂器

本节重点介绍了斯伦贝谢RRT系统尾管悬挂器、威德福R-Tool系统尾管悬挂器和NOV-HRS系统尾管悬挂器的标准维保与组装程序，以$9^5/_8$in×7in工具为例。

一、斯伦贝谢RRT系统尾管悬挂器维保与组装

1. 防砂帽（JBT）维保与组装程序

斯伦贝谢RRT系统尾管悬挂器主要部件如图2-2-1所示。

图 2-2-1　斯伦贝谢 RRT 系统尾管悬挂器主要部件图

1—内套；2—顶帽；4—剪切套；5—棘爪；6—弹簧；8—提升帽

JBT 部件信息见表 2-2-1。

表 2-2-1　JBT 部件信息表

序号	名称	描述	数量	零件号
1	内套	$9^5/_8$in × 7in	1	71000271
2	顶帽	$9^5/_8$in × 7in	1	71000272
3	剪切销钉	1/4in 20 UNC X 0.25LONG	4	80002352
4	剪切套	$9^5/_8$in × 7in	1	80000936
5	棘爪	$9^5/_8$in × 7in	1	71000274
6	弹簧	$9^5/_8$in × 7in	1	71000275
7	定位销钉	SOC SET 0.375 16UNC 0.5LG CUP POINT	4	10702156
8	提升帽	$9^5/_8$in × 7in	1	80000935
9	定位销钉	SOC SET 0.25 20UNC 0.37LG CUP POINT	4	M-003-C4-006

1）拆解步骤

（1）将防砂帽放到地钳上，在内套（1）位置夹紧。

（2）使用内六角拆除并丢弃定位销钉（7）和（9）。

（3）从内套（1）上拆除顶帽（2）。

（4）从剪切套（4）上正转拆除提升帽（8）。

（5）如果剪切销钉（3）未剪断，将剪切套（4）和棘爪（5）一起拆下；如果剪切销钉已剪断，可分别拆下剪切套和棘爪。

注意：取出棘爪（5）时，可能需要将其撑开，才能越过内套（1）的台阶面，小心不要损坏棘爪的爪头。

（6）从内套（1）上取出弹簧（6）。

（7）至此，JBT 拆解结束，对所有部件进行维保。

2）组装步骤

（1）清理工作区域，移除任何与装配无关的组件。

（2）将内套（1）放至地钳上夹紧。

（3）将弹簧（6）安装至内套（1）上，直到顶住台阶面。

（4）7in JBT：将剪切套（4）放入棘爪（5）；直到剪切套的凹槽与棘爪的螺纹孔对齐，安装剪切销钉（3），上紧后，回退 1/4 圈；将提升帽（8）逆时针方向（反扣）旋入剪切套。

（5）将剪切套（4）与棘爪（5）组合推入内套（1）。

注意：在推入过程中，可能需要将棘爪的爪头撑开，才能越过内套（1）的台阶面，小心不要损坏棘爪的爪头。

（6）将顶帽连接至内套，直到顶住台阶面，随后上紧。

（7）使用内六角安装定位销钉（9）和（7）。

（8）至此，JBT 组装结束。

2. 坐封器（RDA）维保与组装程序

坐封器（RDA）主要部件如图 2-2-2 所示。

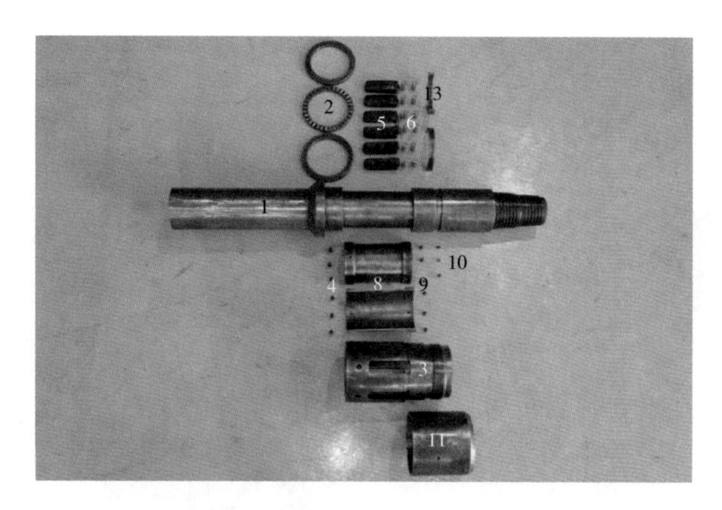

图 2-2-2　坐封器（RDA）主要部件图

1—本体；2—轴承组；3—挡块限位套；4，9，10—定位销钉；5—胀封挡块；6—弹簧；8—分离环；11—挡块承托套；13—青铜半环

RDA 部件信息见表 2-2-2。

表 2-2-2　RDA 部件信息表

序号	名称	描述	数量	零件号
1	本体	WT 40 BOX × PIN，$9^{5}/_{8}$in × $7^{5}/_{8}$in/7in	1	71000340
2	轴承组	7.08inOD × 5.59inID × 1.618 LG	1	71000344
3	挡块限位套	$9^{5}/_{8}$in × $7^{5}/_{8}$in/7in	1	71000343
4	定位销钉	0.375 16UNC 0.62LG UNBRAKO	6	B41271-038
5	胀封挡块	$9^{5}/_{8}$in × $7^{5}/_{8}$in/7in	6	80017215
6	弹簧	WD=0.085；OD=0.72；SH=0.66；RATE=33.5#/IN；FL=1.50；ENDS= C&G；MATL=302SST	12	90000925
7	减振块	0.375 DIA × 0.343 LG，NYLON ALLIANCE #BDH040A	12	80002325
8	分离环	$9^{5}/_{8}$in × $7^{5}/_{8}$in/7in	1	71000346
9	定位销钉	0.312 18UNC 0.5LG	6	M-002-C5-008
10	定位销钉	0.375 16UNC 0.37LG CUP POINT，ALLOY STEEL PER ASTM F912	3	39549-033
11	挡块承托套	$9^{5}/_{8}$in × $7^{5}/_{8}$in/7in	1	71000342
12	O 形圈	2-255 NITRILE90 N1059-90，4177-90	1	50203-255
13	青铜半环	$9^{5}/_{8}$in × $7^{5}/_{8}$in/7in	1	71000341

1）拆解步骤

（1）将本体（1）放到地钳上夹紧。

（2）拆除挡块承托套（11）上的定位销钉（10）。

注意：检查定位销钉（10）有无损伤，确认是否需要更换。

（3）将挡块承托套（11）从挡块限位套（3）上倒开部分螺纹，并确保挡块承托套和胀封挡块（5）之间有足够的重叠距离，以避免胀封挡块突然从挡块限位套里掉出。

（4）将胀封挡块（5）向上推到挡块限位套（3）的最上部，直至不被挡块承托套（11）盖住。

（5）将胀封挡块（5）从挡块限位套（3）里取出，并将胀封挡块内侧的两个弹簧（6）取出。

注意：检查并更换损伤、变形及失去弹力的弹簧（6）。

（6）重复以上步骤拆除剩余的胀封挡块（5）及胀封挡块外侧的两个减振块（7）(如果有)。

（7）拆除挡块承托套（11）。

（8）取出青铜半环（13）上的 O 形圈（12）。

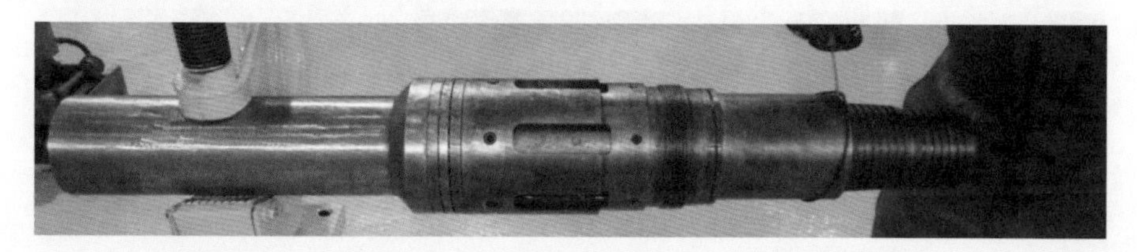

注意：此 O 形圈（12）只是作为两片青铜半环（13）的辅助居中，而非密封装置，所以若 O 形圈没有损伤可重复利用。

（9）将青铜半环（13）从本体（1）上的窄槽内取出。

注意：两片青铜半环为一对，不可单独置换其中之一。

（10）使用内六角扳手拆除挡块限位套（3）里的定位销钉（4 和 9），若有损伤则更换。

提示：定位销钉（4）使用 5/16in 内六角扳手、定位销钉（9）使用 1/4in 内六角扳手。

（11）将挡块限位套（3）从本体（1）上滑出。

（12）将分离环（8）从本体（1）上的宽槽内取出。

注意：分离环（8）为两片一对，不可单独置换其中之一。

（13）拆解轴承组：依次将垫圈、轴承、垫圈从本体（1）上滑出。

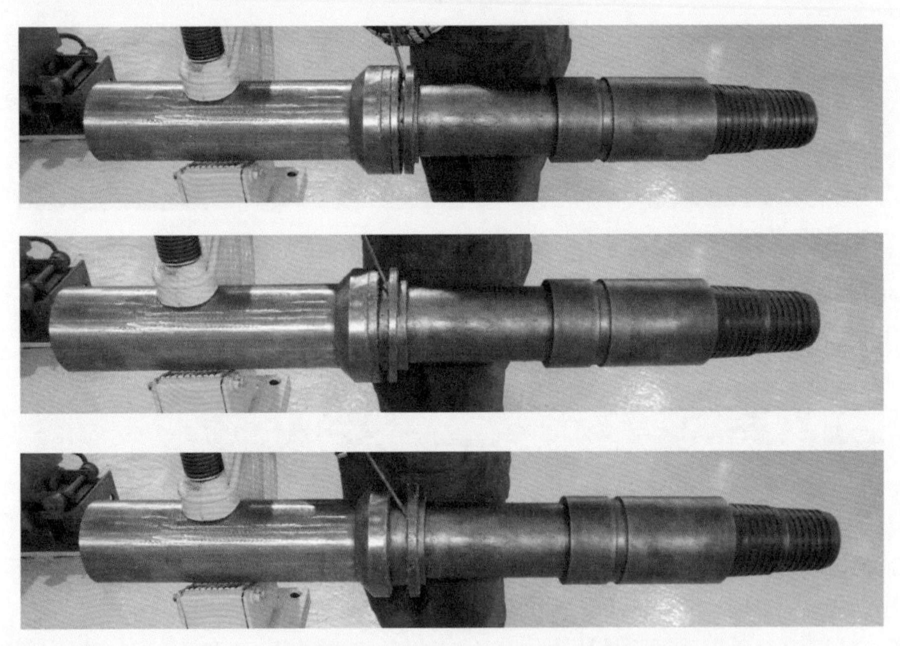

注意：垫圈、轴承（2）、垫圈为 3 个一组，不可单独置换其中之一。

（14）至此，RDA 拆解完毕，对所有部件进行维保。

2）组装步骤

（1）将本体（1）放到地钳上夹紧。

（2）在本体相应位置及轴承组（2）涂抹润滑脂，依次将垫圈、轴承、垫圈套入本体（1）。

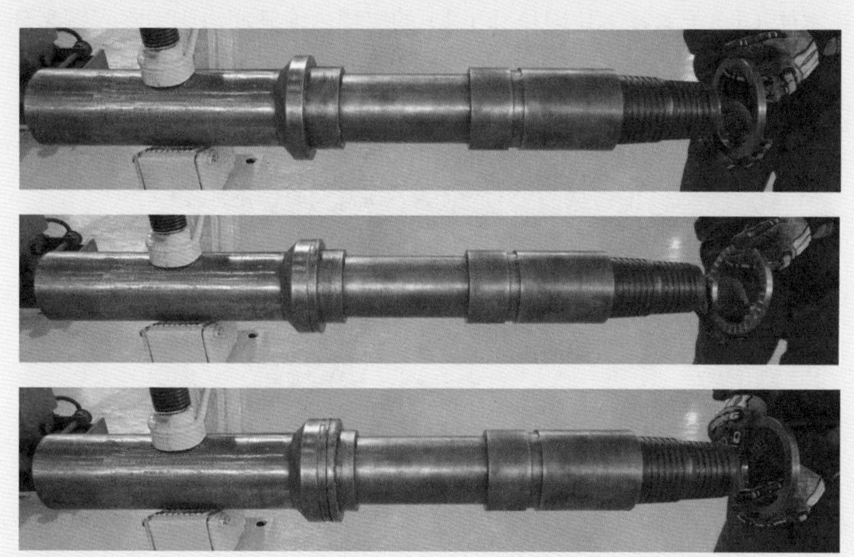

（3）在本体（1）上的宽槽内涂抹一层薄薄的润滑脂，随后将分离环（8）安装到宽槽内。

注意：分离环（8）大孔一侧朝上。

（4）将挡块限位套（3）滑入本体（1），直到与推力轴承组（2）并齐，并将挡块限位套的孔与分离环（8）上的孔对齐。

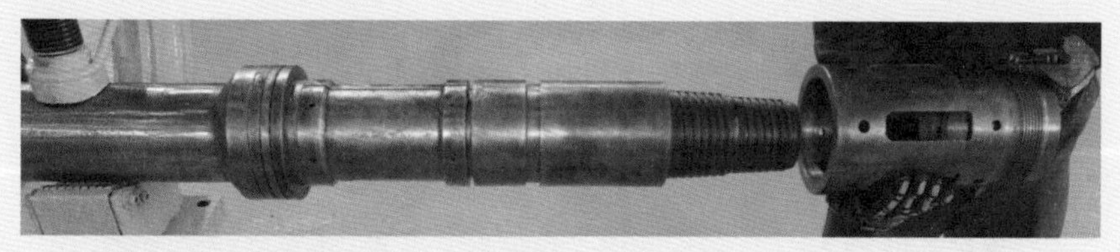

注意：挡块限位套（3）外部螺纹一侧朝下。

（5）在挡块限位套（3）上安装定位销钉（4 和 9），将分离环（8）锁定在挡块限位套上，并拧紧。

提示:（4）使用 5/16in 内六角扳手、（9）使用 1/4in 内六角扳手。

（6）在本体（1）上紧挨挡块限位套（3）的窄槽内涂满润滑脂，将青铜半环（13）插入槽内。

（7）将 O 形圈（12）安装到青铜半环（13）上，随后在青铜半环及 O 形圈表面涂抹润滑脂。

（8）在挡块限位套（3）和挡块承托套（11）的螺纹上涂抹较薄的螺纹润滑脂，将挡块承托套连接到挡块限位套上，不要把螺纹上满，在其之间保持一定距离，确保后续能够将胀封挡块（5）插入。

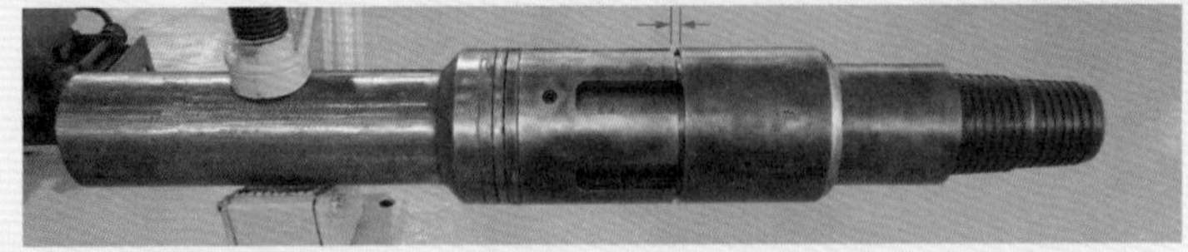

（9）在胀封挡块（5）内侧的孔内涂满润滑脂，并安装两个弹簧（6）。

（10）依次将所有胀封挡块（5）插入挡块限位套（3）里。

（11）将挡块承托套（11）和挡块限位套（3）的螺纹全部上满。

（12）在挡块承托套（11）上安装定位销钉（10）。

（13）至此，RDA 组装完毕。

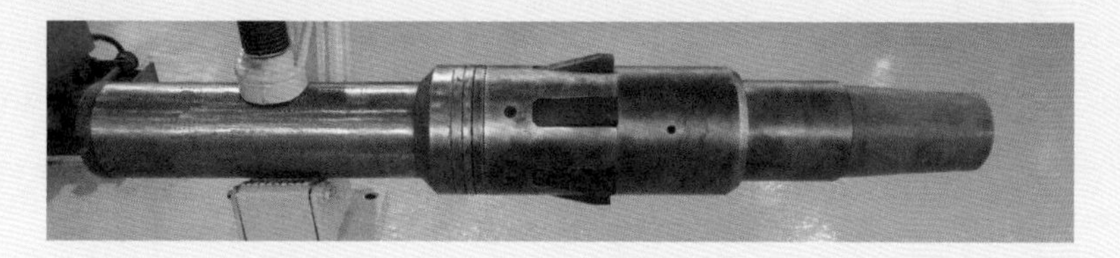

3. 密封补芯（RCB）维保与组装程序

密封补芯（RCB）主要部件如图 2-2-3 所示。

图 2-2-3　密封补芯（RCB）主要部件图

1—顶帽；3—本体；5—定位卡簧；6—顶环；8—锁块；9—底环；11—定位卡簧；12—鼻座

RCB 部件信息见表 2-2-3。

表 2-2-3　RCB 部件信息表

序号	名称	描述	数量	零件号
1	顶帽	7in	1	71000000
2	密封圈	#400725005625-562B	2	71000009
3	本体	7in	1	71000001
4	V 形密封圈组	4.25in × 3.75in × 1.75in，VITON/ARAMID SET	1	50236-061
5	定位卡簧	SMALLEY WS-481	1	71000007
6	顶环	7in	1	71000002
7	固定销	0.187in OD × 0.75in LNG STD 0.0002in OVERSIZE	6	39503-018
8	锁块	7in	6	80016768
9	底环	7in	1	71000004
10	固定销	0.187in OD × 0.5in LNG STD 0.0002in OVERSIZE	6	39503-021
11	定位卡簧	SMALLEY WS-562	1	71000006
12	鼻座	7in	1	71000005
13	定位销钉	0.25in 20UNC 0.37in LG CUP POINT，ALLOY STEEL PER ASTM F912	4	M-003-C4-006

1）拆解步骤

（1）从鼻座（12）起出并丢弃定位卡簧（11）。

（2）从鼻座（12）旋松并拆除底环（9）。

（3）起出定位卡簧（5），使其脱离卡簧槽。

（4）向下推动顶环（6），直到锁块（8）的下端面完全露出。

（5）从本体（3）和鼻座（12）之间依次取出 3 块锁块（8），在锁块取出过程中注意回收固定销（10）和（7）。

注意：将一整套的锁块保存在一起，不同工具的锁块不可互相替换。

（6）拆除鼻座（12），并继续拆除剩余的锁块（8）。

（7）从本体（3）上取出顶环（6）。

（8）取出并丢弃定位卡簧（5）。

（9）从本体（3）上拆除定位销钉。

（10）从顶帽（1）上拆除本体（3）。

（11）从顶帽（1）上移除并丢弃密封圈（2）和 V 形密封圈组（4）。

（12）至此，RCB 拆卸完毕，对所有部件进行维保。

2）组装步骤

（1）清理工作区域，移除任何与装配无关的组件。

（2）在顶帽（1）的外部密封面上涂抹密封脂，根据图示，安装密封圈（2）。

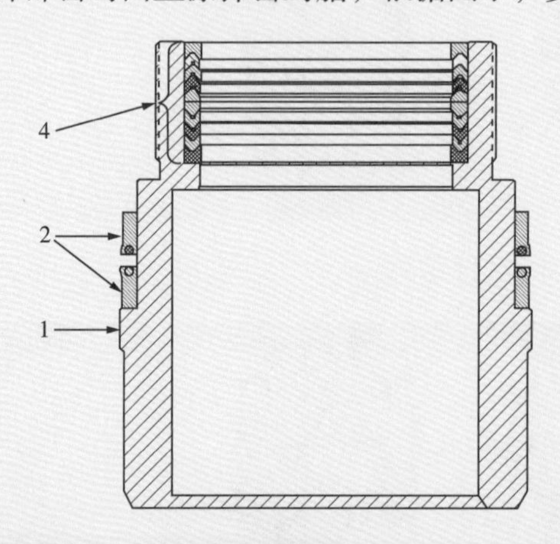

注意：两道密封圈外径较大的一侧相对。

（3）在顶帽（1）的内部密封面上涂抹密封脂，根据图示，安装 V 形密封圈组（4）。

（4）将本体（3）连接至顶帽（1），直至台阶完全接触，随后安装定位销钉（13）。

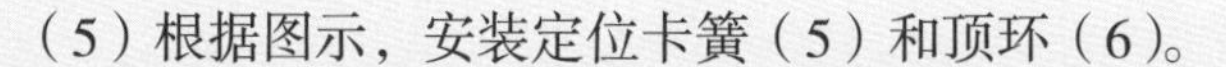

（5）根据图示，安装定位卡簧（5）和顶环（6）。

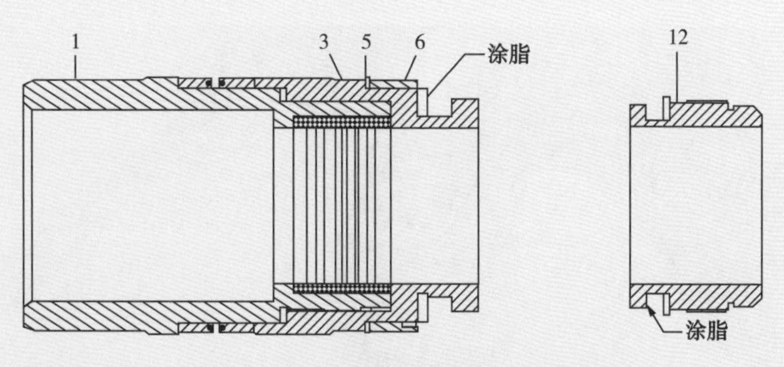

①将定位卡簧（5）套入本体（3），越过卡簧槽，推至台阶处。

②将顶环（6）套入本体（3），直到其与定位卡簧（5）接触。

（6）在本体（3）上端槽口及锁块（8）槽内均匀涂抹润滑脂；在本体的上端槽口，安装3块锁块。

（7）在鼻座（12）下端槽口均匀涂抹润滑脂；将鼻座滑入锁块（8）的上槽内。

（8）在本体（3）和鼻座（12）之间，安装剩余的3块锁块（8）。

（9）对齐本体（3）、锁块（8）、鼻座（12）的合销槽，随后插入（可配合使用尖冲头和手锤）固定销（7）和（10）。

注意：固定销（7）和（10）的长度不同：固定销（7）长、固定销（10）短。

（10）在鼻座（12）安装底环（9），直至台阶完全接触。

（11）安装定位卡簧（11），直到其完全咬合在鼻座（12）的卡簧槽内。

（12）向上滑动定位卡簧（5）和顶环（6），直至定位卡簧完全咬合在本体（3）的卡簧槽内。

（13）至此，RCB 组装结束。

密封补芯（RCB）总装图如图 2-2-4 所示。

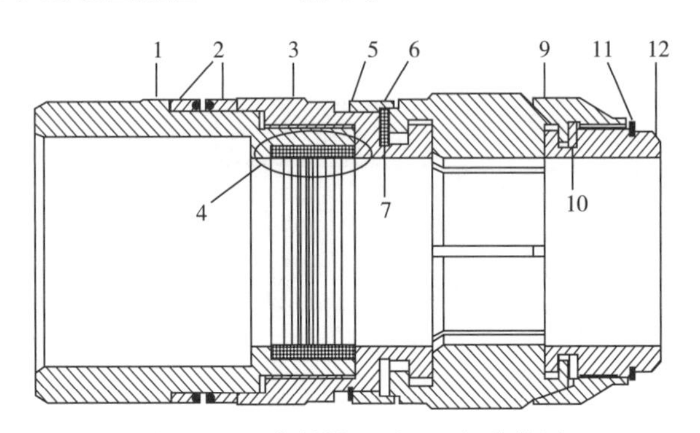

图 2-2-4　密封补芯（RCB）总装图

4. 送入工具（RRT）维保与组装程序

送入工具（RRT）主要部件如图 2-2-5 所示。

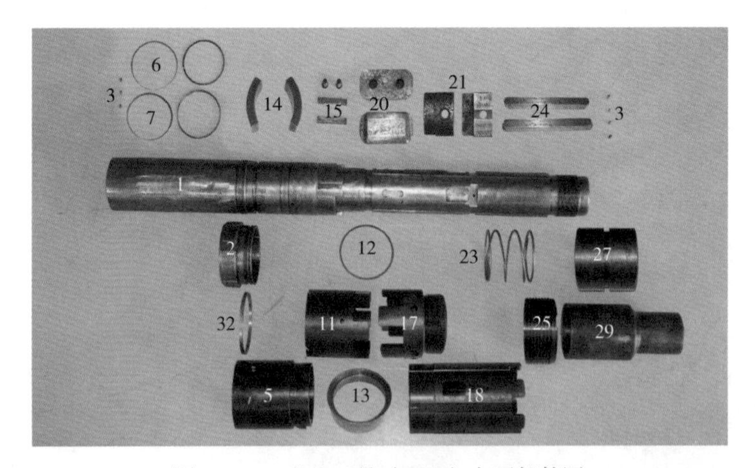

图 2-2-5　送入工具（RRT）主要部件图

1—本体；2—扶正环；3—定位销钉；5—液压缸；6—密封开口环；7—密封环；11—顶部啮合套；12—垫圈；13—盖环；14—分段止动环；15，24—键块；17—中部啮合套；18—底部啮合套；20—扭矩块；21—扭矩块挡片；23—弹簧；25—倒扣螺母；27—坐落阀；29—底部接头；32—液压缸止退簧

送入工具 RRT 总装图如图 2-2-6 所示。

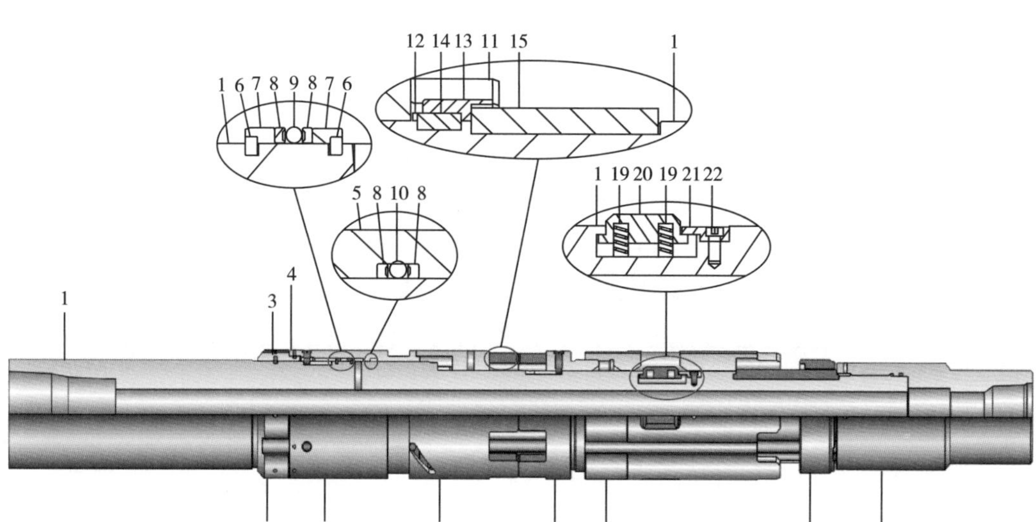

图 2-2-6 送入工具（RRT）总装图

送入工具（RRT）部件信息见表 2-2-4。

表 2-2-4 送入工具（RRT）部件信息表

序号	名称	描述	数量	零件号
1	本体	HYDRIL WT40 BOX × 4.75in 6 ACME 2G PIN，$7^{5}/_{8}$in/7in	1	71000070
2	扶正环	$9^{5}/_{8}$in × $7^{5}/_{8}$in/7in	1	71000071
3	定位销钉	SOC SET 0.375 16UNC 0.62LG CUP POINT ASTM F912	7	B39549-093
4	剪切销钉	0.25 20UNC × 0.437 LG，1200 LBS，NAVAL BRASS	12	71000190
5	液压缸	$7^{5}/_{8}$in/7in	1	71000075
6	密封开口环	$7^{5}/_{8}$in/7in	2	71000097
7	密封环	$7^{5}/_{8}$in/7in	2	71000076
8	挡圈	FOR 2-360 O 形圈	4	71000077
9	O 形圈	2-360 HNBR90	1	80005355
10	O 形圈	2-361 HNBR90	1	80005356
11	顶部啮合套	$7^{5}/_{8}$in/7in	1	71000078
12	垫圈	$7^{5}/_{8}$in/7in	1	71001314
13	盖环	$7^{5}/_{8}$in/7in	1	71001316
14	分段止动环	$7^{5}/_{8}$in/7in	6	71001315
15	键块	0.625 SQ × 4.25 LG，$7^{5}/_{8}$in/7in	2	71000213

续表

序号	名称	描述	数量	零件号
16	扭矩剪切销钉	$7^{5}/_{8}$in/7in	2	71000081
17	中部啮合套	7in	1	71000080
18	底部啮合套	7in	1	71000082
19	弹簧	$7^{5}/_{8}$in/7in	8	71000084
20	扭矩块	$7^{5}/_{8}$in/7in	4	71000083
21	扭矩块挡片	$7^{5}/_{8}$in/7in	4	71000098
22	夹紧螺钉	SC HD CAP，LOW HD 0.375 16UNC 0.62LG	4	71000074
23	弹簧	$7^{5}/_{8}$in/7in	1	71000085
24	键块	$7^{5}/_{8}$in/7in	2	71000087
25	倒扣螺母	7in	1	71000088
26	O 形圈	2–349 HNBR90	1	90003088
27	坐落阀	$7^{5}/_{8}$in/7in	1	71000253
28	O 形圈	2–336 HNBR90	1	90002738
29	底部接头	7in	1	71000089
30	轴向剪切销钉	0.5 13UNC × 0.63，4500 LBS，NAVAL BRASS	4	10275–028
31	螺栓	HEX 0.5 13UNC × 6LG，BOLT DEPOT #654 OR EQUIVALENT	1	80005281
32	液压缸止退簧	$7^{5}/_{8}$in/7in	1	71001529

注：螺栓（31）仅为装配过程中要用到的工装件，不是 RRT 送入工具的标配部件。

1）拆解步骤

（1）将本体（1）内螺纹端放在地钳上夹紧。

（2）使用 3/16in 内六角扳手，拆除底部接头（29）上的 4 颗定位销钉（3）。

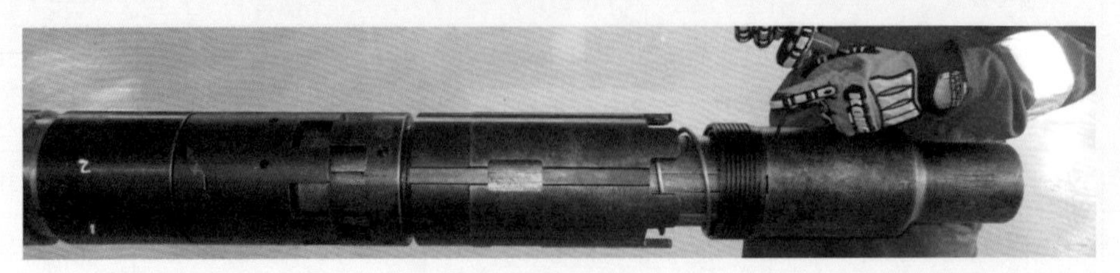

（3）使用管钳拆除底部接头（29）。

（4）取出坐落阀（27），拆除并丢弃底部接头内部和坐落阀外部的 O 形圈。

（5）取出倒扣螺母（25）。

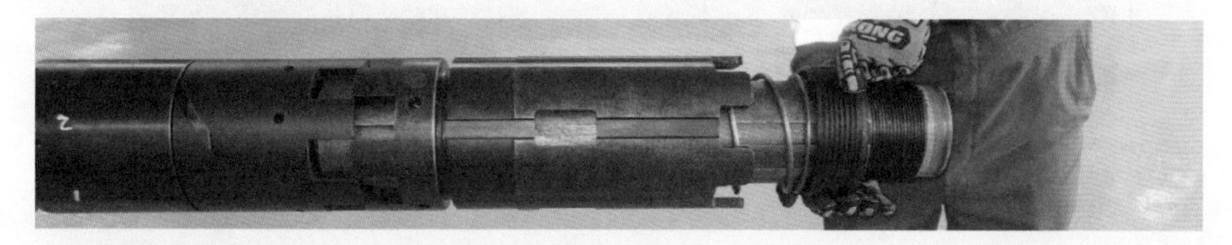

（6）取出弹簧（23）。

（7）取出 2 根键块（24）。

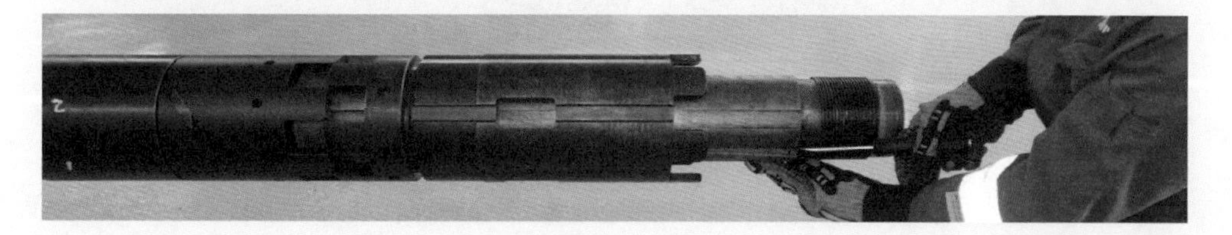

（8）在底部啮合套（18）上安装 2 根螺栓（31）。

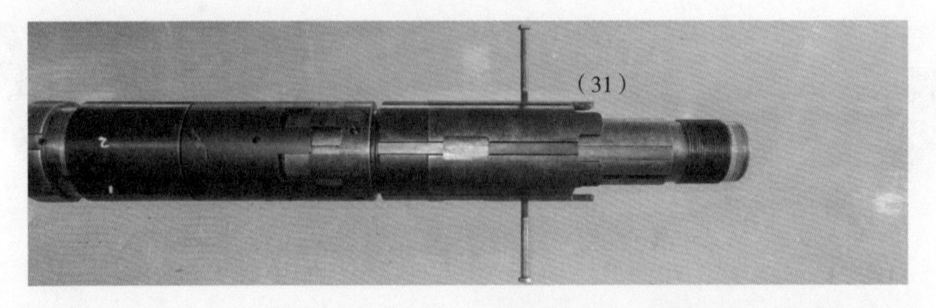

（9）从中部啮合套（17）中移除扭矩剪切销钉（16）和轴向剪切销钉（30）。

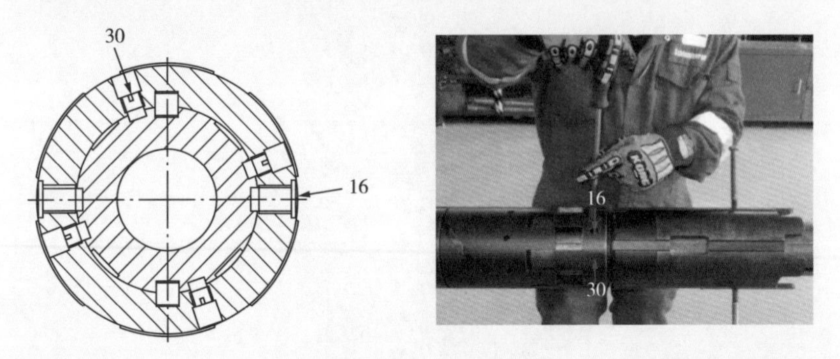

（10）握紧螺栓（31），向下拉出底部啮合套（18）和中部啮合套（17）总成。

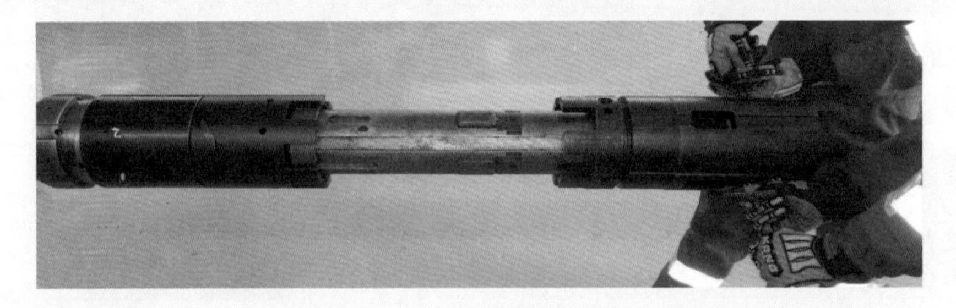

注意：可能需要两个人使用较大的力才能通过扭矩块（20）。

（11）卸开中部啮合套（17）和底部啮合套（18），并移除 2 根螺栓（31）。

注意：对于使用过的工具，操作这一步时可能要用到卸扣机。

（12）使用 3/16in 内六角扳手拆除夹紧螺钉（22）。

（13）拆除扭矩块挡片（21）。

（14）拆除扭矩块（20）。

（15）拆除扭矩块内侧的 2 个弹簧（19）。

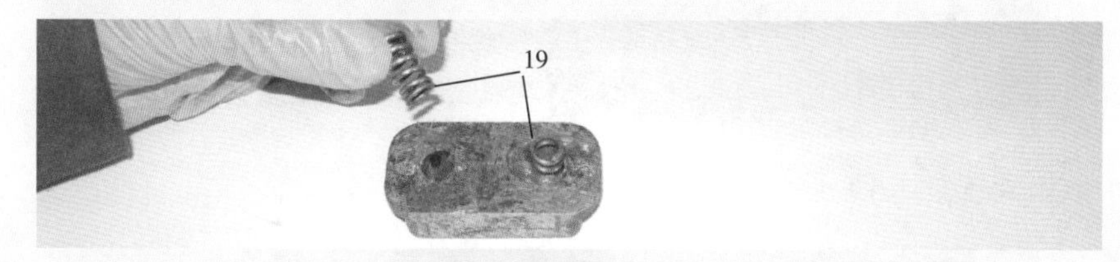

（16）从本体（1）上取下中部啮合套键块（15）。

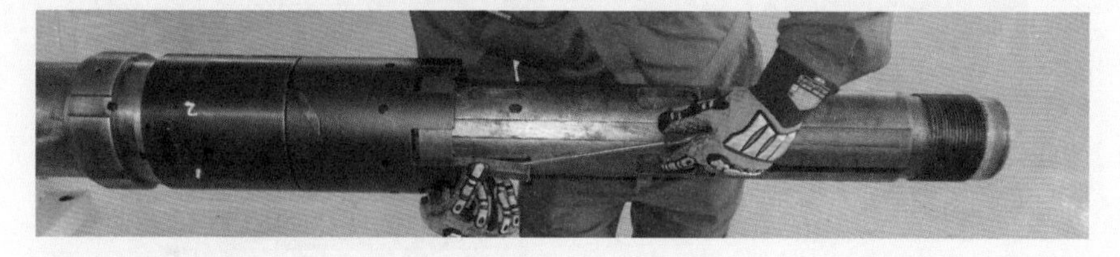

（17）拆除盖环（13）。

（18）拆除分段止动环（14）。

（19）拆除垫圈（12）。

（20）拆下顶部啮合套（11）。

（21）从液压缸（5）取出所有剪断的销钉。

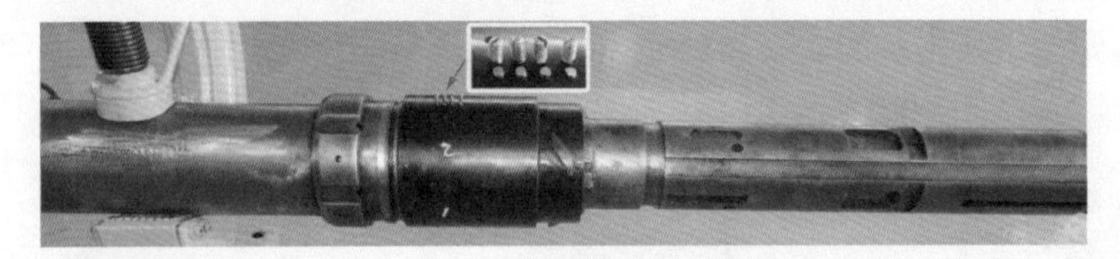

（22）取出液压缸（5）。

（23）拆除并丢弃液压缸（5）内的 O 形圈（10），取出挡圈（8），尽量不要损坏它们。

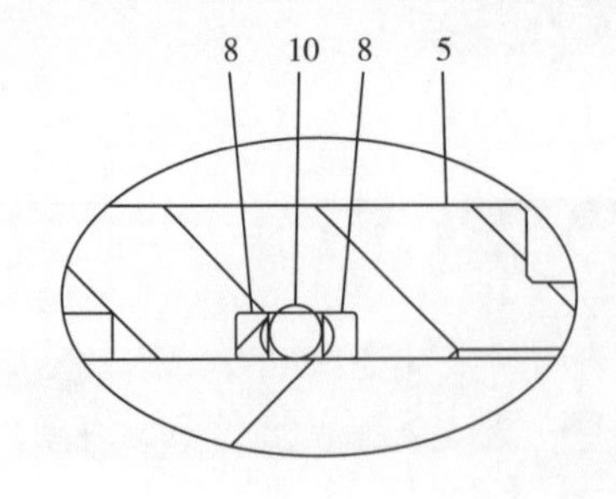

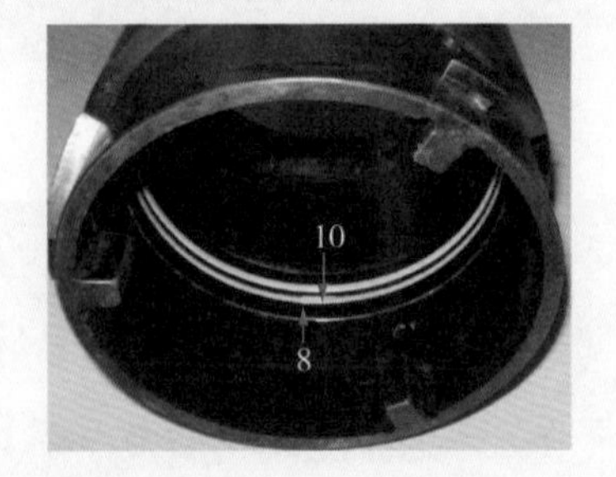

（24）取出并废弃本体上的 O 形圈（9）。

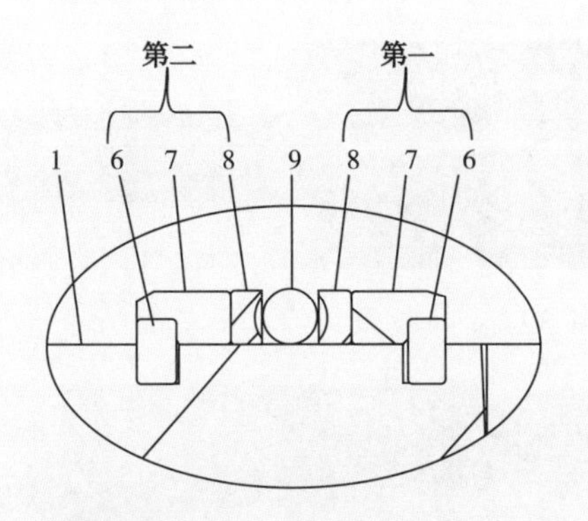

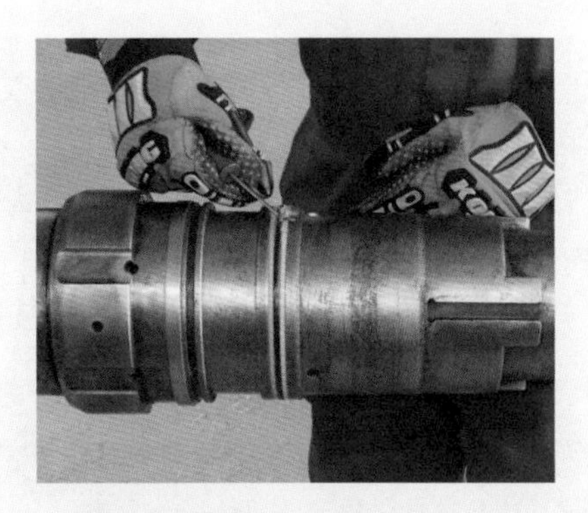

（25）向上推动第一道密封环（7），露出第一道密封开口环（6）。

（26）用卡簧钳撑开并取出密封开口环（6）。

（27）取出第一道密封环（7）。

（28）取出 2 个挡圈（8）。

（29）取出第二道密封环（7）露出第二道密封开口环（6）。

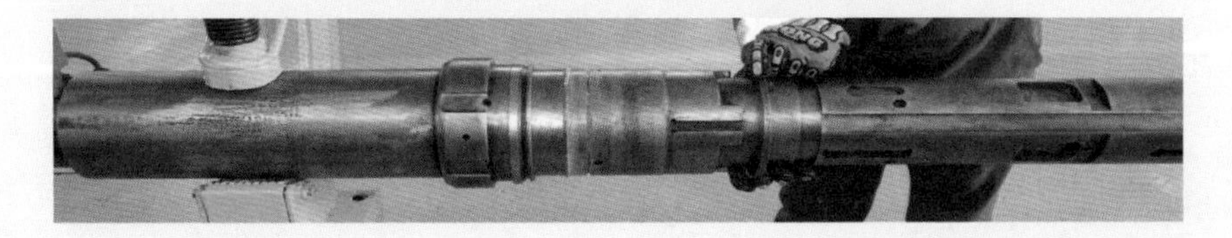

（30）用卡簧钳撑开并取出第二道密封开口环（6）。

（31）从扶正环（2）上拆除液压缸止退簧（32）。

（32）使用3/16in内六角扳手，拆除扶正环（2）上的3颗定位销钉（3）。

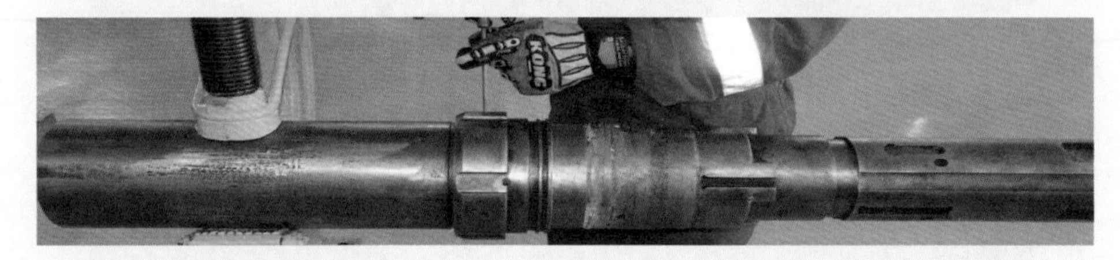

（33）从本体上拆除扶正环（2）。

（34）从地钳上移除本体（1），对所有部件进行维保。

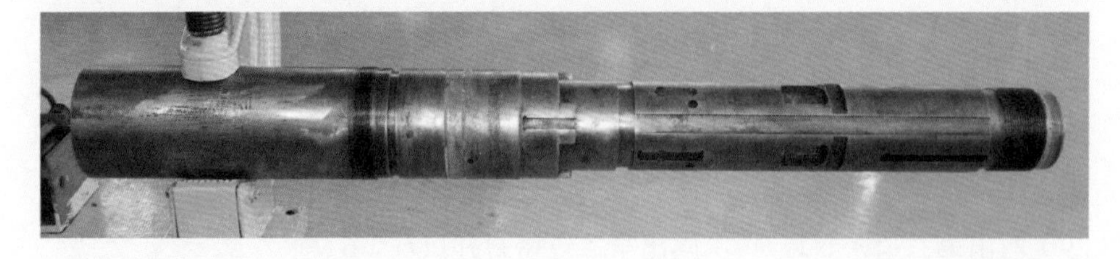

2）组装步骤

（1）清理工作区域，移除任何与装配无关的组件。

（2）将本体（1）内螺纹端放在地钳上夹紧。

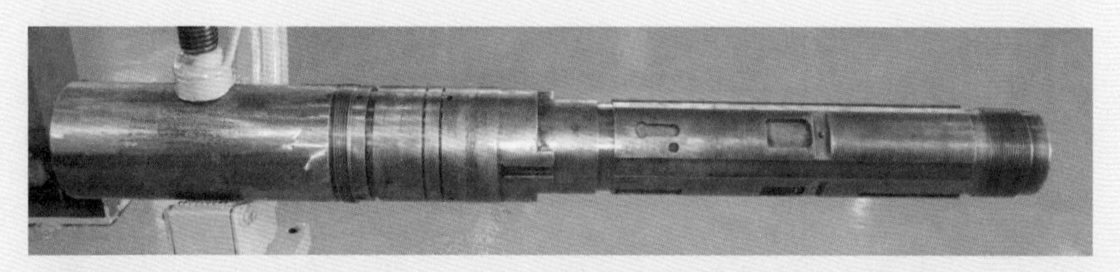

（3）将扶正环（2）安装到本体（1）上，直到扶正环上的销钉孔和本体上的定位孔对齐。

（4）使用 3/16in 内六角扳手，在扶正环（2）的销钉孔内安装 3 颗定位销钉（3），随后上紧。

（5）在扶正环（2）上安装液压缸止退簧（32）。

（6）参照图示，在本体上安装密封组件。

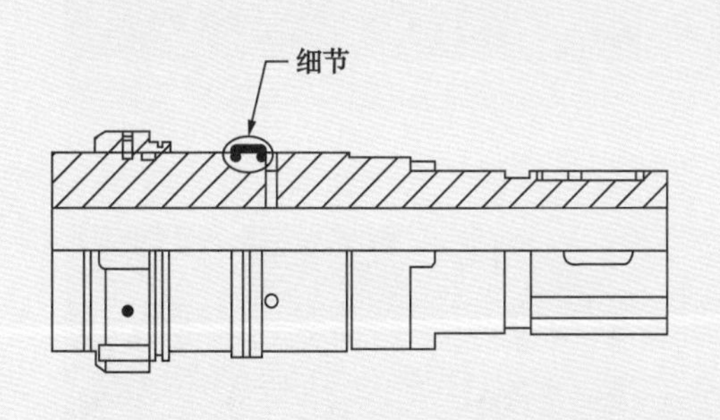

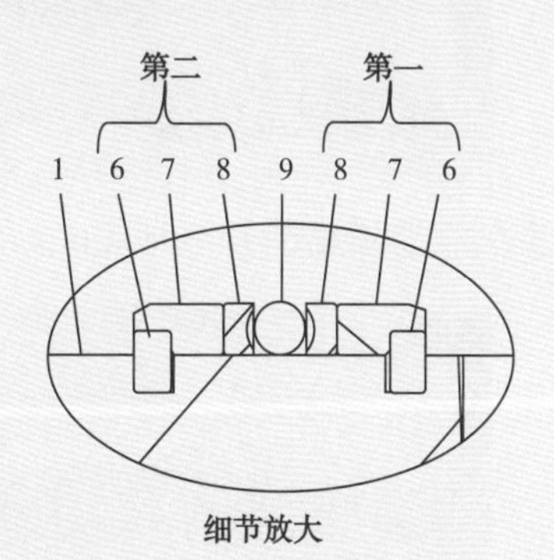

①安装第一道密封开口环（6）到本体上端的槽内。

②安装第一道密封环（7）使其盖住密封开口环（6）。

③安装挡圈（8），使其平面端贴着第一道密封环（7）。

④安装第二道挡圈（8）使两个挡圈的凹面相对。

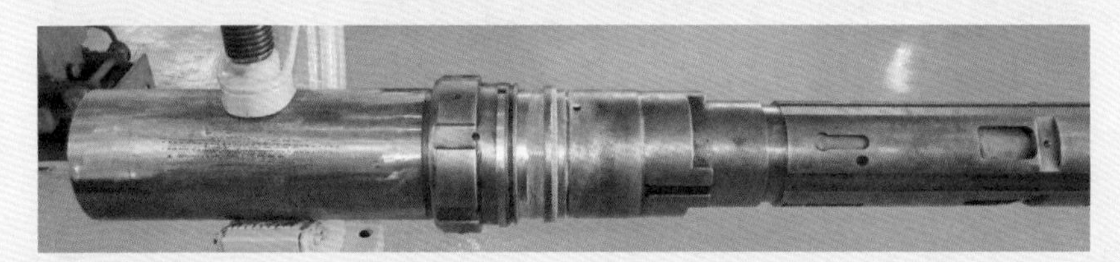

⑤安装第二道密封环（7），先越过本体上的第二道安装槽。

⑥安装第二道密封开口环（6）。

⑦回退密封环（7），使其卡住密封开口环（6）。

⑧在挡圈（8）之间涂抹密封脂，随后安装 O 形圈（9）。

⑨在密封部件上涂抹密封脂。

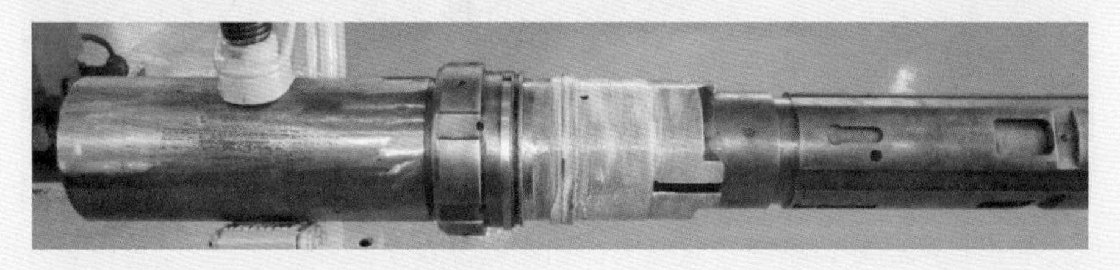

（7）参照图示，在液压缸内安装密封组件。

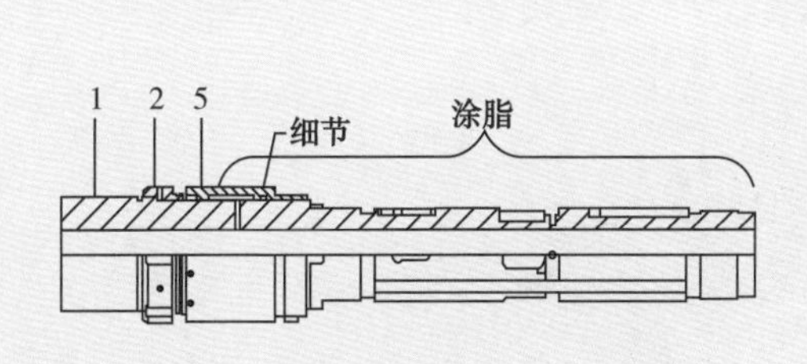

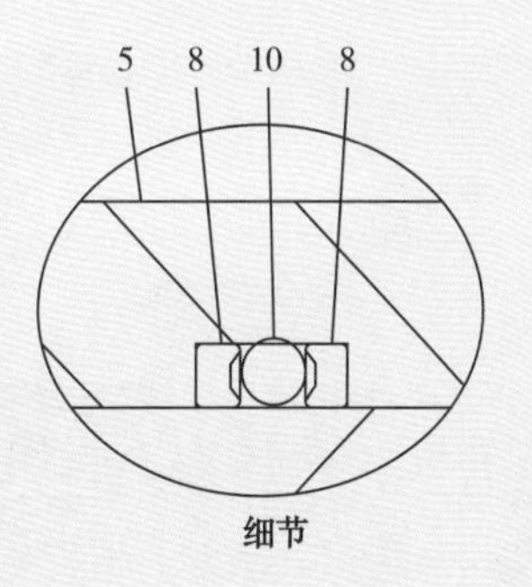

①在液压缸（5）的密封槽内涂抹密封脂。

②在液压缸（5）内安装第一道挡圈（8），使其平面端朝向工具顶部。

③安装第二道挡圈（8）使其凹槽与第一道相对。

注意：如果挡圈是开口型的，应使两个挡圈的开口错位 180°。

④在挡圈之间安装 O 形圈（10）。

⑤在液压缸（5）的密封面内涂抹密封脂。

（8）在本体上涂抹润滑脂，将液压缸（5）内的键和本体（1）上的槽口对齐，随后将其滑入，使用铝棒或铜棒敲击液压缸，使其上移，直到液压缸与液压缸止退簧（32）接触。

注意：不要让液压缸（5）与扶正环（2）靠紧，在后续的组装操作中再安装液压缸到位。

（9）安装顶部啮合套（11）到本体（1）上，直到顶部啮合套的螺旋槽与液压缸上的螺旋键啮合。

（10）继续向上滑动顶部啮合套（11），直到其内槽与本体上的键完全咬合在一起。

（11）参照图示，安装顶部啮合套轴承组。

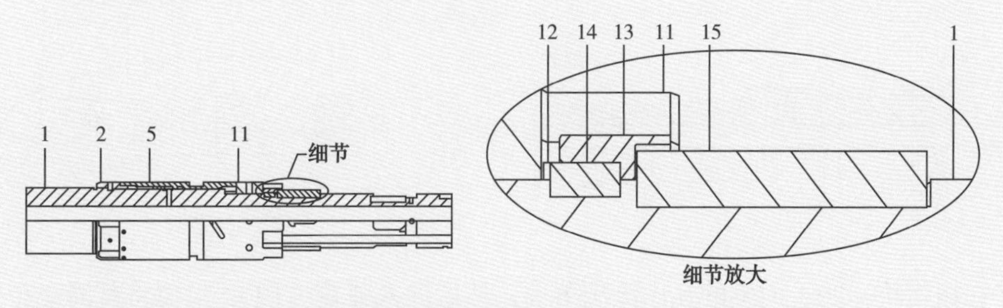

①安装垫圈（12）使其靠近顶部啮合套（11）。

②在本体（1）的槽内安装6片分段止动环（14）。

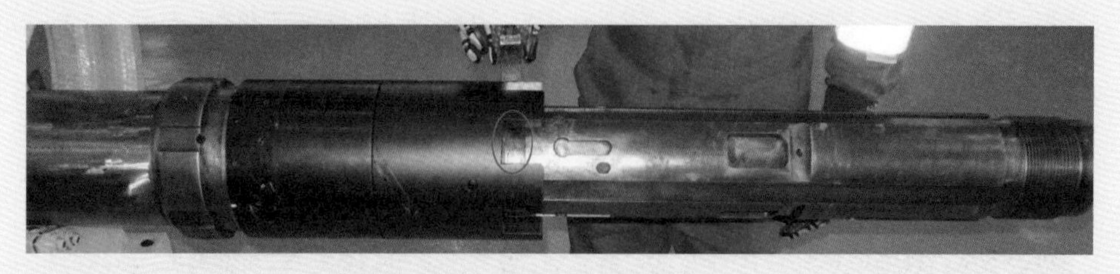

提示：分段止动环可通过涂抹一薄层黄油来固定。

③安装盖环（13）使其完全覆盖住分段止动环（14）组件。

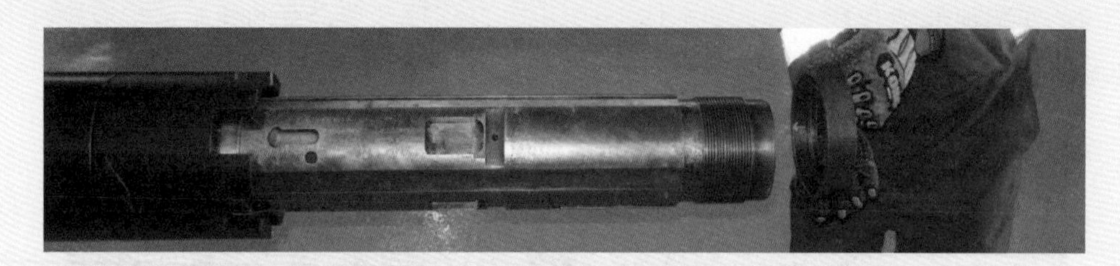

注意：盖环安装方向，宽面朝里。

④在本体（1）的长槽内安装键块（15），使其刚好抵住盖环（13）。

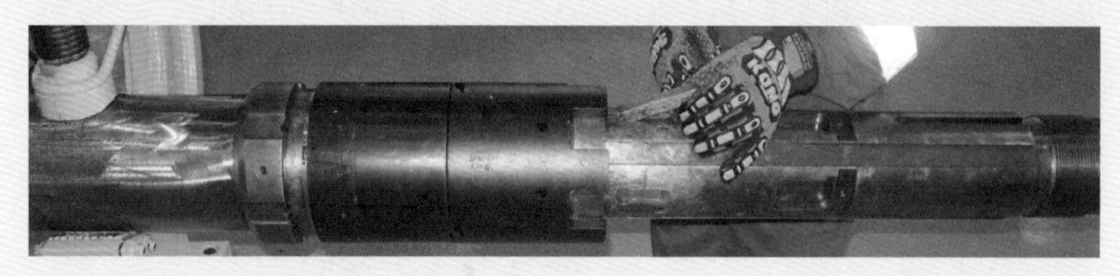

（12）参照图示，安装扭矩块组件。

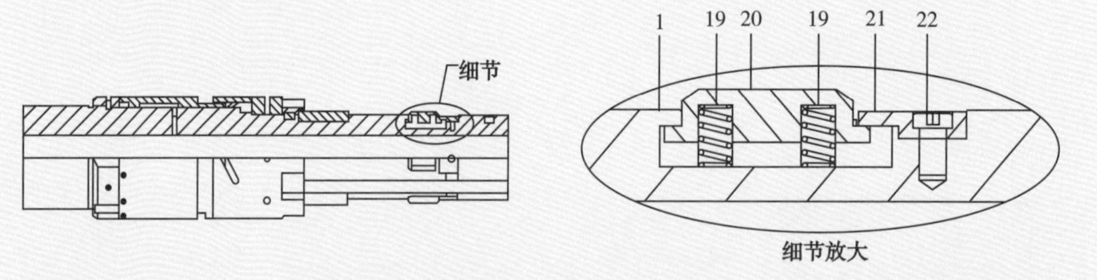

①在扭矩块（20）内侧的孔内涂满黄油，然后插入弹簧（19），以便将其固定在孔内。

②安装扭矩块（20）。

③下压扭矩块（20），随后安装扭矩块挡片（21）。

④安装夹紧螺钉（22）固定扭矩块挡片（21）。

⑤随后依次安装所有剩余的扭矩块（20）组，共 4 组。

（13）预先连接中部啮合套（17）和底部啮合套（18），上完所有扣后，回退 4 圈。

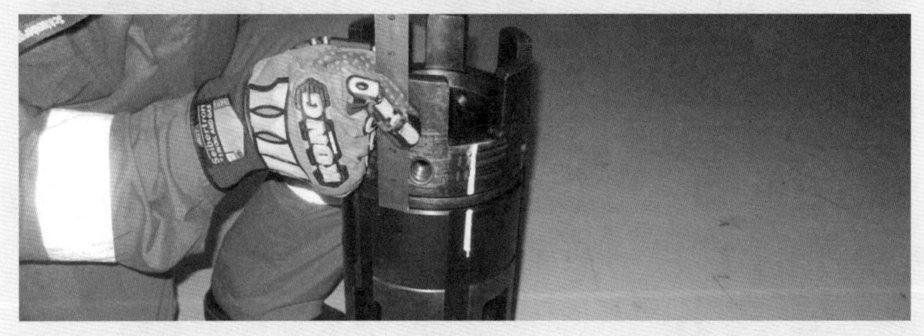

注意：测量中部啮合套（17）与底部啮合套（18）之间的间隙为 0.5in。

（14）将中部啮合套（17）和底部啮合套（18）组合套入本体（1），随后在底部啮合套（18）上安装2根螺栓（31）。

（15）推动螺栓（可能需要较大的力），使中部啮合套（17）和底部啮合套（18）组合滑过本体上的扭矩块（20）。确认中部啮合套（17）上槽与顶部啮合套（11）的键配合完好；同时，其内部的键槽与键块（15）相咬合，扭矩剪切销钉孔与本体上的键槽孔对齐。

注意：不要让顶部啮合套（11）和中部啮合套（17）的城堡块相互咬合在一起；不要让扭矩块（20）从底部啮合套（18）上的窗口中张开。

（16）在中部啮合套（17）上安装2颗扭矩剪切销钉（16）和4颗轴向剪切销钉（30）。

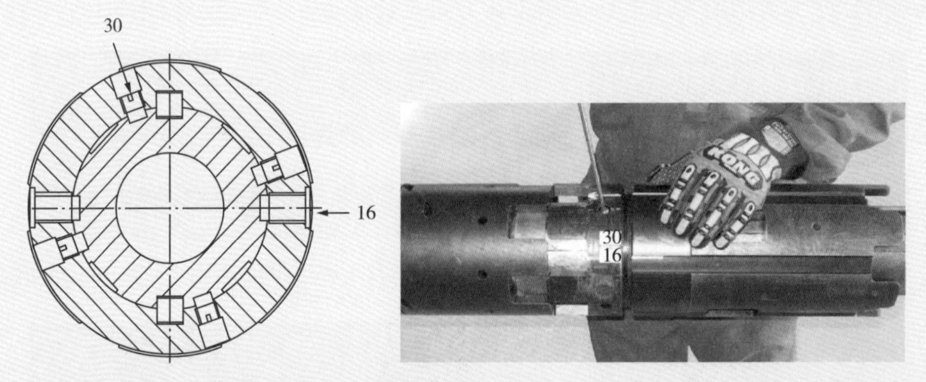

提示：可使用白色油漆笔提前在本体上的相应位置做好标记，以便于安装销钉。

（17）在本体（1）的长键槽内安装2根键块（24）。

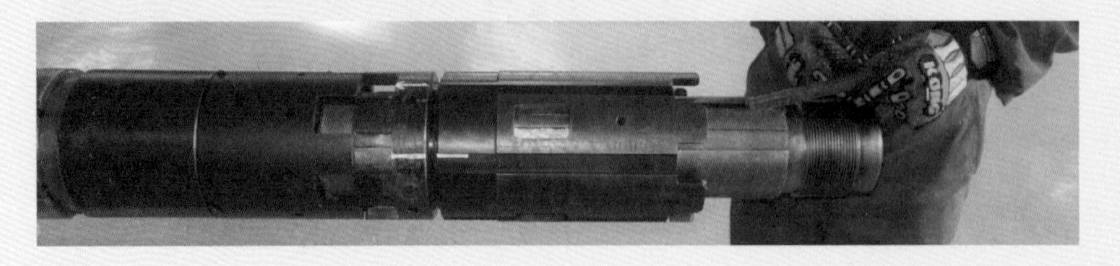

（18）穿过键块（24），安装弹簧（23）。

（19）安装倒扣螺母（25），使其贴紧弹簧（23）。

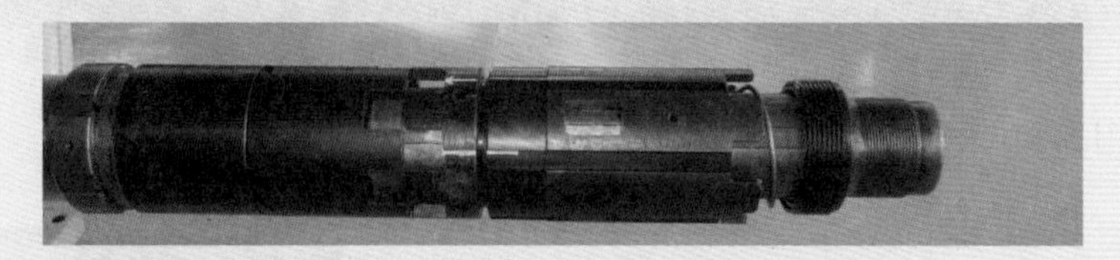

注意：倒扣螺母安装方向，端面有缺口的一侧朝下。

（20）在底部接头（29）的密封槽内涂抹密封脂，安装 O 形圈（26）。

（21）在坐落阀（27）外侧的密封槽内涂抹密封脂，安装 O 形圈（28）。

（22）将坐落阀（27）安装到底部接头（29）内。

提示：可以使用 ϕ71 mm 尼龙棒敲入。

（23）将底部接头（29）连接在本体上，并上紧。

（24）使用 3/16in 内六角扳手，在底部接头上安装 4 颗定位销钉（3）。

（25）使用卡簧钳收紧液压缸止退簧（32），顺时针旋转顶部啮合套（11），使液压缸（5）上行复位。

（26）安装剪切销钉（4），使其在液压缸上均匀分布，安装到位后，回转 1/4 圈。

注意：如果剪切销钉不能安装到位，可能需要重新调整扶正环（2）。

（27）在 RRT 上安装测试接头及堵头，吊至水箱中，进行功能测试及高压测试。

注意：如无法稳压，可将送入工具置于水箱外部进行测试，以便通过远程摄像头查找漏点；试压合格后，放压并排净测试流体。

（28）测试结束后，放压、保持泄压阀开启。记录以下数值：剪切销钉数量：× × 个；剪切值：× × psi；高压：× × psi × 15min。

（29）将工具吊至地钳上夹紧，拆除测试接头及堵头。

（30）回退扶正环（2），拆除液压缸（5）上及剪切槽内的断销钉，确认好数量，随后将其复位。

（31）重复步骤（25）（26），安装相同批次的剪切销钉，并使用油漆笔在液压缸上做好标记。

注意：复位前再次检查止退簧（32）弹性，是否可弹开并阻止液压缸上行。

（32）至此，RRT 送入工具组装完毕。

5. RRT 系统尾管悬挂器整体组装程序

（1）清理工作区域，移除任何与装配无关的组件。

（2）通径并检查各部件。

（3）将封隔器吊至地钳上夹紧，测量密封补芯在封隔器内的具体位置，并提前在封隔器外部做好标记。

（4）在密封补芯的挡块和内外密封件上均匀涂抹密封脂，随后将其推入封隔器内，直到密封补芯的挡块落入封隔器的挡块槽内。

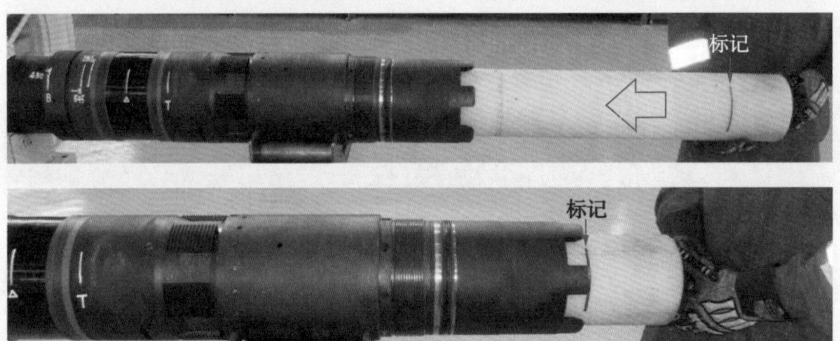

提示：可以使用已提前做好标记的尼龙棒工装推入。

（5）使用直尺测量密封补心底部至封隔器下端的距离，与之前标记的数值核对，确认密封补芯安装到位。

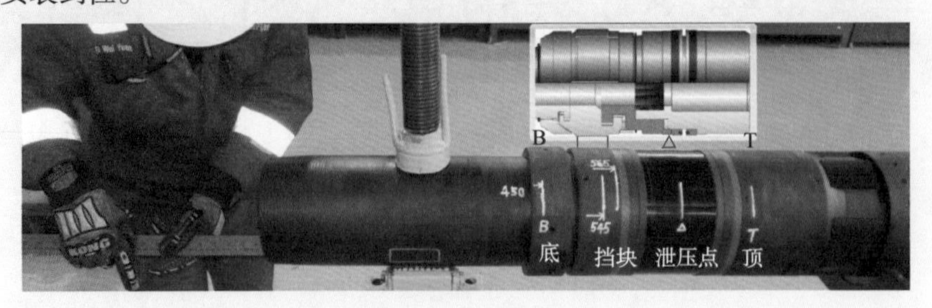

（6）在封隔器下端插入密封补芯工装，直到工装的台阶面顶到密封补芯，此时，密封补芯的挡块会被工装撑开，进入到封隔器的挡块槽内，从而使密封补芯固定在封隔器内。

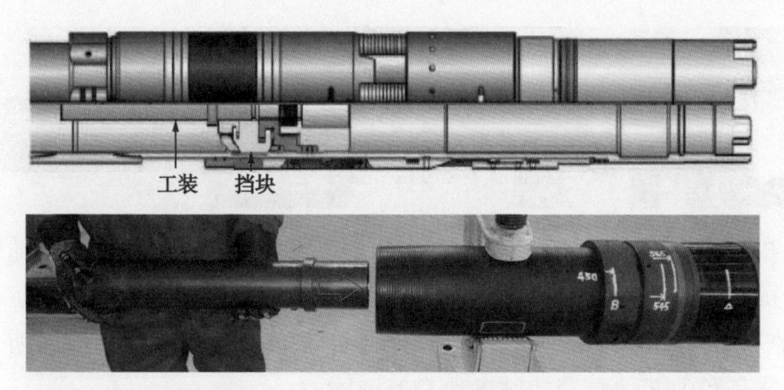

（7）在中心管下端涂抹润滑脂，并保护好下部螺纹。

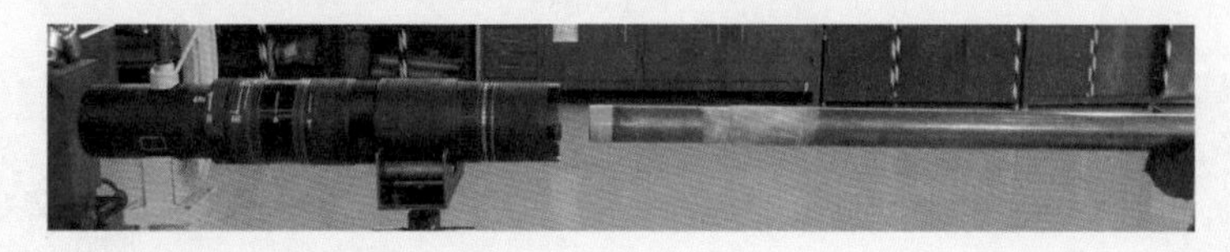

建议：可在中心管下部螺纹缠绕胶带。

（8）调整支架使中心管保持水平、居中，将其缓慢推入封隔器，直到进入密封补芯，随后在中心管中下部涂抹钻杆螺纹润滑脂。

提示：钻杆螺纹润滑脂用量大约 15 kg。

（9）缓慢推入中心管，使中心管穿过封隔器和密封补芯（穿过密封补芯时需要一个较大的力）：此时，中心管下端小外径部分会插入到密封补芯工装内，而中心管上端大外径处会把工装推出密封补芯，并代替工装继续支撑密封补芯挡块。整个组装过程中，密封补芯的挡块一直锁定在封隔器的挡块槽内。

注意：在工装被中心管顶出之前，应始终对其保持轻微的推力，避免其提前掉落。

（10）涂抹螺纹润滑脂，将中心管上端连接至 RRT 的底部接头，按照扭矩表上扣（$3^1/_2$in12.7#NUE 上扣扭矩：4060~5080lbf · ft）。

注意：上扣时中心管上的备钳应放在小外径位置的管钳槽内，紧扣后随即对打管钳处产生的牙痕进行打磨。

（11）取掉 RRT 液压缸上的剪切销钉，逆时针方向（反转）旋转顶部啮合套，激活液锁，使顶部啮合套和中部啮合套的城堡块相互匹配。

（12）拆除 4 颗轴向剪切销钉。

（13）调整 RRT，使其保持水平与居中、使底部啮合套和封隔器的城堡块互相匹配，缓慢推入 RRT；如果反扣接头与封隔器的边缘接触而停止，则暂停推入。

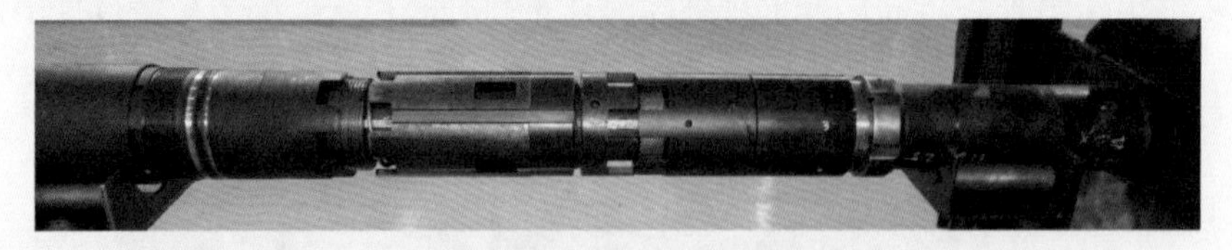

微调 RRT 顶部的支架，观察到倒扣螺母弹入，方可进入下一步。

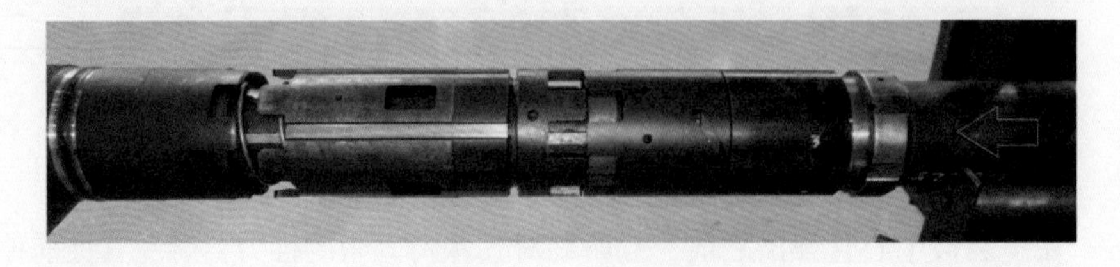

（14）继续推入 RRT，压缩本体，直到底部啮合套盖住扭矩块，顶部啮合套和中部啮合套、底部啮合套和封隔器（城堡块）完全咬合。

（15）在中部啮合套和底部啮合套之间使用白色记号笔划线做标记，使送入工具保持受压状态，逆时针方向（反扣）旋转 1 圈。

（16）使用叉车回拉 RRT，进行拖拽测试，检验 RRT 的倒扣螺母与封隔器是否已连接；如果倒扣螺母没有上扣，则需要回转一圈（顺时针转回刚刚左转的一圈），尝试调整支架、震击 RRT，使倒扣螺母弹入，并重复步骤（14）（15）。

注意：确认地钳夹紧，拖拽位置紧固；无关人员回避叉车后退方向。

（17）确认上扣后，推回 RRT，继续逆时针方向（反扣）旋转 3 圈。

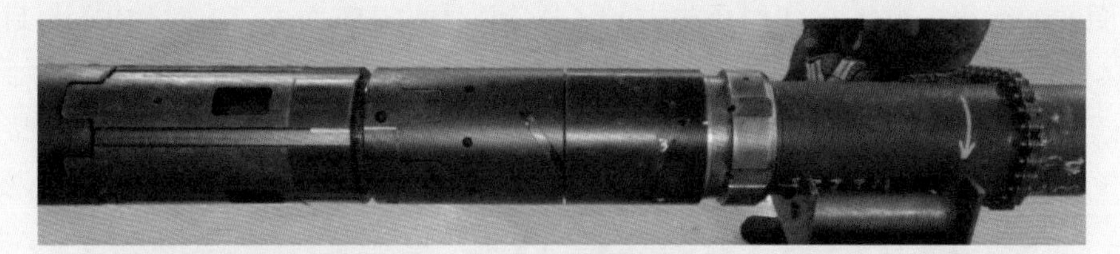

（18）测量中部啮合套与底部啮合套之间的距离应为 1in。

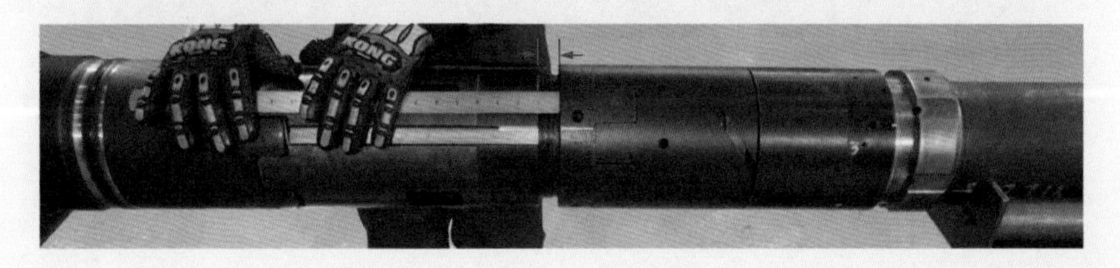

（19）再次回拉 RRT，确认倒扣螺母与封隔器连接正常。

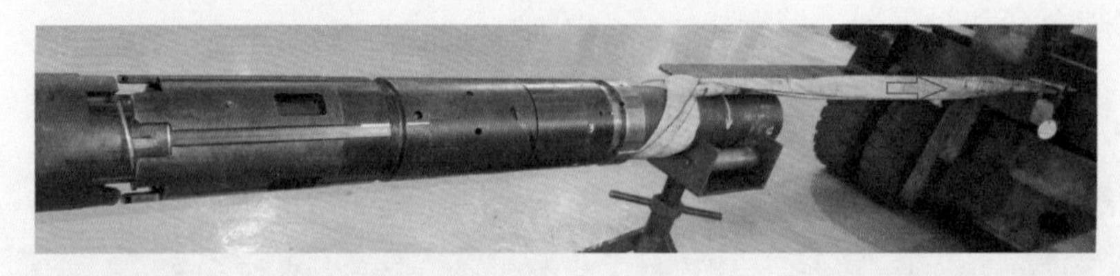

（20）在底部啮合套上安装 2 根螺栓。

（21）拉动底部啮合套，使它与封隔器的城堡块相互咬合。

（22）此时 RRT 的扭矩块应该弹出并卡在底部啮合套的窗口里；如果没有，向左或向右微调（旋转）RRT，直到扭矩块弹出并完全卡在底部啮合套的窗口里。

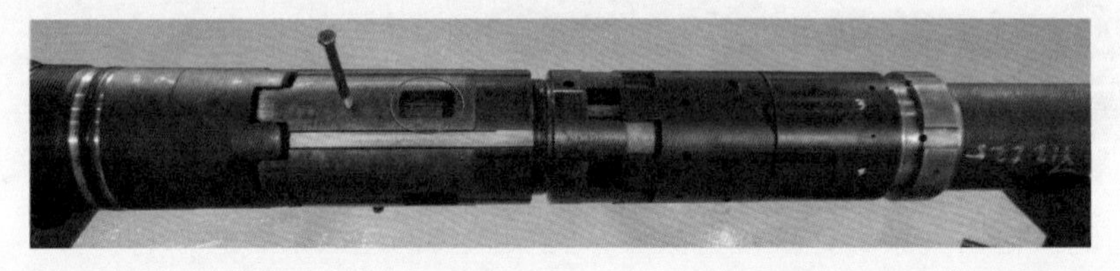

注意：确认封隔器与底部啮合套完全咬合，并且中部啮合套和底部啮合套之间的螺纹有足够圈数的行程：组装 RRT 时预先左转了 4 圈（大约 0.5in），又在连接 RRT 与封隔器时左转了 4 圈，这样在 RRT 中部啮合套和底部啮合套之间的螺纹就有了 8 圈的行程（大约 1in）。这就保证了在后续丢手作业时，有足够的行程来释放送入工具与封隔器间的反扣连接。

（23）使用卡簧钳收紧液压缸止退簧，顺时针旋转顶部啮合套，使液压缸上行复位。

（24）安装液压缸剪切销钉并做好记录。

（25）安装轴向剪切销钉并做好记录。

（26）测量底部啮合套与封隔器之间的距离不大于 3/8in。

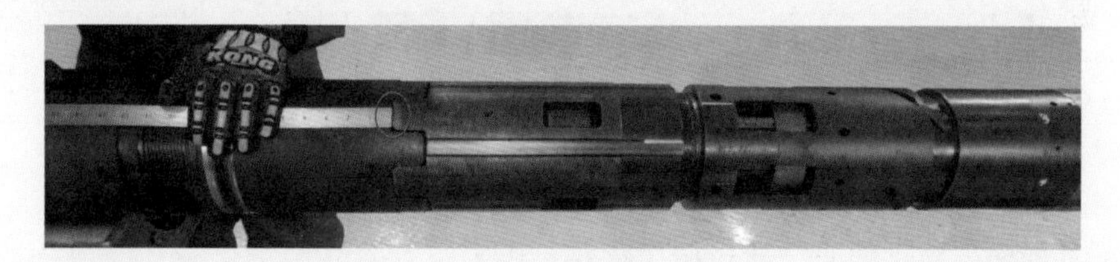

（27）在封隔器下端连接接箍。

（28）在接箍下端连接悬挂器。

（29）参考扭矩表，使用上扣机对封隔器、接箍、悬挂器上扣，并划线做标记。

记录扭矩值：封隔器与接箍：× ×lbf · ft ；接箍与悬挂器：× ×lbf · ft。

（30）在中心管下端外螺纹涂抹螺纹润滑脂，连接试压盲堵。

（31）在悬挂器下端连接短套管，按照扭矩表上扣。

注意：短套管应有足够的长度来覆盖中心管。

（32）拆掉悬挂器卡瓦支撑臂上的顶丝，取下支撑臂，并放在一个盒子里面避免丢失。

（33）悬挂器内灌满清水，连接试压管线、接头。

注意：灌水时应尽量灌满并充分排气。

（34）对悬挂器液压缸进行压力测试（不安装剪切销钉）：记录液压缸的启动压力××psi；继续打压至500psi，并稳压10min；测试结束后，放压、复位液压缸。

注意：如启动压力高于500psi，则应检查或更换悬挂器。

（35）对悬挂器液压缸进行压力测试（安装设定数量的剪切销钉）：记录剪切销钉数量××个；剪切压力××psi；继续打压至5000psi，并稳压15min，确认整个系统没有漏点。

（36）试压合格后，泄压、排净测试流体。检查液压缸附近地面，确认断销钉数量与安装的数量相符。随后，拆除试压管线、测试接头、短套管及盲堵。

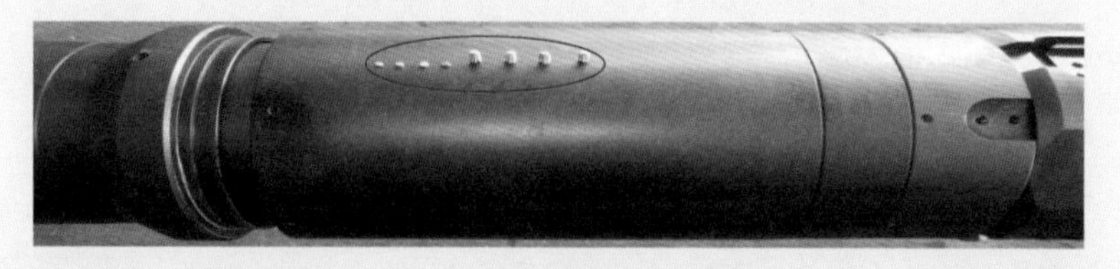

（37）复位液压缸，安装恢复 3 组卡瓦支撑臂及顶丝。

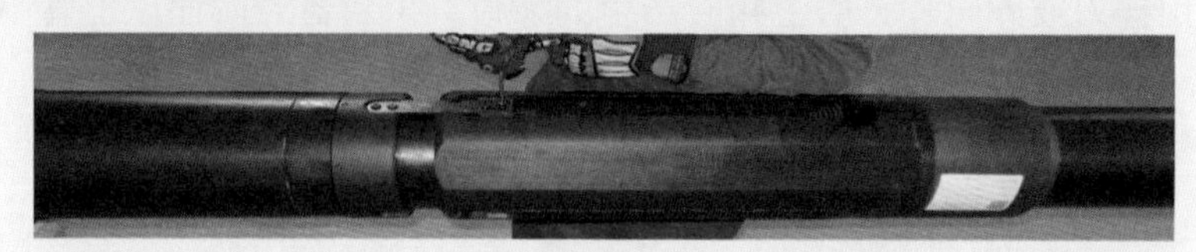

提示：安装顶丝使用 5/32in 内六角扳手。

（38）安装新的剪切销钉并做好标记。

注意：必须使用与测试时同一批次的剪切销钉。

（39）涂抹螺纹润滑脂，将配长短节连接至 RRT 上端，按照扭矩表要求使用上扣机上扣并划线做标记。

推荐上扣扭矩：30000lbf · ft。

注意：如果使用≤ 10ft 的回接筒，则不需要使用此配长短节。

（40）涂抹螺纹润滑脂，将坐封器连接至配长短节上端（如果不使用配长短节则连接在 RRT 上端），按照扭矩表要求使用上扣机上扣并划线做标记。

推荐上扣扭矩：30000lbf · ft。

（41）涂抹螺纹润滑脂，将延伸短节连接至坐封器上端，按照扭矩表要求使用上扣机上扣并划线做标记。

推荐上扣扭矩：30000lbf · ft。

（42）使用锉刀或砂轮片打磨上扣时产生的牙痕，坐封器台阶面以上管串应保证防砂帽正常通过。

（43）测量并记录以下距离：

涨封挡块到封隔器城堡块的距离 × ×m；

涨封挡块到封隔器外侧螺纹根部的距离 × ×m；

涨封挡块到延伸短节顶部的距离 × ×m；

坐封器上端台阶面到延伸短节顶部的距离 × ×m。

（44）在配长短节至延伸短节之间均匀涂抹钻杆螺纹润滑脂。

提示：钻杆螺纹润滑脂用量大约 75kg。

（45）缓慢套入回接筒。

注意：使回接筒保持居中，尽量避免螺纹润滑脂剐蹭掉落。

（46）使用大链钳上紧回接筒与封隔器的螺纹，对齐定位销钉孔。

提示：可在封隔器定位销钉孔外侧，使用白色油漆笔做标记，便于对齐销钉孔；紧扣之后，可能需要稍微回转回接筒，以对齐销钉孔。

（47）安装定位销钉并上紧。

（48）在延伸短节上套入防砂帽，并拆除提升帽上的定位销钉。

（49）在剪切套和提升帽上安装螺栓，保持剪切套不动，顺时针方向（反扣）旋转提升帽，使提升帽带动内套的支撑面上行，解除对棘爪的支撑。

（50）将防砂帽推进回接筒，直到剪切套的台阶面顶在回接筒上端。逆时针方向（反扣）旋转提升帽，直到其台阶和剪切套接触。

（51）确认防砂帽已锁定在回接筒内，取下螺栓，安装定位销钉。

（52）涂抹螺纹润滑脂，将提升短节连接至延伸短节上端，按照扭矩表要求使用上扣机上扣并划线做标记。

推荐上扣扭矩：30000lbf · ft。

（53）在中心管下端连接旋转接头，随后测量并记录相关数据。

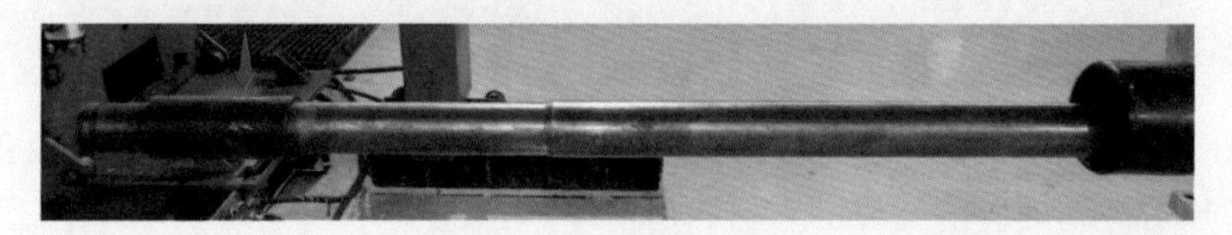

注意：安装前必须确认旋转接头的钢珠及丝堵都已安装，并确认其是否可以旋转。

（54）使用 ϕ 63.5mm 通径规对尾管悬挂器总成通径，确认通径规能够顺利通过。

（55）安装护丝，喷涂总成编号，贴标签，包装悬挂器总成（悬挂器卡瓦和封隔器胶皮处应加强防护），放至通风、干燥的室内存储区。

（56）将部件检查卡、组装监控单、试压记录、扭矩记录等，扫描、存档。

RRT 系统尾管悬挂器总成数据见表 2-2-5 和表 2-2-6。

表 2-2-5　RRT 系统尾管悬挂器总成长度数据

尾管悬挂器总成的长度		悬挂器的长度	
回接筒外送入工具的长度		提活防砂帽的距离	
回接筒的长度		坐封距离	
封隔器的长度		解封密封补芯的距离	
接箍的长度		提活密封补芯的距离	

表 2-2-6　RRT 系统尾管悬挂器总成设定值

项目	销钉数量	剪切值	
RRT 液锁压力			psi
RRT 轴向剪切销钉			lb
悬挂器坐挂压力			psi

二、威德福 R-Tool 系统尾管悬挂器维保与组装

1. 浮式防砂帽（FJB）维保与组装程序

浮式防砂帽（FJB）主要部件如图 2-2-7 所示。

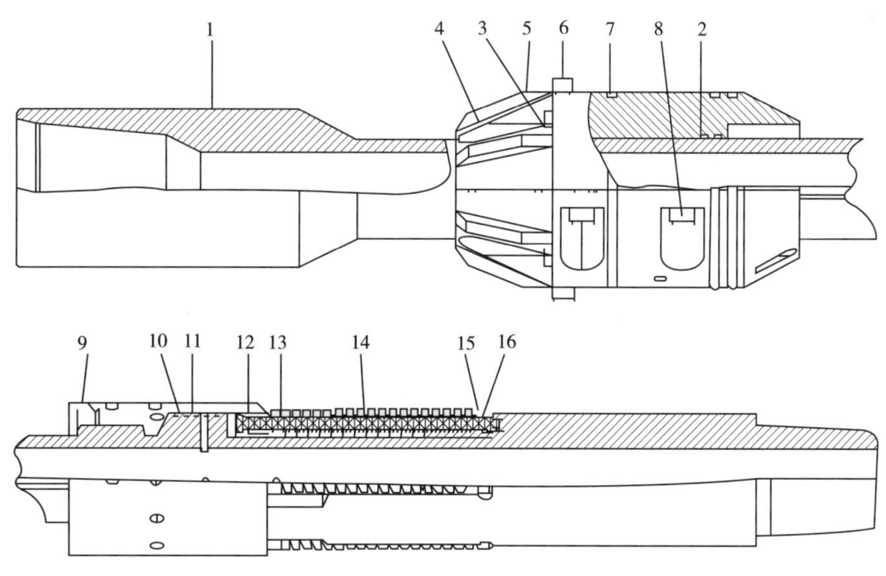

图 2-2-7　浮式防砂帽（FJB）主要部件图

1—本体；2，7，10—O 形圈；3—灌水孔；4—排气孔；5—防砂帽；6—定位销钉；8—定位销钉；9—滑套；11—异形密封；12—弹簧栓；13—限位环；14—弹簧；15—锁环；16—分体环

1）拆卸步骤

（1）将本体（1）外螺纹端放到地钳上夹紧。

（2）将定位销钉（6）从防砂帽（5）上拆下。

（3）将O形圈（7）从防砂帽（5）上拆下并废弃。

（4）将定位销钉（8）从防砂帽（5）上拆下。

（5）将两半防砂帽（5）分别从本体（1）上拆下。

（6）将4个O形圈（2）从本体（1）上拆下并废弃。

（7）用链钳将滑套（9）轻轻从弹簧短节上移开，露出限位环（13）上固定专用工具（00169421）的销钉孔。

（8）用专用工具（00169421）从本体（1）上拆下4个弹簧短节。

（9）用链钳将滑套（9）卸开，露出O形圈（10）和异形密封（11），从本体（1）上拆下滑套（9）。

（10）从本体（1）上拆下O形圈（10）和异形密封（11）。

（11）从弹簧（14）和弹簧栓（12）上拆下限位环（13）、锁环（15）和分体环（16），重复此步骤拆卸所有弹簧短节。

（12）至此，FJB拆卸完毕，对所有部件进行维保。

2）组装步骤（FJB基体）

（1）将本体（1）内螺纹端放到地钳上夹紧。

（2）将本体（1）的凹槽清理干净，去除油污。将异形密封（11）安装在凹槽内，用高压黄油将异形密封（11）固定住。

（3）将O形圈（10）安装到本体（1）上。

（4）将滑套（9）从本体（1）的外螺纹端套入并安装到位。

（5）将限位环（13）、弹簧（14）、锁环（15）和弹簧栓（12）及其上面的两个分体环（16）组装起来。

（6）用专用工具（00169421）将4组弹簧短节安装到本体（1）上的凹槽内。

（7）至此，FJB基体组装完毕。

2. 坐封器（RPA）维保与组装程序

坐封器（RPA）主要部件如图2-2-8所示。

（1）将轴承（2）安装到本体（1）上。

（2）靠近轴承（2）安装分体环（4）。

（3）将轴承护罩（3）套在本体上并安装到位。

（4）安装定位销钉（5）。

（5）将弹簧（8）安放在胀封挡块（7）中。

（6）将承托环（9）套在本体上并上扣，不要上紧，上至刚好能卡住胀封挡块（7）即可。

（7）在每个胀封挡块上安装两颗防磨铜钉（10）。

（8）依次将装有弹簧的胀封挡块（7）安装到位。

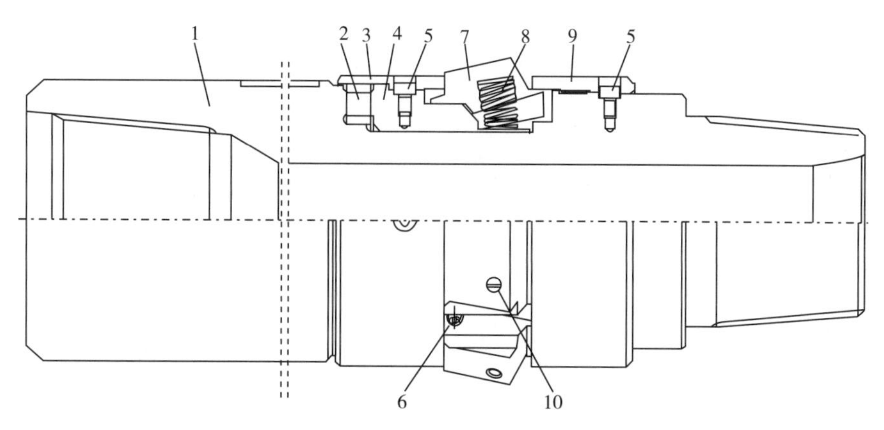

图 2-2-8　坐封器（RPA）主要部件图

1—本体；2—轴承；3—轴承护罩；4—分体环；5—定位销钉；6—限位销钉；7—胀封挡块；8—弹簧；9—承托环；10—防磨铜钉

（9）继续将承托环（9）上扣到位，并安装定位销钉（5）。

（10）安装挡块限位销钉（6）。

（11）至此，RPA 组装完毕。

3. 密封补芯（RSM）维保与组装程序

密封补芯（RSM）主要部件如图 2-2-9 所示。

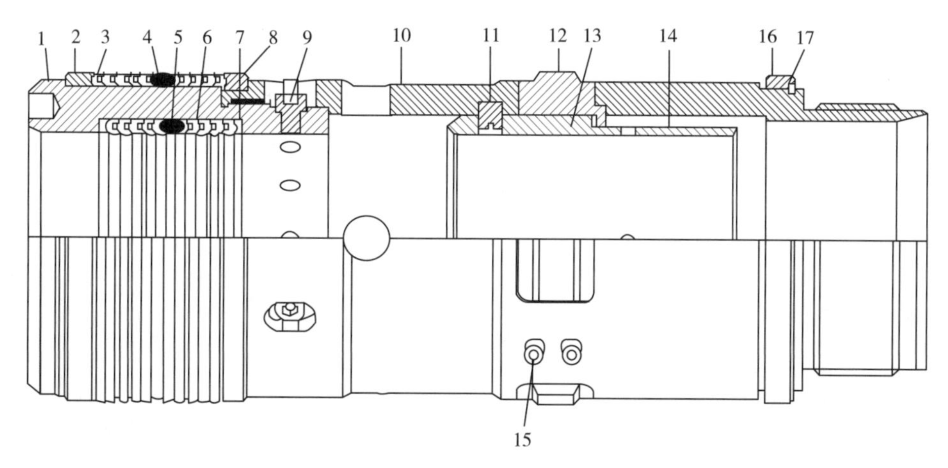

图 2-2-9　密封补芯（RSM）主要部件名称

1—顶帽；2—铜环；3，6—V 形圈；4，5—O 形圈；7—V 形圈座；8—铜环；9—定位销钉；10—本体；11—剪切销钉；12—锁块；13—弹性钢针；14—锁套；15—定位销钉；16—导向铜环；17—卡簧

重要提示：在装配密封补心过程中不需要使锁套（14）激活胀开锁块（12），并且剪切销钉（11）也不需要完全安装到位，只有在后续整体组装将其安装进封隔器时才需要完成此步骤。

（1）在锁套（14）内安装剪切销钉（11），上至销钉与锁套（14）的外径面齐平。

（2）将锁套（14）从本体（10）的上端放入，直到其落在本体台阶上。

（3）将锁块（12）放入本体（10）的窗口中。

（4）在锁块窗口一侧安装两颗定位销钉（15），拧至与窗口内侧面齐平。

（5）在锁块窗口另一侧的两个螺栓孔内，分别插入两根弹性钢针（13），穿过锁块（12）直至插入到定位销钉（15）的内孔底端。

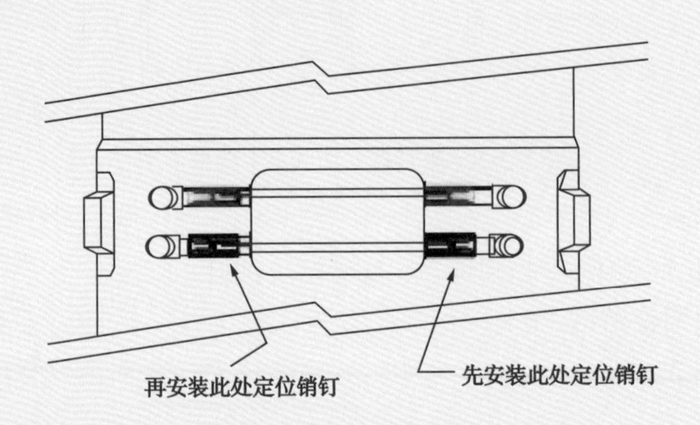

提示：可以将密封补芯本体水平放置以方便安装。

（6）安装另外两颗定位销钉（15）并使弹性钢针（13）处在定位销钉（15）的内孔中，不要将定位销钉（15）拧得太紧，以至弹性钢针（13）弯曲。

注意：安装定位销钉（15）时涂抹少量润滑脂；确保安装的定位销钉（15）不要突出窗口内侧表面，避免影响锁块（12）活动；检查并确保所有弹性钢针两端都处在定位销钉的内孔中。

（7）重复步骤（3）~（6），直到4个锁块（12）全部安装完毕。

（8）在顶帽（1）内槽表面涂抹润滑脂。

（9）安装内密封组：V形圈座（7）、V形圈（6）、O形圈（5）。

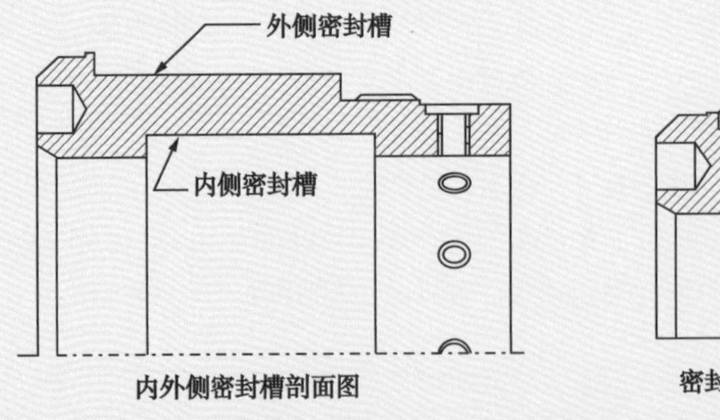

内外侧密封槽剖面图

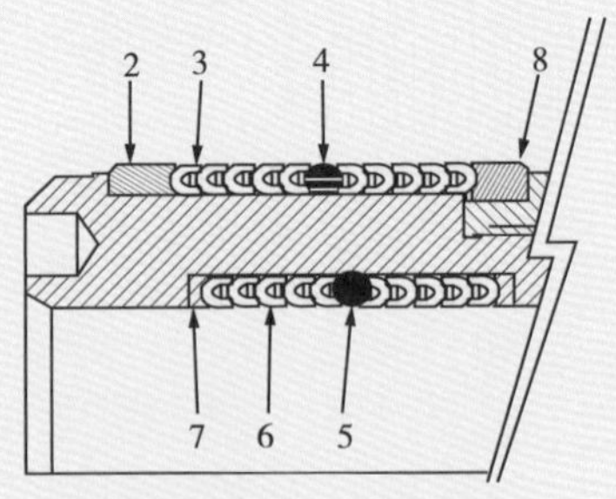

密封组安装顺序、位置及方向

提示：必要时可以弯曲V形圈座（7）以方便将其安装至密封槽内。

（10）安装外密封组：铜环（2）、V形圈（3）、O形圈（4）、铜环（8）。

（11）在顶帽（1）的螺纹上涂抹润滑脂。

（12）连接顶帽（1）与本体，到位后稍微回转对齐销钉孔，安装3颗定位销钉（9）。
（13）在本体下部安装导向铜环（16），注意安装方向。
（14）将卡簧（17）安装至本体的凹槽内。
（15）至此，RSM组装完毕。

4. 送入工具（R-Tool）维保与组装程序

送入工具（R-Tool）主要部件如图2-2-10所示。

图2-2-10　送入工具（R-Tool）主要部件图

3—液压缸；4，5—T形密封圈；6—内密封套；7—锁块；8—锁套；9—垫环；10—轴承组；11—支撑环；12，16—弹簧；13—扭矩筒；14—扭矩锁定环；15—扭矩螺母；17—键块；18—倒扣螺母；19—垫环；20—下接头；21，23—O形圈；22—承扭螺栓；24—阀座

（1）将本体（1）放到地钳上，在上接头位置夹紧，随后涂抹一层薄油脂。

注意：涂抹时避开键槽位置。
（2）在液压缸（3）内部安装T形密封圈（4）。

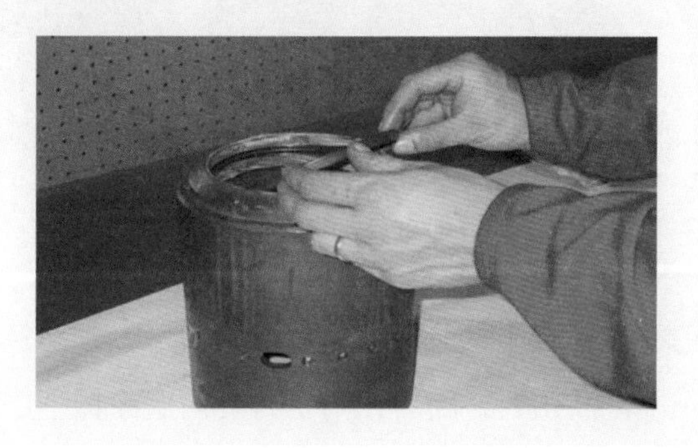

（3）在 T 形密封圈上、下各安装 1 个垫圈，随后涂抹一层薄油脂。

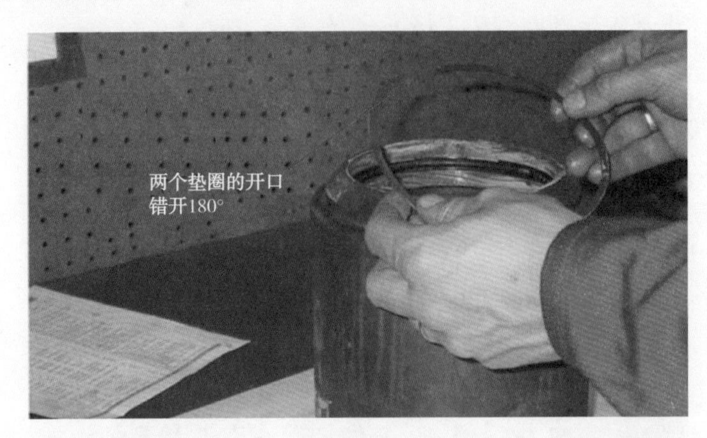

注意：垫圈和 T 形密封圈是配套的，并没有单独序列号；两个垫圈的开口应错开 180°。

（4）将 T 形密封圈（5）及上、下垫圈安装到内密封套（6）外部凹槽（和 M8 销钉孔相对一侧）。

注意：两个垫圈开口错开 180°，随后在内密封套外壁涂抹一层薄油脂。

（5）将 T 形密封圈（4）及上、下垫圈安装到内密封套（6）内部凹槽。

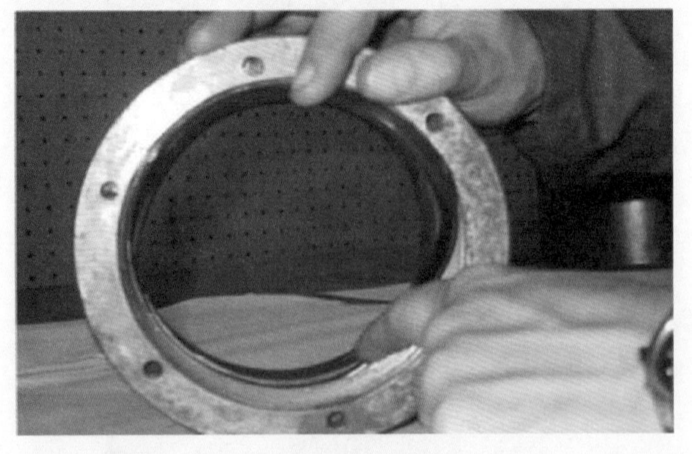

注意：两个垫圈开口错开 180°，随后在内密封套内壁涂抹一层薄油脂。

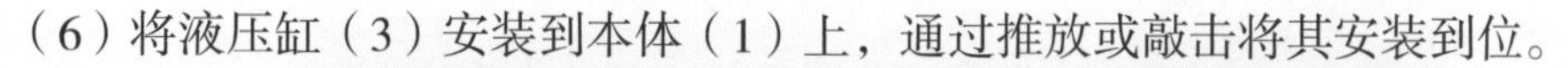
（6）将液压缸（3）安装到本体（1）上，通过推放或敲击将其安装到位。

提示：可利用锁套（8）或扭矩筒（13）撞击液压缸（3）使其安装到位。

（7）在内密封套（6）内壁和外壁涂抹一层薄油脂。

（8）连接内密封套（6）与专用工具，并用 M8 螺栓固定。

（9）将内密封套（6）与专用工具安装到本体（1）上。

（10）使用 48in 管钳上紧。

（11）拆掉螺栓，取下专用工具。

（12）将锁块（7）安装到锁套（8）槽内。

提示：可使用高压黄油将锁块（7）粘在锁套（8）内。

（13）在锁套（8）内涂抹一层薄油脂并安装到本体（1）上，直到顶住内密封套（6）。

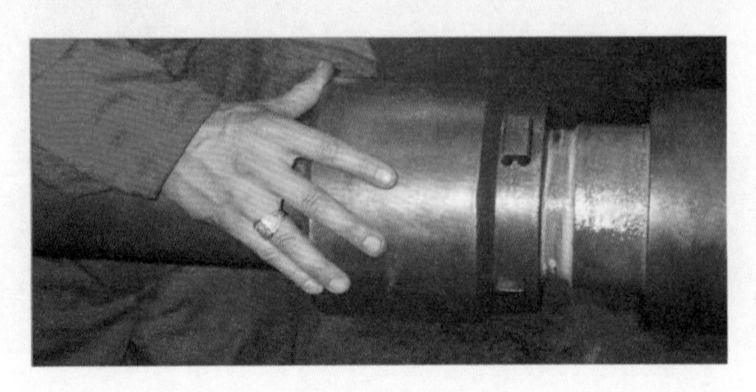

（14）在轴承（10）两侧涂抹润滑脂，并使用刮刀将润滑脂涂抹到滚珠之间的夹缝内。

（15）将垫环（9）安装到本体（1）上，斜面朝向锁套（8）。

（16）先安装内径较小的滑环，斜面朝向锁套（8），随后安装轴承组（10）、再安装内径较大的滑环。

（17）将支撑环（11）安装到本体（1）上，平面一侧朝向滑环。

（18）在轴承组外侧涂抹一层薄油脂，将轴承组全部塞进锁套（8）。

（19）将弹簧（12）和扭矩锁定环（14）安装到本体（1）上。

注意：安装前仔细检查扭矩锁定环（14）是否有毛刺及损坏，视情况打磨或更换；检查扭矩锁定环（14）的键槽是否和本体（1）上的键槽对齐。

（20）使用 WD-40® 或类似润滑剂再次清洗本体（1）上的键槽。

（21）安装压缩弹簧专用工具，直到适配器和扭矩锁定环相接触。

注意：对于本体内径 100mm 和 70mm 的送入工具，压缩弹簧专用工具必须和适配器配合使用。

（22）将专用工具接头安装到本体（1）上。

（23）逐步上紧专用工具螺纹端的螺栓以压缩弹簧（12），直到完全露出键槽。

（24）安装键块（17），确认其安装到位。

（25）卸松专用工具螺纹端螺栓，缓慢松开弹簧，使扭矩锁定环（14）顶住键块（17）。

注意：在完全松开压缩弹簧专用工具前检查键块（17）和扭矩锁定环（14）是否在指定位置。

（26）将压缩弹簧专用工具从本体（1）上拆下。

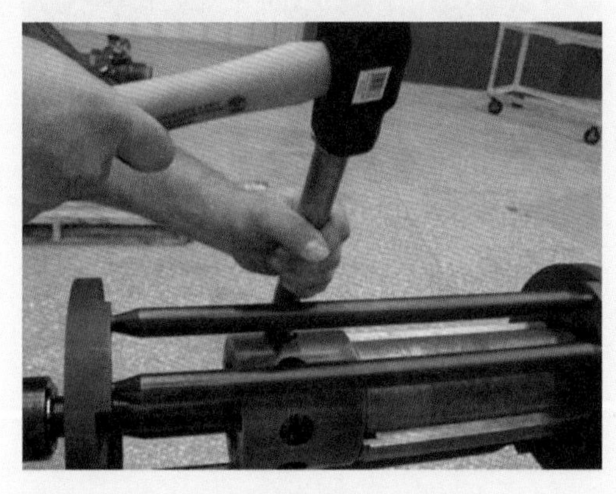

注意：拆卸专用工具接头时可使用铝棒或铜棒等敲击。

（27）在本体（1）余下部分涂抹润滑脂。

注意：涂抹润滑脂时避开本体（1）的下部螺纹。

（28）将扭矩螺母（15）安装到扭矩筒（13）内（正扣）。

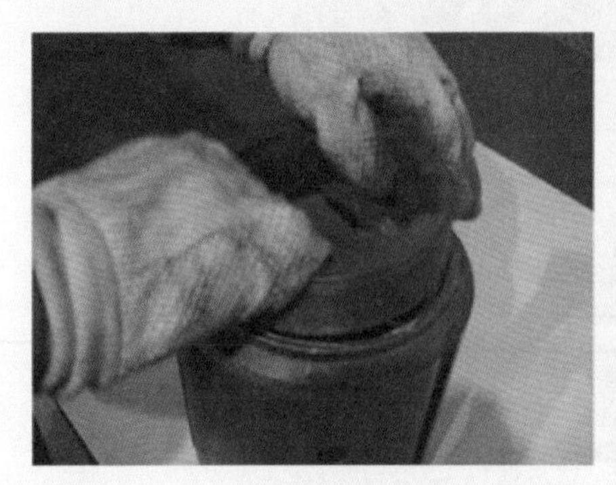

（29）将组合好的扭矩螺母（15）和扭矩筒（13）穿过键块安装到本体（1）上，用链钳将扭矩筒（13）在本体（1）上正转到底，随后回转3~3.5圈，将扭矩锁定环（14）和扭矩筒的销钉孔对齐。

（30）在扭矩筒（13）与扭矩锁定环（14）上安装定位销钉。

注意：销钉拧紧即可，切勿用力过大。

（31）将弹簧（16）、倒扣螺母（18）和垫环（19）套到本体（1）上并收紧，露出本体下部螺纹。

注意：倒扣螺母（18）的凹面一侧面向弹簧（16）；倒扣螺母（18）内侧的键槽与键块（17）对齐。

（32）用链钳固定倒扣螺母（18），防止其下滑。

（33）在本体（1）上安装O形圈（21）。

（34）在阀座（24）上安装O形圈（23）。

（35）在下接头（20）内壁和阀座（24）外壁涂抹润滑脂，随后将阀座（24）安装到下接头内。

（36）使用尼龙棒或铜棒轻击阀座（24）直到其完全到位。

（37）在本体（1）的下部螺纹上涂抹螺纹润滑脂。

（38）将下接头（20）连接到本体（1）上。

（39）取下固定倒扣螺母（18）的链钳，对下接头（20）上扣，推荐扭矩 9000lbf · ft。注意：如果下接头（20）在安装完毕后没有立即上扣，应贴“未上扣”标签。

（40）在送入工具上贴标签，标明组装号、工具号、组装日期、组装人员及其他描述等。

（41）至此，R-Tool 送入工具组装完毕。

5. R-Tool 系统尾管悬挂器整体组装程序

（1）安装密封补芯（RSM）。

①将尾管顶部封隔器放到地钳上，在双母接箍处夹紧。

提示：RSM 适用于尾管顶部封隔器、送放短节或带 RSM 装配槽的尾管悬挂器，以下程序以配置尾管顶部封隔器的尾管悬挂器总成为例。

②使用匹配的通径规通径。

③检查并清洁封隔器内部，在 RSM 密封面涂抹润滑脂。

④将 RSM 从封隔器顶端插入，直到 RSM 的锁块到位，如图 2-2-11 所示。

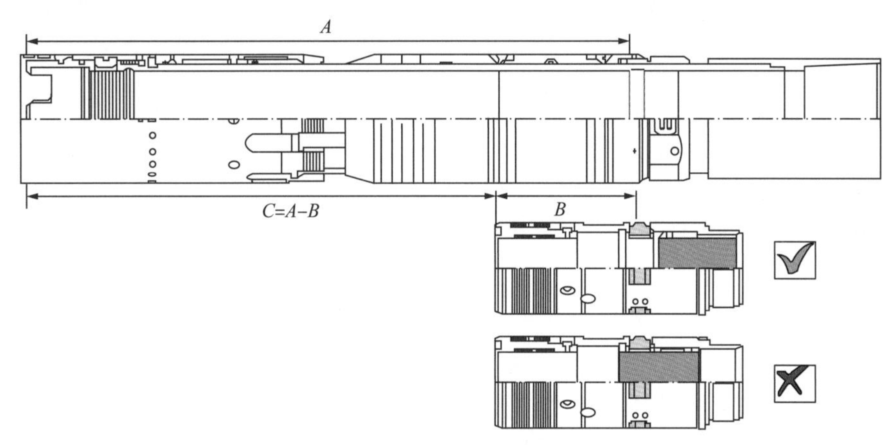

图 2-2-11　密封补芯安装图

注意：推动 RSM 通过封隔器的反扣螺纹时应小心，防止刮伤密封圈。

⑤在 RSM 内的锁套顶端安装限位挡块，确保剪切销钉处于销钉槽处。

提示：7~7⁵/₈inRSM 使用长度为 50mm（1.97in）的限位挡块。

⑥推动锁套，使其顶住限位挡块，挤压 RSM 锁块进入槽内。

⑦安装剪切销钉，至少安装 1 颗。

⑧取出限位挡块。

⑨在封隔器顶端插入扭矩专用工具。

⑩连接封隔器、接箍及悬挂器，并按标准扭矩上扣。

注意：上好扣后再调整顶部封隔器的调节环。

⑪对 RSM 至悬挂器底端和 RSM 至封隔器顶端进行通径。

（2）连接送入工具（R-Tool）。

①确认下接头已按标准扭矩上扣。

②将中心管连接至下接头，按标准扭矩上扣。如有定位销钉孔，安装定位销钉。

③在中心管底部安装导引头，在 R-Tool 的顶端安装提丝。

④重新调整扭矩筒内的扭矩螺母。

a. 从扭矩筒上移除承扭螺栓。

b. 正转扭矩筒，直到扭矩螺母端面顶到扭矩筒底端。

c. 回转扭矩筒 3~3.5 圈。

d. 对准扭矩筒与扭矩锁定环的孔。

e. 将承扭螺栓安装到扭矩筒上。

⑤在 R-Tool 本体上划线做标记，与定位销钉对齐。

⑥在中心管上涂抹润滑脂，将中心管与送入工具插入 RSM 与封隔器，临近啮合时对齐 R-Tool 扭矩筒和封隔器的城堡块。

⑦进一步推进 R-Tool，直到扭矩筒底端顶住封隔器本体，并且城堡块的凹凸面啮合。

⑧用叉车顶住 R-Tool 顶端的提丝，使弹簧受压缩，反转 R-Tool，带动倒扣螺母旋转 1 圈。

⑨叉车后退，使弹簧放松，正反两个方向旋转 R-Tool，确保键块已经被扭矩锁定环锁住。

⑩使用叉车回拉送入工具顶端的提丝验证送入工具和封隔器已经连接。

⑪再次用叉车顶住 R-Tool 顶端的提丝，使弹簧受压缩，反转 R-Tool，带动倒扣螺母旋转 2.5 圈。

⑫叉车后退，使弹簧放松，正反两个方向旋转 R-Tool，确保键块已经被扭矩锁定环锁住。

⑬推动 R-Tool 的锁套使其底端顶住扭矩筒，并且锁块进入 R-Tool 本体的凹槽内。

⑭如果锁块没有进入 R-Tool 本体的凹槽，则再次使用叉车压缩 R-Tool，正转 1/4 圈。后退叉车使其恢复，检验锁块是否进入 R-Tool 本体的凹槽。

⑮用叉车回拉送入工具，确认送入工具和封隔器连接正常。

⑯对齐液压缸内、外密封套的剪切销钉孔。

⑰拆卸导引头和提丝。

（3）压力测试。

①“P”系列悬挂器卡瓦处套入合适磅级的套管短节；“C”系列悬挂器拆掉所有卡瓦，将空心定位销钉更换为实心定位销钉。

②在送入工具顶端和悬挂器底端连接试压接头。

③在送入工具顶端接头上连接试压管线，保持悬挂器下端接头上的泄压阀处于打开状态。

④向工具内灌入常温的清水（环境温度低于 0℃时，应使用防冻液），充分排气并灌满后，关闭泄压阀。

⑤取出 R-Tool 液压缸的剪切销钉，在液压缸上安装试压钢钉（P/N00728525）。

⑥检查所有压力测试设备均已准备就绪。

⑦测试并记录悬挂器（未安装剪切销钉）的启动压力。随后缓慢打压 500psi，稳压 5min。稳压合格后，泄压，保持泄压阀打开。

注意：如启动压力高于 500psi，则应检查或更换悬挂器。

⑧复位悬挂器液压缸，安装设计数量的剪切销钉。

⑨测试悬挂器的剪切值，并做好记录。泄压，保持泄压阀打开。

⑩拆除 R–Tool 液压缸上的钢钉，安装设计数量的剪切销钉，测试 R–Tool 剪切值，并做好记录。

⑪测试结束后，泄压，保持泄压阀打开，拆卸试压接头。

⑫拆除悬挂器液压缸剪切后的销钉，清除残留的销钉头，复位液压缸，安装剪切销钉。

注意：必须使用与测试时同一批次的剪切销钉。

⑬拆除 R–Tool 液压缸剪切后的销钉，清除残留的销钉头，复位 R–Tool，安装剪切销钉。

注意：必须使用与测试时同一批次的剪切销钉。

（4）连接坐封器（RPA）、浮式防砂帽（FJB）本体和回接筒（TBR）。

①在 R–Tool 上端连接 RPA，按标准扭矩上扣。

②在 RPA 上端连接 FJB 本体，按标准扭矩上扣。

③在送入工具上涂抹润滑脂。再次检查并清洁回接筒、封隔器的螺纹及密封面，涂抹润滑脂。将回接筒套入送入工具总成与封隔器连接。

a. 连接 TSP4 封隔器：将回接筒缓慢套入送入工具总成，过 RPA 时应小心，防止损伤回接筒的螺纹。连接回接筒与封隔器，按照标准扭矩上扣，并安装定位销钉（如有）。

b. 连接 TSP5 封隔器：将回接筒缓慢套入送入工具总成，连接回接筒和封隔器，注意保持水平。

上满扣后轻微回转回接筒，依次插入（180° 对角插入）2 根锁紧钢丝。外侧可余留 1in 左右长度，便于以后拆卸。

（5）安装浮式防砂帽（FJB）。

①将 O 形圈套到 FJB 本体上，并按照防砂帽内侧 O 圈槽的间距将它们隔开。

②安装两颗 1/2inNPT 丝堵和一颗 1/4inNPT 丝堵到防砂帽上。

③确认两半防砂帽的接触面已清洗干净。

④将带有 M14 销钉孔的防砂帽安装到本体上，确保 4 个 O 形圈在对应的 O 形圈槽内。

提示：可将防砂帽放到可调整高度的支架上，以方便安装。

⑤在两半防砂帽的接触面上涂抹一层薄薄的液体胶（如乐泰 574），不要涂抹到 O 形圈上。

提示：乐泰 574 凝固时间为 1~2h。

⑥安装另一半防砂帽至 FJB 本体，确保 O 形圈在对应的 O 形圈槽内。

⑦安装 4 颗紧固螺栓，并用六角扳手拧紧。

⑧安装 3 个 O 形圈到防砂帽外侧的凹槽内。

⑨拆除防砂帽上的两颗 1/2inNPT 丝堵。

⑩检查并确认 FJB 本体外表面和回接筒内壁密封面干净，无毛刺或损伤。

⑪使用专用工具推动防砂帽进入回接筒。

⑫安装运输螺栓（M12 内六角螺栓），使其刚好接触回接筒，不要用力过大。

⑬重新安装两颗 1/2inNPT 丝堵。

⑭等待至少 1h，确保防砂帽内侧的液体垫圈已凝固。

⑮通过防砂帽上的 1/4inNPT 孔试压，300~500psi，稳压 10min。

⑯试压结束后，泄压，保持泄压阀打开。拆除试压管线、接头。

⑰在 FJB 上端连接提升短节，按标准扭矩上扣。至此，尾管悬挂器总成组装完毕。

⑱在 FJB 上做“禁挂吊钩”标记。

⑲标记（喷涂）运输螺栓，以便于观察。

⑳标记客户名称、总成编号和作业井信息等。

㉑按表 2-2-7 记录测量数据。

表 2-2-7　安装浮式防砂帽（FJB）数据记录表

项目	长度（m）
解封 FJB 距离	
提活 FJB 距离	
R-Tool 顶端至 RPA 顶端距离	
RPA 至 PBR 顶端距离	

㉒收集所有安装及测试记录，签字并标注日期。

㉓客户代表签字并标注日期。

㉔完整填写工作单，做好记录并存档。

三、NOV-HRS 系统尾管悬挂器维保与组装

1. 密封补芯（POB）维保与组装程序

本程序适用于 7in × 9 $^5/_8$in HRC 送入工具。密封补芯（POB）结构和主要部件如图 2-2-12、图 2-2-13 所示及见表 2-2-8。

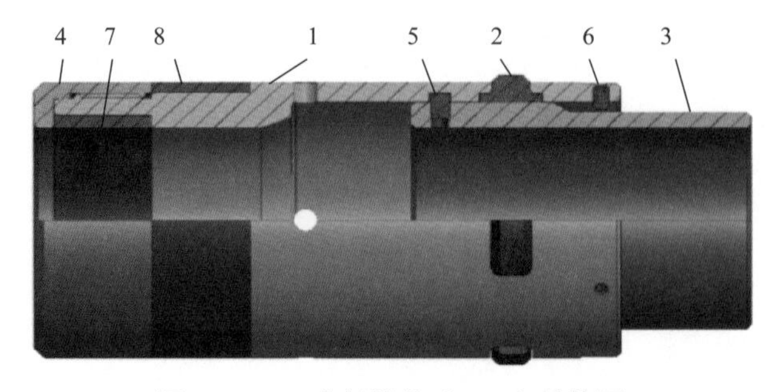

图 2-2-12　密封补芯（POB）结构图

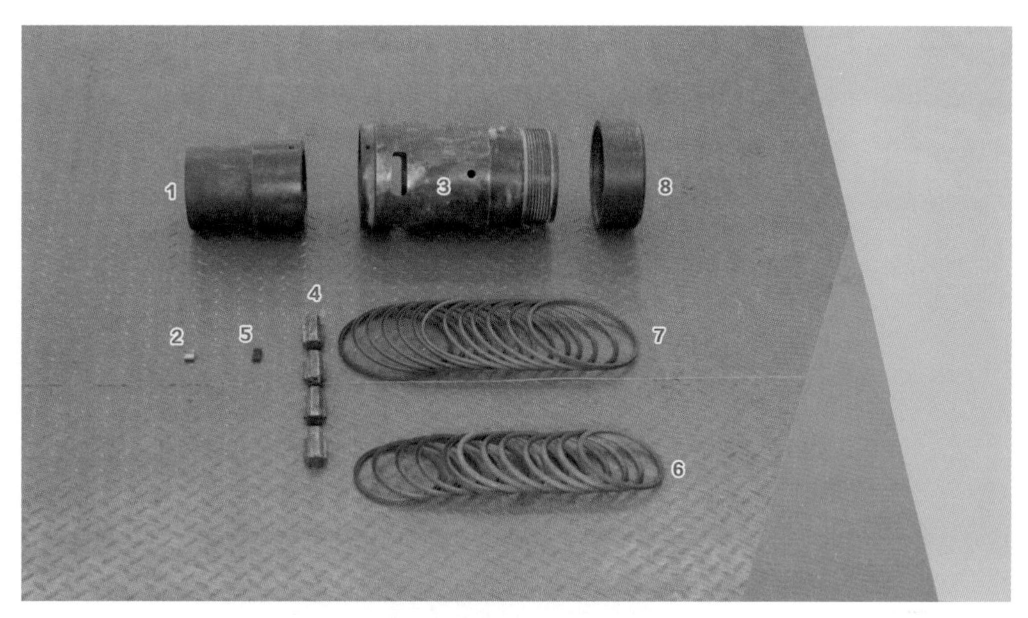

图 2-2-13　密封补芯（POB）主要部件图

表 2-2-8　密封补芯（POB）主要部件信息表

序号	名称	描述	数量	零件号
1	本体	7in29#POB	1	00.10.00387
2	锁块	7in29#POB	4	00.10.00383
3	锁套	7inPOB	1	00.10.00393
4	顶帽	7in29#POB	1	00.10.00406
5	剪切销钉	ϕ179 × ϕ208 × 162	2	00.10.00380
6	定位销钉	ϕ179 × ϕ209 × 90	3	00.10.00372
7	内密封组件	V 形	1	00.10.00727
8	外密封组件	V 形	1	00.10.01769

（1）锁套（3）内安装剪切销钉（5），上至销钉与锁套（3）的外表面齐平。

（2）锁块（2）安装本体（1）窗口内。

（3）锁套（3）从本体（1）的下端装入，直到其落在本体台阶上。

注意：上下活动锁套，确保锁块能够自如地张开和收回。

（4）定位销钉（6）上入本体（1）直到销钉顶在锁套上，然后退销钉一圈，确保定位销钉不接触锁套（3）。

（5）本体（1）上端朝上，按照右图顺序安装外密封组件（8）。

（6）本体（1）按照右图顺序安装内密封组件（7）。

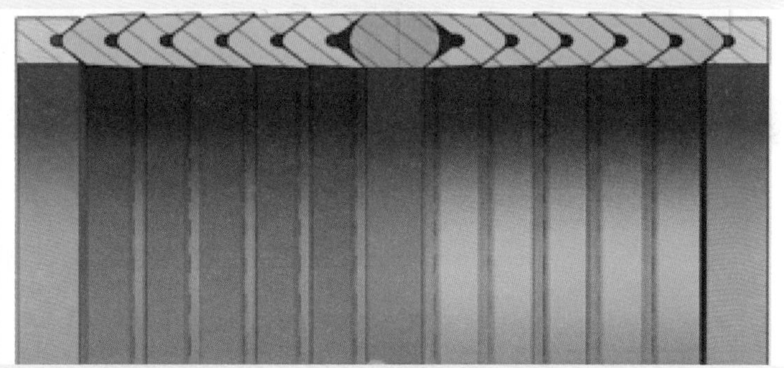

（7）顶帽（4）安装到本体并用 36# 链钳上紧，安装定位销钉。

（8）定位销钉上紧后，检查并确保内外密封件没有被挤压。

（9）清理干净表面上扣牙痕。

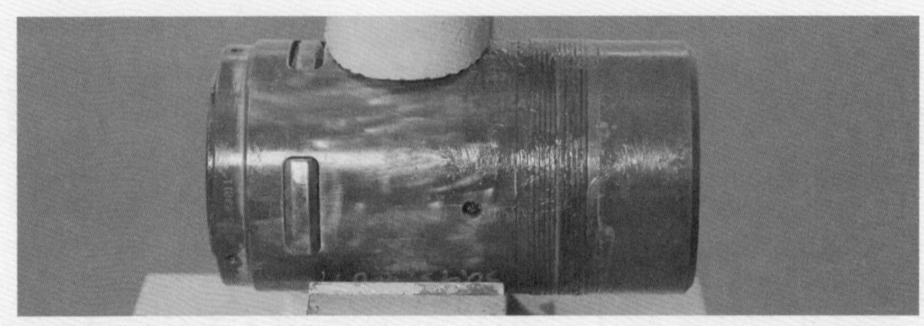

至此，POB组装完毕。

2. 坐封器（RPA）维保与组装程序

本程序适用于7in × 9$^5/_8$in 坐封器（RPA）。坐封器（RPA）结构和主要部件如图2-2-14、图2-2-15所示及见表2-2-9。

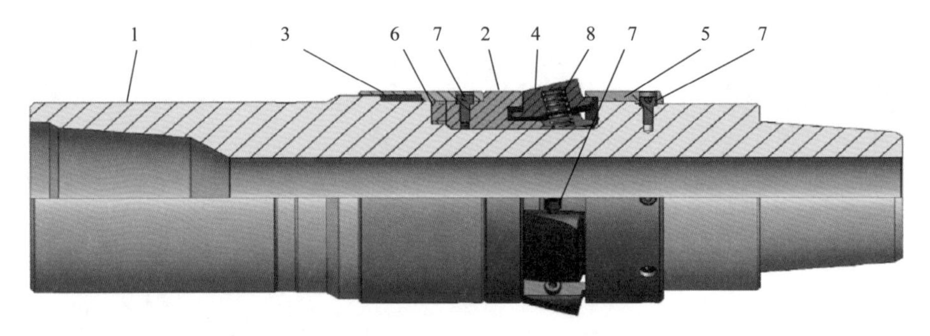

图2-2-14　坐封器（RPA）结构图

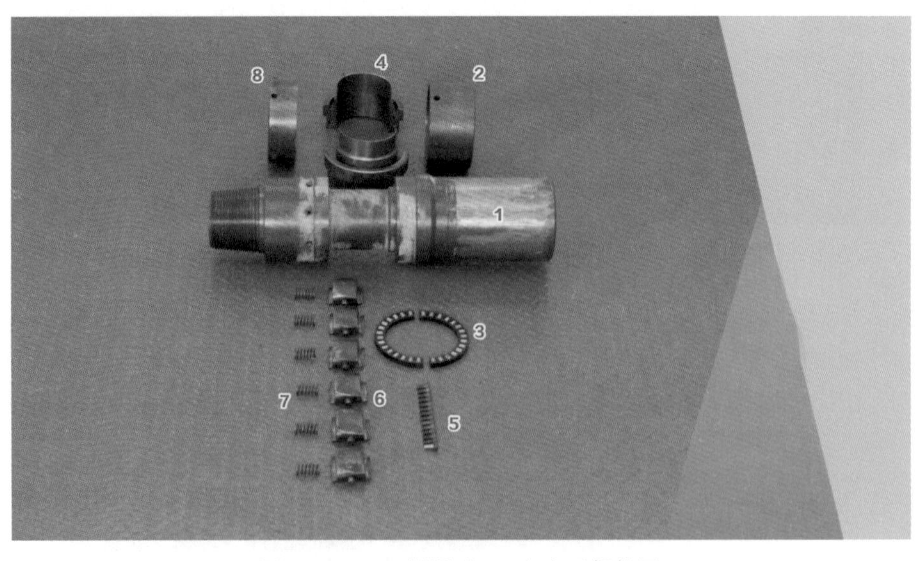

图2-2-15　坐封器（RPA）主要部件图

表 2-2-9　坐封器（RPA）主要部件信息表

序号	名称	描述	数量	零件号
1	本体	$9\,^{5}/_{8}$in × 7in	1	00.10.02328
2	分体环	$9\,^{5}/_{8}$in × 7in	1	00.10.02329
3	轴承护罩	$9\,^{5}/_{8}$in × 7in	1	00.10.02330
4	涨封挡块	$9\,^{5}/_{8}$in × 7in	6	00.10.01379
5	承托环	$9\,^{5}/_{8}$in × 7in	1	00.10.02331
6	轴承	130 × 170 × 12	1	00.10.00903
7	限位销钉	M8 × 16	20	00.10.02283
8	弹簧	2.5 × 8.5 × 41	6	00.10.00431

（1）本体（1）上端在地钳上夹紧。

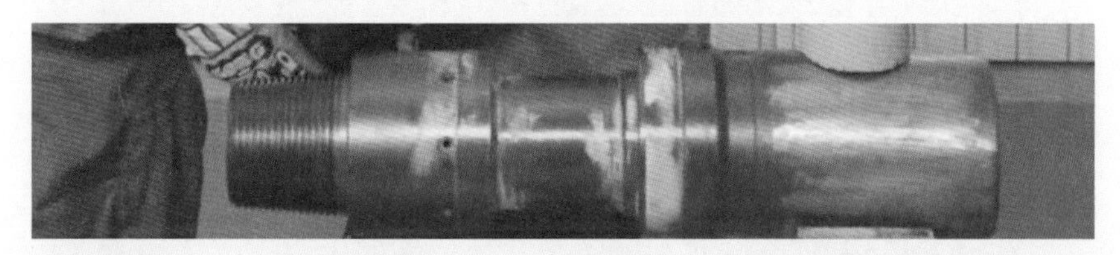

（2）轴承护罩（3）安装到本体（1），直到护罩内台阶顶在本体最上面台阶上。

（3）轴承（6）安装到本体（1）。

（4）分体环（2）装入本体（1）。

（5）限位销钉（7）固定分体环（2），限位销钉一定上紧。

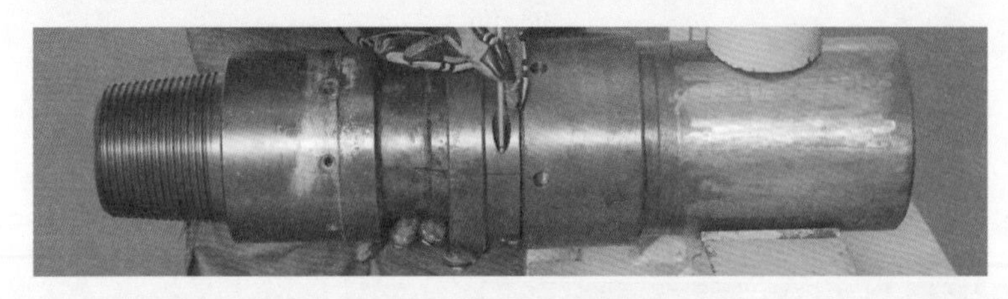

（6）轴承护罩（3）盖住分体环（2）安装限位销钉（7），限位销钉需要上紧。

（7）弹簧（8）垂直安装到涨封挡块（4）。

（8）安装弹簧的涨封挡块（4），依次安装到本体（1），压缩后用垫片固定。

注意：涨封挡块有圆弧的一端朝下。

（9）承托环（5）装入本体上（1），压住涨封挡块（4）。

（10）承托环（5）与本体（1）螺丝孔对齐，将限位销钉（7）对称上紧。

（11）旋转压缩涨封挡块，确保功能正常；张开的涨封挡块外径 208~210mm 为合格。

（12）用 ϕ60mm 的通径规通径本体。

（13）至此，RPA 组装完毕。

3. 送入工具（HRS）维保与组装程序

本程序适用于 7in × 9 $^{5}/_{8}$inHRS 送入工具。HRS 送入工具结构及主要部件如图 2-2-16、图 2-2-17 所示及见表 2-2-10。

（1）本体（1）上部夹在地钳上，在本体上涂抹润滑脂。

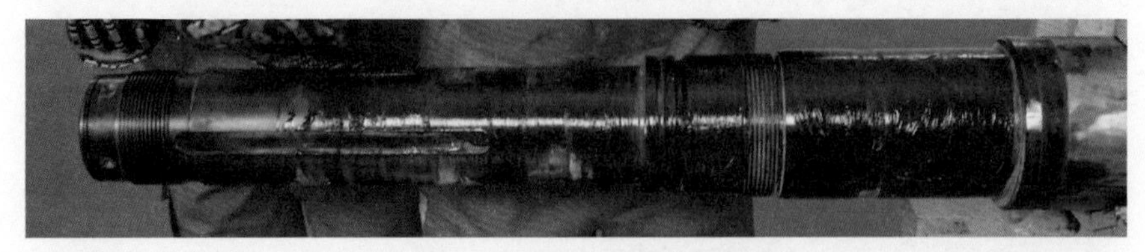

（2）液压缸（2）装入塑胶支撑环（26）和 T 形密封圈（25）。

注意：塑胶支撑环（26）在 T 形密封圈（25）的上部。

（3）内密封套（3）装入塑胶支撑环（26）和 T 形密封圈（25）。

注意：塑胶支撑环（26）在 T 形密封圈（25）的下部。

（4）内密封套（3）依次装入塑胶支撑环（27）、T 形密封圈（24）、金属支撑环（13）、卡簧（17）。

注意：塑胶支撑环（27）在 T 形密封圈（24）的下部；T 形密封圈挡圈不要切开；卡

簧确保完全入槽。

（5）内密封套（3）装入液压缸（2），装入安装销钉。

注意：销钉不能超过密封套内表面。

（6）液压缸组套用扭矩筒（14）推入本体（1），轻推到安装销钉不能移动。

注意：当液压缸快到位时，要缓慢推动，不要让安装销钉受力变形。

（7）测量液压缸上部到本体密封面上端的距离。实测距离为 69.63mm。

（8）取出液压缸上的安装销钉，推动液压缸（2）与上接头下端面接触。

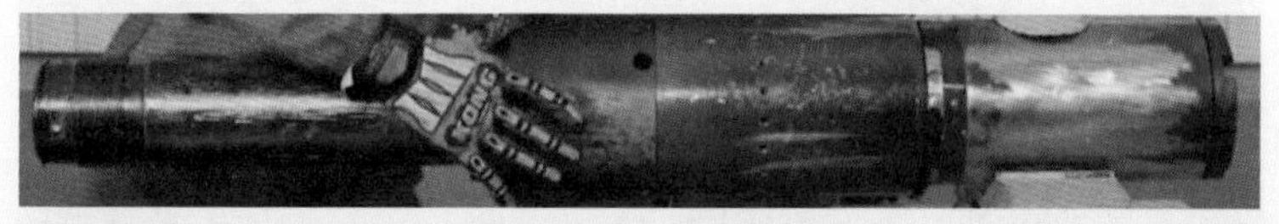

（9）专用工具将剪切销钉环（4）安装到本体液压缸（2）位置，用 $48^{\#}$ 管钳上紧。

注意：按图测量距离，实测值应为 90mm。

（10）锁块（5）装入锁套（8）的窗口内。

注意：锁块内槽坡度小的一侧在上，锁块装入时多抹润滑脂便于固定。

（11）锁套（8）带锁块（5）装入本体（1），上下滑动锁套（8），使锁块（5）嵌入本体（1）对应的槽内。

注意：锁块（5）嵌入本体（1）后，锁块外表面与锁套（8）外表面一定要齐平。

（12）轴承垫环（6）装入锁套（8），推至锁套（8）底部。

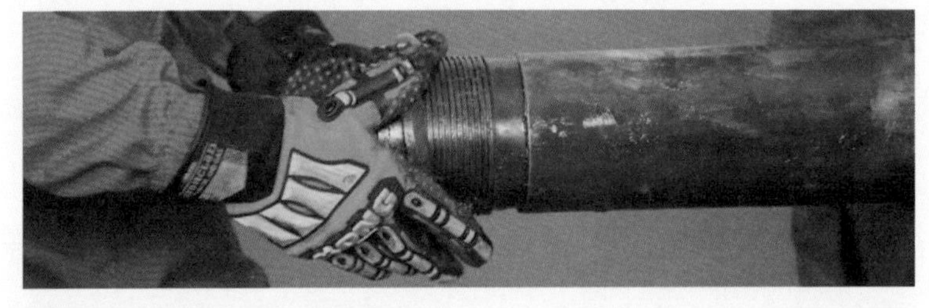

（13）轴承组（18）依次装入轴承套（7）。

注意：先安装内径大的轴承支撑环，支撑环有倒角的一侧背对轴承。

（14）轴承组（17）+（18）套入锁套（8），用启子推到位。

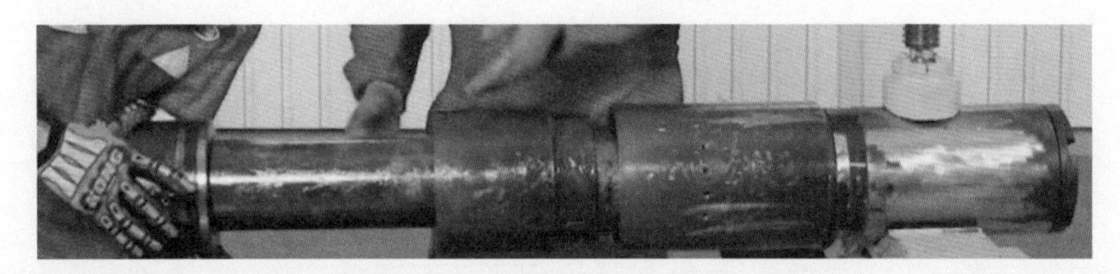

注意：轴承组装入后旋转锁套，确保锁块与轴承能正常旋转。

（15）粗弹簧（22）装入轴承套（7）内。

（16）扭矩锁定环（9）安装到本体（1）。

（17）用弹簧压缩工具压缩粗弹簧（22）到键槽上部露出。

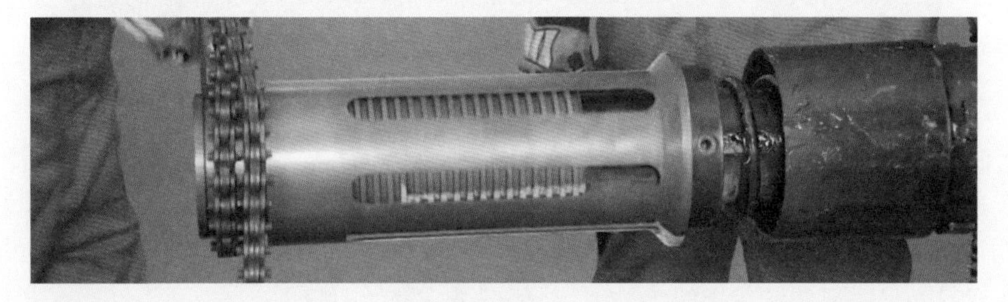

（18）键块（12）装入键槽内。释放弹簧压缩工具，确保键（12）完全入槽。

（19）扭矩螺母（11）正旋装入扭矩筒（14）。

（20）扭矩筒（14）安装到本体，利用键块将螺母（11）完全上入扭矩筒（14）的底部。

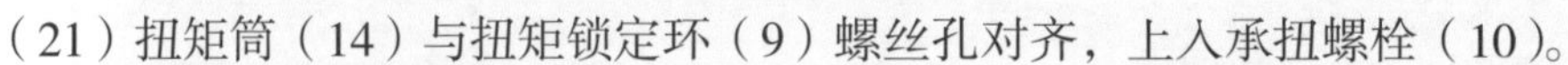
注意：这时先不要倒扣，到 HRS 送入工具插入封隔器前再倒扣。

（21）扭矩筒（14）与扭矩锁定环（9）螺丝孔对齐，上入承扭螺栓（10）。

注意：如果需要旋转扭矩筒（14），必须记录旋转的圈数。

（22）细弹簧（21）装入本体（1），推到顶在扭矩筒（14）内。

（23）倒扣螺母（15）有内凹槽面朝上装入本体（1）。

（24）压缩倒扣螺母（15），在键块上安装销钉固定倒扣螺母（15）。

（25）O 形圈（23）安装到本体（1）下端密封圈槽内。

（26）下部接头（16）装入到本体（1），取掉安装销钉。

（27）推动液压缸（2）与锁套（8）完全接触。

（28）通过液压缸（2）上的观察孔检查销钉孔与剪切环上的销钉槽，确保对齐。

注意：如果无法对齐，则需重新拆卸 HRS 送入工具，检查各部件状态没有问题后重新组装。

（29）安装剪切销钉（20），销钉上到位后退 1/8。记录剪切销钉数量及批次号。

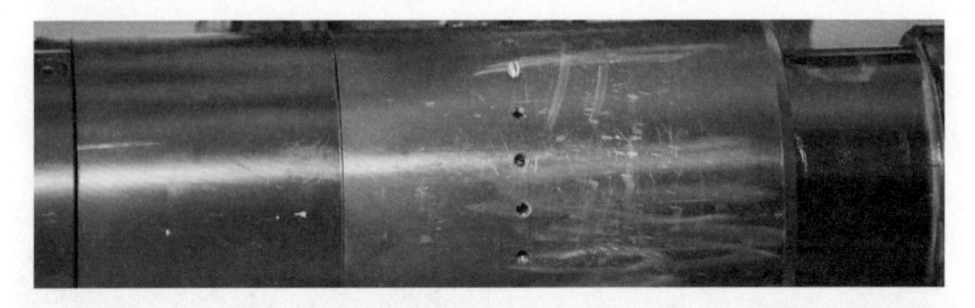

（30）上部中心管装入密封圈，螺纹抹螺纹油与 HRS 送入工具底部连接。

（31）配长中心管装入密封圈，螺纹抹螺纹油与上部中心管连接。

（32）HRS 送入工具上端连接试压堵头，中心管下端连接试压堵头。

（33）开始进行剪切和整体密封测试。

试低压 500psi 5min。

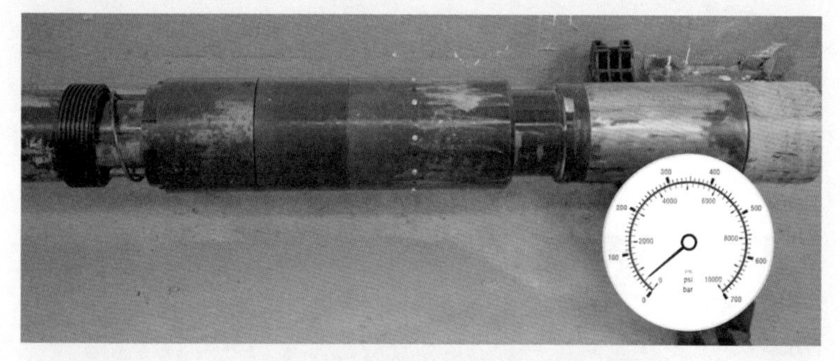

继续打压进行剪切测试，记录销钉数量和剪切值。

试中压 3000psi 5min。

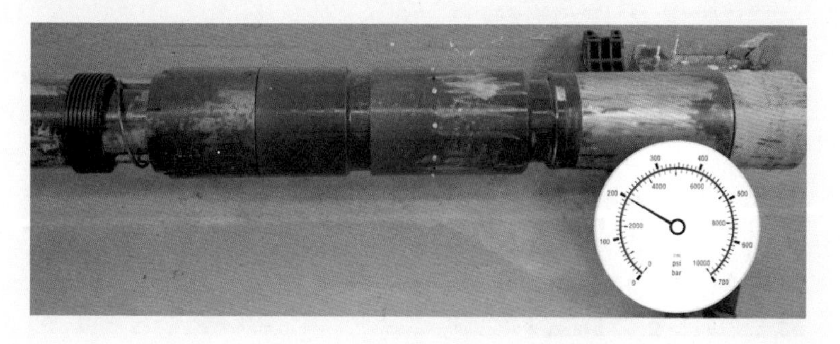

试高压 5000psi 15min。

（34）保存测试报告后泄压，排水拆两端测试管线。

（35）HRS 送入工具移动地钳夹紧，取出液压缸表面的剪切销钉，复位液压缸，取出测试后的断钉。

记录销钉数量及剪切值。

（36）上推液压缸与本体上端箍接触。

（37）拆掉两端测试堵头，HRS 送入工具整体用 60mm 通径规通径，上下带好护丝。

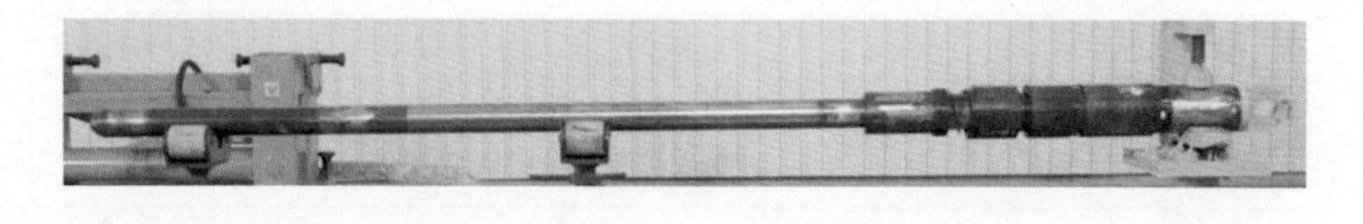

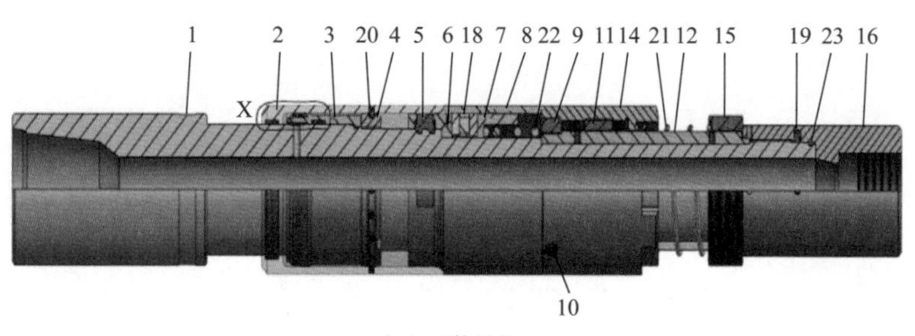

（a）整体结构图

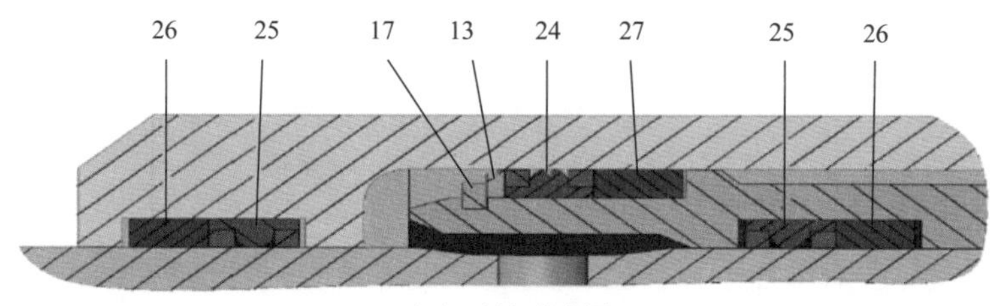

（b）X局部放大图

图 2-2-16　HRS 送入工具结构图

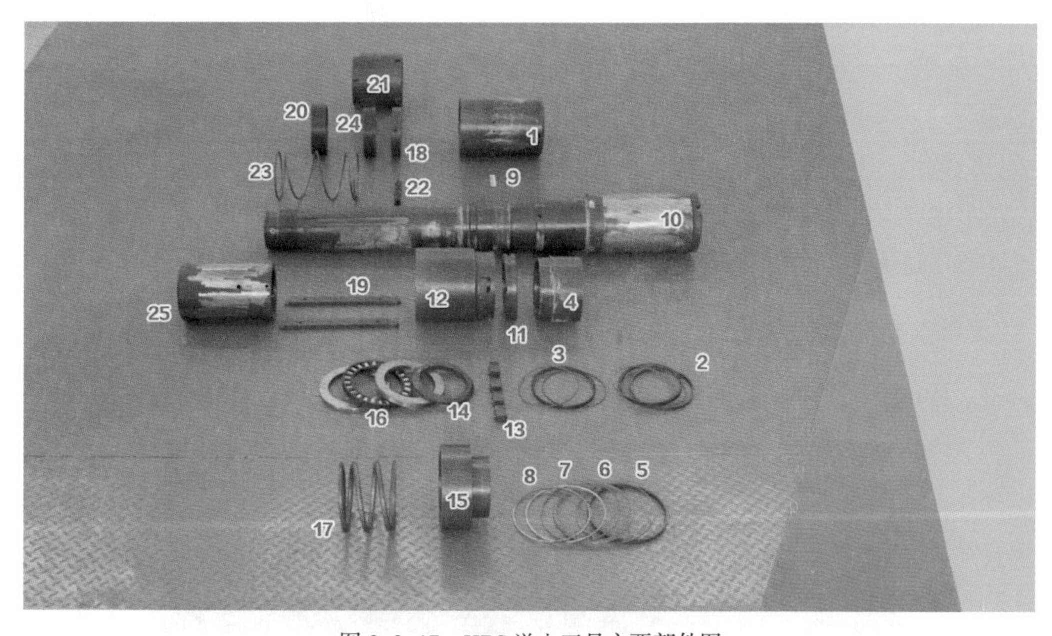

图 2-2-17　HRS 送入工具主要部件图

表 2-2-10 HRS 送入工具主要部件信息表

序号	名称	描述	数量	零件号
1	本体	7inHRS	1	00.10.03935
2	液压缸	7inHRS	1	00.10.01722
3	内密封套	7inHRS	1	00.10.01724
4	销钉环	7inHRS	1	00.10.01726
5	锁块	7inHRS	4	00.10.01727
6	轴承垫环	7inHRS	1	00.10.01747
7	轴承套		1	00.10.01748
8	锁套		1	00.10.01749
9	扭矩锁定环		1	00.10.01729
10	承扭螺栓		4	00.10.01750
11	扭矩螺母		1	00.10.01730
12	键块		2	00.10.01728
13	金属支撑环		1	00.10.01752
14	扭矩筒	7inHRS	1	00.10.01751
15	倒扣螺母	7inHRS	1	00.10.01439
16	下接头		1	00.10.03943
17	卡簧		1	00.10.00730
18	轴承组		1	00.10.00145
19	锁紧销钉		4	00.10.00680
20	剪切销钉		19	00.10.00028
21	细弹簧		1	00.10.00723
22	粗弹簧		1	00.10.00146
23	O 形圈		1	00.10.00000
24	T 形密封		1	00.10.00682
25	T 形密封		2	00.10.00681
26	塑胶支撑环		2	00.10.00684
27	塑胶支撑环		1	00.10.00683

4.HRS 系统尾管悬挂器整体组装程序

本程序适用于 7in 和 9 $^{5}/_{8}$in HRS 送入工具，主要部件如图 2-2-17 所示及见表 2-2-10。

1）送入工具集中心管连接

（1）HRS 送入工具下接头按标准扭矩上扣，7inHRS 送入工具上扣扭矩为 3319lbf · ft。

（2）中心管、配长中心管按标准扭矩上扣。

（3）清理干净上扣部位的毛刺及牙痕。

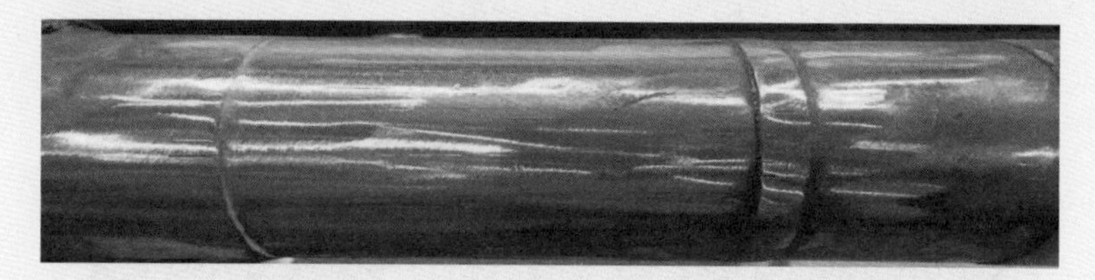

（4）在中心管底部安装导引头，在 HRS 送入工具的顶端安装提丝。

（5）重新调整扭矩筒内的扭矩螺母。

①移除扭矩筒（14）上的承扭螺栓（10）。

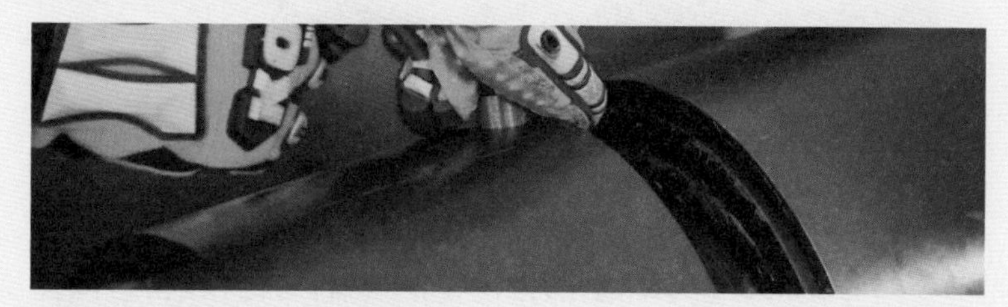

②逆时针旋转扭矩筒（14）3.5 圈。

③对承扭螺栓孔时退扣圈数 +3.5 圈为扭矩螺母（11）总退扣圈数（记录好总退扣圈数）。

④对准扭矩筒（14）与扭矩锁定环（9）的螺丝孔。

⑤承扭螺栓（10）安装到扭矩筒（14）并上紧。

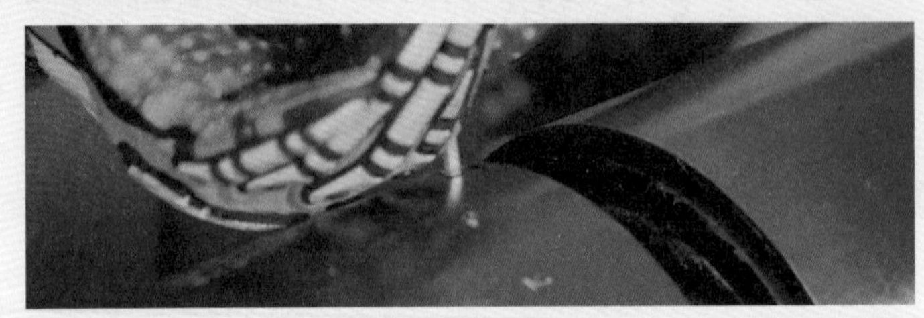

（6）中心管上涂抹润滑脂，HRS 送入工具倒扣螺母（15）抹螺纹油。

2）安装密封补芯（BOP）

（1）测量密封补芯（BOP）在密封盒的具体位置并在本体外标明，在密封盒上测量 BOP 底部到密封盒底部的距离，做好记录。

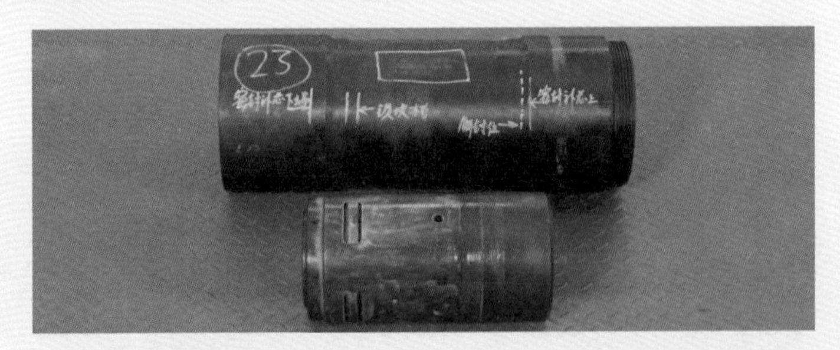

（2）拧扣机主钳夹在密封盒本体中部，检查密封盒内部并在密封位置及锁块槽抹密封脂。

注意：拧扣机主钳液压不能超过 4MPa。

（3）在 POB 密封件处涂抹润滑脂。锁套（3）往上推到底。

（4）密封盒上端放入正确磅级的安装套。

注意：安装套要完全与密封盒螺纹台阶接触，确保无台阶和缝隙。

（5）POB 推入密封盒到不能移动，背钳轻轻夹住安装推杆。

（6）将 POB 从密封盒顶端用拉拔器缓慢推入。推入过程中，用钢板尺测量 POB 底部到密封盒底部的距离，当等于记录的测量值时，POB 推动到位。

注意：POB 通过安装套时应小心，防止刮伤密封填料。

（7）拉动锁套下行，锁块被锁套撑开。

（8）在 POB 内的锁套顶端安装限位挡块，推动锁套与限位挡块接触。安装剪切销钉，至少安装 2 颗。

3）连接封隔器、悬挂器

（1）封隔器下端螺纹抹螺纹油，密封面抹润滑脂。

（2）调整顶部封隔器的调节环到刚好接触到胶皮支撑环。

（3）调平封隔器与密封盒，用链钳上紧扣。

（4）悬挂器上端螺纹抹螺纹油，密封面抹润滑脂。

（5）调平悬挂器与密封盒，用链钳上紧扣。

（6）将连接好的悬挂器移到上扣机，夹在密封盒的上端箍上。

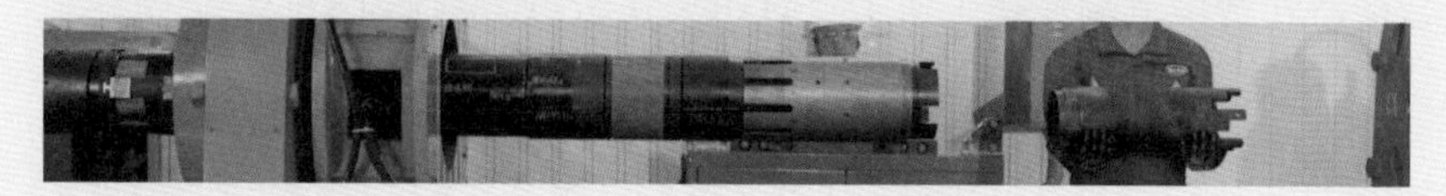

（7）扭矩套插入封隔器，扭矩套与密封盒按标准扭矩上扣。

注意：上扣过程中确保胶皮不被挤压。

（8）悬挂器与密封盒按标准扭矩上扣。

注意：上扣前后都要标记上扣部位，上扣前虚线，上扣后实线。

（9）顶部封隔器的两端支撑环开口错位180°，调节环调到刚好接触到胶皮，上紧紧固销钉。

（10）POB 至悬挂器底端和 POB 至封隔器顶端进行通径。

4）插入送入工具

（1）悬挂器外管串下端夹在主钳上，背钳夹在密封盒端箍上。

（2）中心管与送入工具插入密封盒内的 POB。

注意：在中心管导入 POB 前，一定要让导引头处在 POB 内孔中心部位。

（3）中心管插入到 HRS 送入工具底部到封隔器距离约 1.5m 时停止，灌螺纹油。

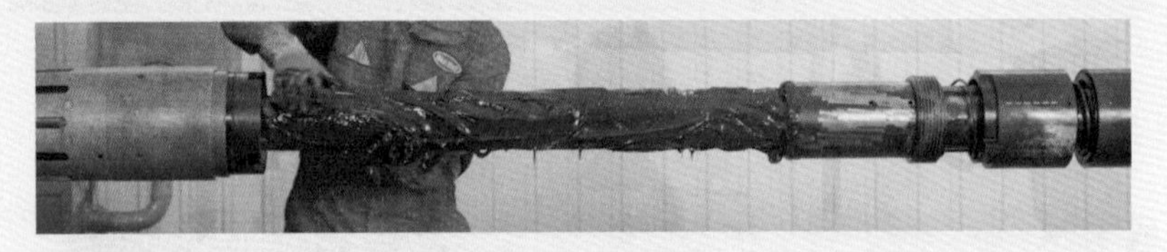

（4）对齐 HRS 送入工具扭矩筒和封隔器的城堡块。

（5）推进 HRS 送入工具，直到扭矩筒底端与封隔器本体完全啮合。

（6）从封隔器顶端到 HRS 送入工具顶端划一条直线。

（7）拉拔器顶住提丝，压缩弹簧，反转 HRS 送入工具带动倒扣螺母（15）旋转 1 圈。

（8）拉拔器后退释放弹簧，正反两个方向旋转 HRS 送入工具，确保键块被扭矩锁定环锁住。

（9）拉拔器拉 HRS 送入工具 2tf，验证送入 HRS 送入工具和封隔器已经连接。

（10）拉拔器顶住提丝，压缩弹簧，反转 HRS 送入工具，带动倒扣螺母上扣到位。

（11）记录完全上入的圈数，拉拔器拉 HRS 送入工具 2tf，验证送入工具和封隔器连接正常。

（12）拉拔器顶住提丝，压缩弹簧，正转 HRS 送入工具到倒扣螺母上扣圈数为 3.5 圈。

（13）正反两个方向旋转 HRS 送入工具，确保键块被扭矩锁定环锁住。

（14）拉拔器拉 HRS 送入工具 2tf，验证送入工具和封隔器连接正常。

（15）推动 HRS 送入工具的锁套（8）下行与扭矩筒接触。

（16）压缩锁块，检验锁块能否完全嵌入锁块槽内。

（17）测量扭矩筒与封隔器接触位置的距离，确保在 1.5~2.5mm 之间。

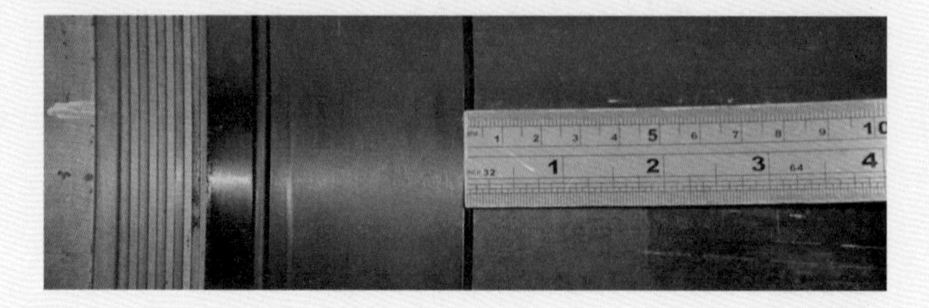

（18）拆卸导引头和提丝。

5）压力测试

（1）HRS 送入工具上端、悬挂器下端安装试压堵头。

（2）悬挂器卡瓦处套入合适磅级的套管短节。

（3）HRS 送入工具上端连接注水管线、悬挂器下端连接排水管线。

注意：悬挂器下端为排水口，注水时悬挂器下端上翘便于完全排气，工具内泵入含防冻液和防锈液的清水。

（4）充分排气并灌满后，HRS 送入工具上端连接高压管线，悬挂器下端关闭泄压阀。

（5）打开压力测试器相关设备，打开气泵和水源，设定测试参数。检查所有压力测试设备均已准备就绪。

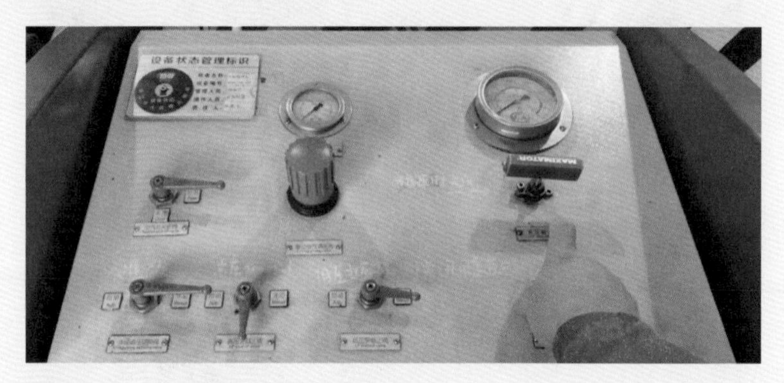

（6）测试悬挂器（未安装剪切销钉）的启动压力，不能高于 450psi。

注意：如启动压力高于 500psi，则应检查或更换悬挂器。

（7）复位悬挂器液压缸，安装设计数量的剪切销钉。

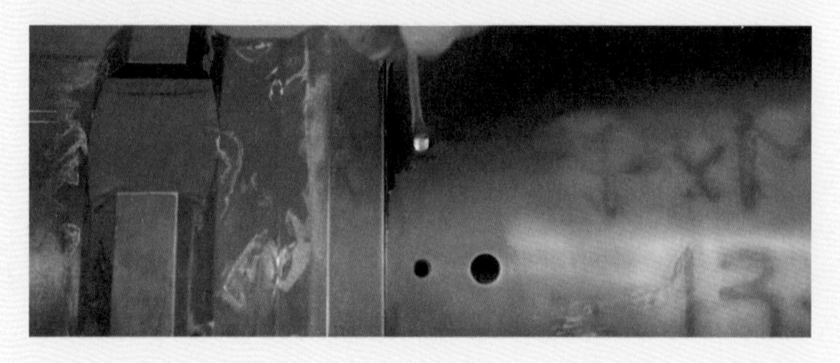

（8）悬挂器试低压 500psi 5min。

（9）测试悬挂器的剪切值，并做好记录。

（10）悬挂器试中压 3000psi 5min。

（11）悬挂器试高压 5000psi 15min。

注意：测试结束后，泄压，保持泄压阀打开，排水阀打开，用气泵排水，排水时悬挂器下端朝下，便于完全排水。

（12）取掉测试用套管短节，拆除试压管线。拆除悬挂器液压缸剪切后的销钉，清除残留的销钉头。

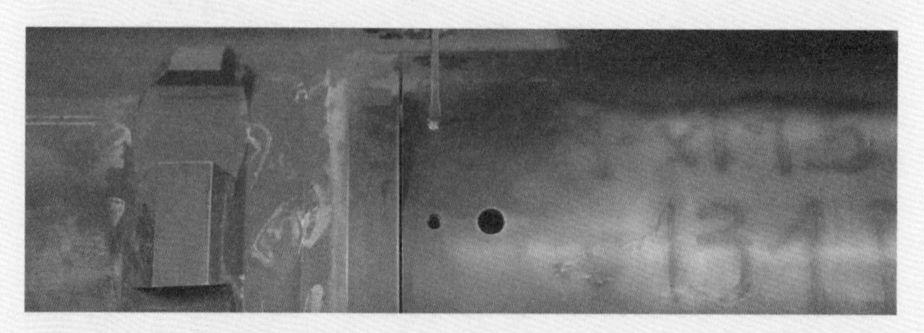

（13）复位液压缸，安装刚剪切的销钉。

6）连接配长钻杆、坐封器（RPA）、上部钻杆及回接筒

（1）悬挂器放入地钳，夹在密封盒的端箍上，拆掉两端的测试堵头。

（2）配长钻杆下端螺纹抹螺纹油与 HRS 送入工具上部连接。

（3）坐封器下端螺纹抹螺纹油与配长钻杆连接。

（4）上部钻杆下端螺纹抹螺纹油与坐封器连接。

（5）悬挂器移到上扣机，所有钻杆扣按照标准扭矩上扣。

注意：上扣前后需要标明划线，上扣前虚线，上扣后实线。

（6）上完扣后悬挂器移到地钳在密封盒端箍位置夹紧。

（7）检查悬挂器、封隔器、HRS 送入工具及坐封器的销钉状态，封隔器密封圈状态。

（8）复位 HRS 送入工具液压缸，根据作业需求安装测试过的剪切销钉。

（9）测量并记录相关组装数据。

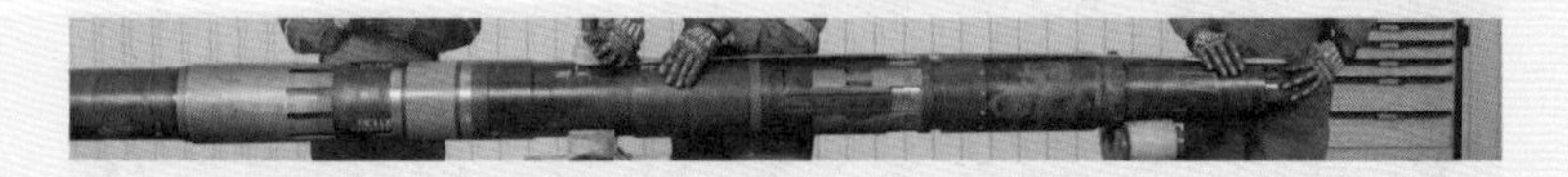

（10）从 HRS 送入工具处到回接筒上端处抹螺纹油，记录抹螺纹油数量。

（11）回接筒用 188mm 通径规通径。

（12）封隔器取掉胶筒上的剪切销钉，安装钢钉。

（13）回接筒套入送入工具总成与封隔器接触，安装防砂帽。

注意：回接筒缓慢套入送入工具总成，过 RPA 小心，防止损伤回接筒螺纹。

（14）调平回接筒与封隔器，用 $36^{\#}$ 链钳将回接筒与封隔器上扣到位。

（15）回接筒用上扣机上扣到 3500lbf · ft，移动地钳在密封盒端箍处夹紧。

（16）取掉封隔器上的钢钉，更换为剪切销钉。

（17）回接筒上安装紧固销钉 3 颗。

（18）下部中心管抹螺纹油，装入密封圈，与配长中心管上紧扣。

（19）胶塞适配器抹螺纹油，装入密封圈，与下部中心管上紧扣。

（20）悬挂器总成采用 60mm 通径规进行通径检查。

7）总成包装及其他

（1）包装并粘贴总成标签。

（2）安装护丝、喷涂总成编号、贴标签；悬挂器、封隔器及外露中心管加强防护。

（3）注意：

①包装悬挂器总成后水平存放在干燥、通风的储存区。

②悬挂器液压缸、卡瓦及封隔器整体部位不能垫压。

③收集所有安装及测试记录，完整填写工作单，签字并标注日期扫描存档。

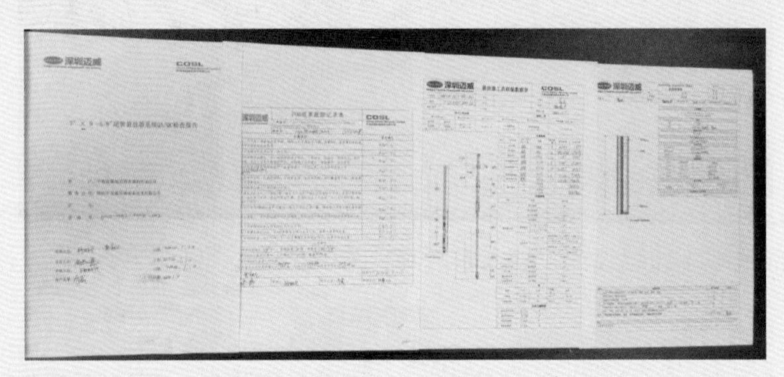

注意：客户代表签字并标注日期扫描并存档。

HRS 系统尾管悬挂器总成数据见表 2-2-11 和表 2-2-12。

表 2-2-11　HRS 系统尾管悬挂器总成数据表

测量项目		测量项目	
尾管悬挂器总成的长度（mm）		悬挂器的长度（mm）	
回接筒外送入工具的长度（mm）		提活防砂帽的距离（mm）	
回接筒的长度（mm）		坐封距离（mm）	
封隔器的长度（mm）		解封密封补芯的距离（mm）	
接箍的长度（mm）		提活密封补芯的距离（mm）	

表 2-2-12　HRS 系统尾管悬挂器总成设定值

项目	销钉数量	设定值
HRS 液锁压力		psi
悬挂器坐挂压力		psi
封隔器胶皮剪切销钉剪切力		tf
封隔器卡瓦剪切销钉剪切力		tf

第三节　液压脱手尾管悬挂器

本节重点介绍了斯伦贝谢 CRT 系统尾管悬挂器、威德福 HNG 系统尾管悬挂器和国产大陆架 STY-CF 型尾管悬挂器的标准维保与组装程序，以 $9^{5}/_{8}$in × 7in 工具为例。

一、斯伦贝谢 CRT 系统尾管悬挂器维保与组装

防砂帽（JBT）、密封补芯（RCB）、坐封器（RDA）的维保与组装程序，详见本章第二节。

1. 送入工具（CRT）维保与组装程序

送入工具（CRT）主要部件如图 2-3-1 所示。

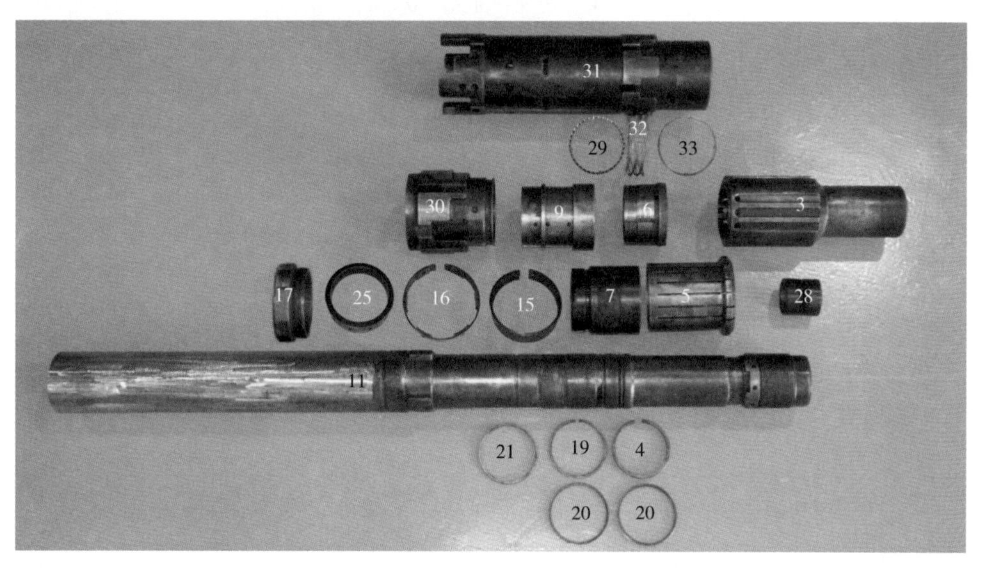

图 2-3-1　送入工具（CRT）主要部件图

3—底部接头；4，19—C 环；5—棘爪；6—连接套；7—液压缸；9—锁定套；11—心轴；15—倒齿环；16—释放环；17—固定环；20—密封盖环；21—密封挡环；25—剪切销钉环；28—阀座；29—上止动垫圈；30—扭矩补芯；31—扭矩筒；32—弹簧；33—下止动垫圈

送入工具（CRT）主要部件信息见表 2-3-1。

表 2-3-1　送入工具（CRT）主要部件信息表

序号	名称	描述	数量	零件号
1	防倒扣环	$9^{5}/_{8}$in × $7^{5}/_{8}$in/7in	1	71001430
2	挡圈	$9^{5}/_{8}$in × $7^{5}/_{8}$in/7in	2	71001447
3	底部接头	$9^{5}/_{8}$in × 7in	1	71000252
4	C 环	$9^{5}/_{8}$in × $7^{5}/_{8}$in/7in	1	71001429
5	棘爪	$9^{5}/_{8}$in × 7in	1	71000242
6	连接套	$9^{5}/_{8}$in × $7^{5}/_{8}$in/7in	1	71001427
7	液压缸	$9^{5}/_{8}$in × $7^{5}/_{8}$in/7in	1	71000243

续表

序号	名称	描述	数量	零件号
8	键槽销钉	5.50/17 × 7.63/33.7–39.0	2	71001413
9	锁定套	$9\frac{5}{8}$in × $7\frac{5}{8}$in/7in	1	71000238
10	挡圈	$9\frac{5}{8}$in × $7\frac{5}{8}$in/7in	4	71000248
11	心轴	07.00/07.63 × 09.63，HYDRIL WT40 × 4.6–6 ACME–2G	1	71000256
12	O 形圈	2–336HNBR90 HNBR–90	1	90002738
13	O 形圈	2–348HNBR90 HNBR–90	1	80001832
14	O 形圈	2–425HNBR90 HNBR–90	2	80001833
15	倒齿环	$9\frac{5}{8}$in × $7\frac{5}{8}$in/7in	1	71001425
16	释放环	$9\frac{5}{8}$in × $7\frac{5}{8}$in/7in	1	71000254
17	固定环	$9\frac{5}{8}$in × $7\frac{5}{8}$in/7in	1	71001428
18	圆头销钉	BTN HD CAP 0.375–16NC × 0.625LG	6	71001448
19	C 环	$9\frac{5}{8}$in × $7\frac{5}{8}$in/7in	1	71000246
20	密封盖环	$9\frac{5}{8}$in × $7\frac{5}{8}$in/7in	2	71000247
21	密封挡环	$9\frac{5}{8}$in × $7\frac{5}{8}$in/7in	1	71001426
22	扭矩剪切销钉	0.625–11 UNC × 0.62 LG，6500 LBS，NAVAL BRASS	4	71001437
23	轴向剪切销钉	0.625–11 UNC × 0.62 LG，6500 LBS，NAVAL BRASS	8	71001437
24	剪切销钉	0.25–20UNC 0.5，1200 LBS，NAVAL BRASS	12	10275–027
25	剪切销钉环	$9\frac{5}{8}$in × $7\frac{5}{8}$in/7in	1	71001424
26	定位销钉	SOC SET 0.25–20UNC 0.25LG CUP POINT，ALLOY STEEL PER ASTM F912	2	M–003–C4–004
27	定位销钉	SCREW，SOC SET 0.375–16UNC 0.5LG CUP POINT NYLON LOCK UNBRAKO	6	10702156
28	阀座	RRT/CRT，$7\frac{5}{8}$in/7in	1	71000253
29	上止动垫圈	$9\frac{5}{8}$in × $7\frac{5}{8}$in/7in	1	71001455
30	扭矩补芯	$7\frac{5}{8}$in/7in	1	71001431
31	扭矩筒	7in	1	71000260
32	弹簧	$9\frac{5}{8}$in × $7\frac{5}{8}$in/7in	1	71001451
33	下止动垫圈	$9\frac{5}{8}$in × $7\frac{5}{8}$in/7in	1	71001449

1）拆解步骤

（1）将心轴（11）内螺纹端放在地钳上夹紧。

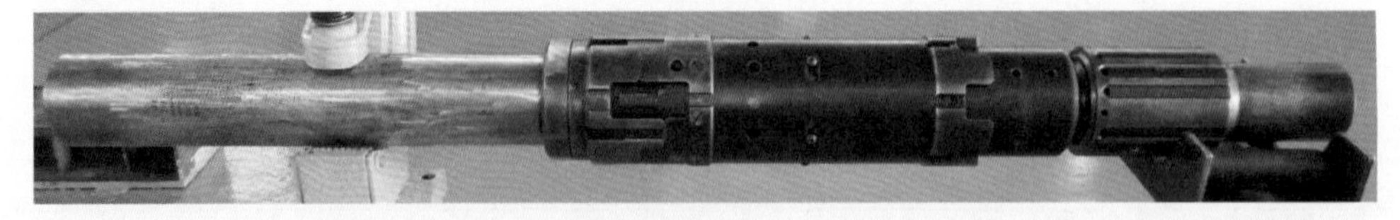

（2）从底部接头（3）上卸掉 4 颗定位销钉（27）。

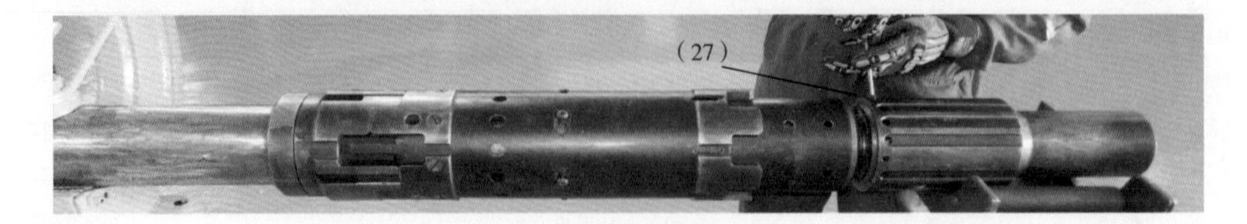

（3）拆除底部接头（3）。

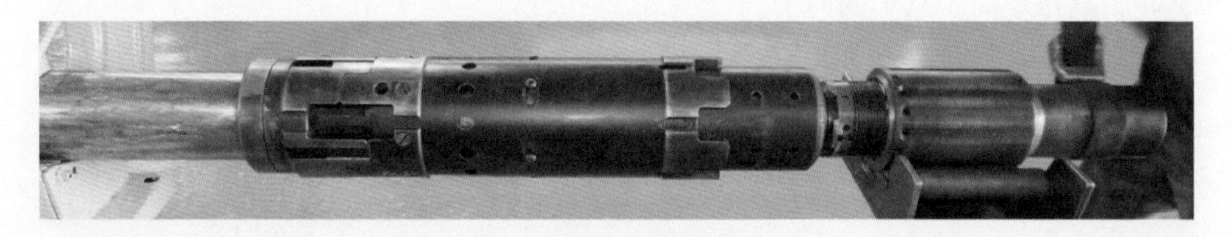

（4）取出阀座（28），丢弃O形圈，注意不要损坏挡圈。

（5）从扭矩筒（31）上移除扭矩剪切销钉（22）。

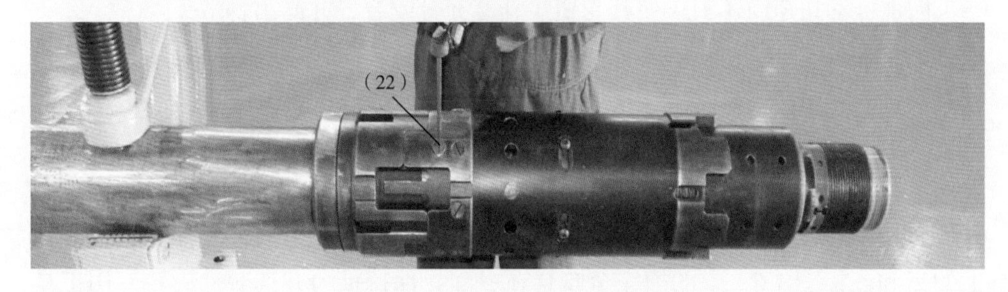

注意：下入过程中可能会遇到左转，导致扭矩剪切销钉受力，剪切值变弱，因此每次必须更换。

（6）从扭矩筒（31）上取出轴向剪切销钉（23），并统一放置在一处，不要和其他批次混淆。

注意：轴向剪切销钉（23）除非在扭矩剪切销钉（22）被剪断的情况下才会受力，因此在轴向剪切销钉（23）完好的情况下可以重复使用。

（7）从释放环（16）和扭矩筒（31）上取出圆头销钉（18）。这样可使释放环（16）缩回，并脱离扭矩筒（31）的内槽。

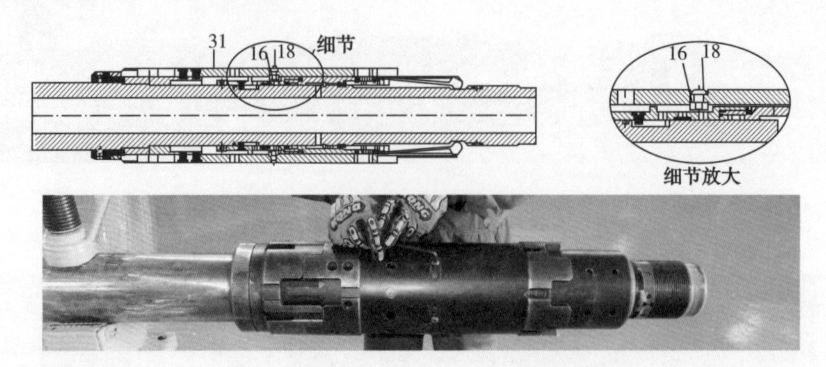

（8）旋转扭矩筒（31）使其与扭矩补芯（30）的槽对齐。

（9）向前推动扭矩筒（31）使其与扭矩补芯充分咬合，并露出棘爪头。

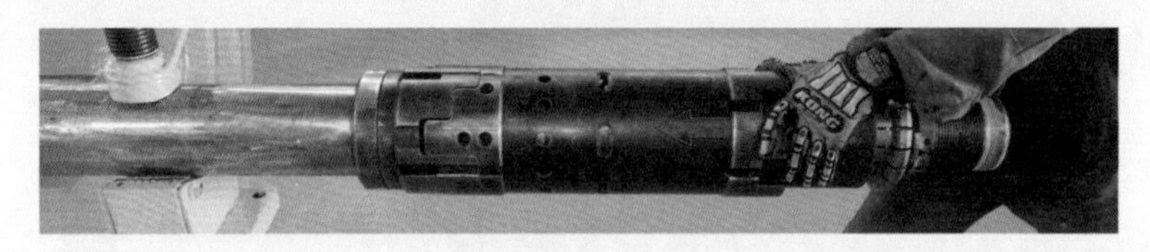

（10）在心轴（11）和棘爪（5）之间插入专用工具。前推并转动专用工具，直到专用工具上的齿和连接套（6）上的槽完全咬合在一起，保持推力并逆时针旋转专用工具，从液压缸（7）上卸下连接套（6）。

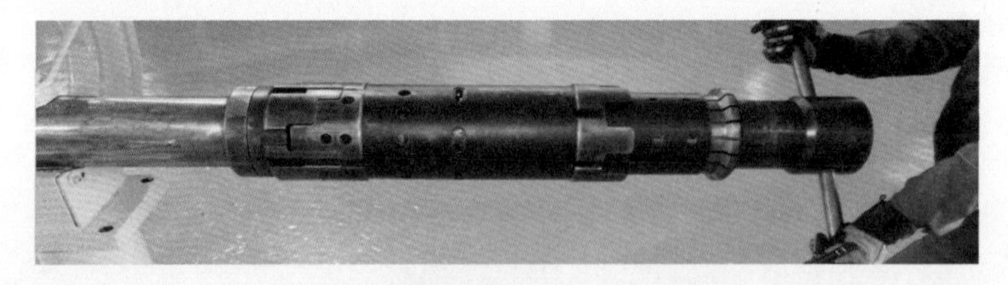

注意：当卸掉连接套（6）时上止动垫圈（29）上部的齿会松脱。

使用专用工具安装螺栓时，上扣不要过多，以免伸进套筒内，使专用工具无法推入到位。

（11）从心轴（11）上取出专用工具和棘爪部分。

（12）从连接套（6）上取出上止动垫圈（29）、弹簧（32）、下止动垫圈（33）、棘爪（5）。

（13）从心轴（11）上滑出扭矩筒（31）。

（14）从液压缸锁定套（9）上取出两颗定位销钉。

（15）从锁定套（9）上卸松但不拆开液压缸（7）。

注意：锁定套（9）被键槽销钉固定在心轴上，所以不能旋转。

（16）从剪切销钉环（25）内取出断的剪切销钉（24）。

（17）从固定环（17）上取出两颗定位销钉。

（18）从扭矩补芯（30）上卸下固定环（17）。

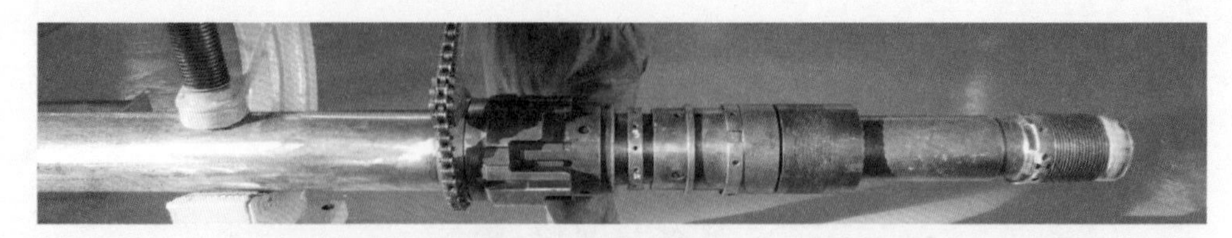

（19）从锁定套（9）上卸下两颗定位销钉。

（20）旋转液压缸锁定套（9）直到倒齿环（15）的开口对齐液压缸锁定套（9）上的开口。

（21）用卡簧钳完全撑开倒齿环（15），用扭矩补芯（30）向下撞击锁定套（9），直到心轴上的剪切槽完全露出为止。

注意：在撑开倒齿环以前先向上推动锁定套以确认里面的槽不会限制其撑开，在向下撞击锁定套时必须保证被倒齿环完全撑开，如果没有完全撑开则有可能损坏倒齿环和心轴。

（22）倒退扭矩补芯（30）和剪切销钉环（25）使销钉剪切槽露出。从心轴（11）上取出被剪断的销钉头并确认其数量。

（23）使用专用工具背面轻轻撞击液压缸，直到露出C环（4）。

（24）向上轻敲液压缸，直到C环（19）及O形圈完全显露出来。

（25）参照图示，拆除密封圈组件。

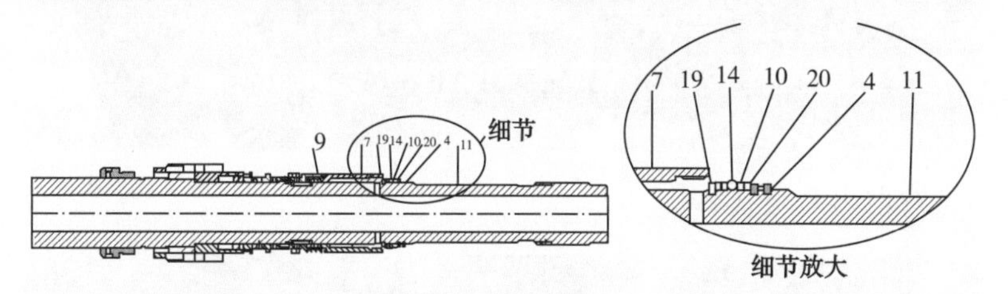

①取出并废弃O形圈（14），注意不要损坏挡圈（10）。

②向上滑动密封盖环（20）直到露出里面的C环（4）。

③使用卡簧钳撑开并取出C环（4）。

④取出密封盖环（20）。

⑤取出两道挡圈（10）。

⑥取出密封盖环（20）。

⑦使用卡簧钳取出 C 环（19）。

（26）卸掉液压缸（7）。

（27）参照图示细节，拆除密封组件。

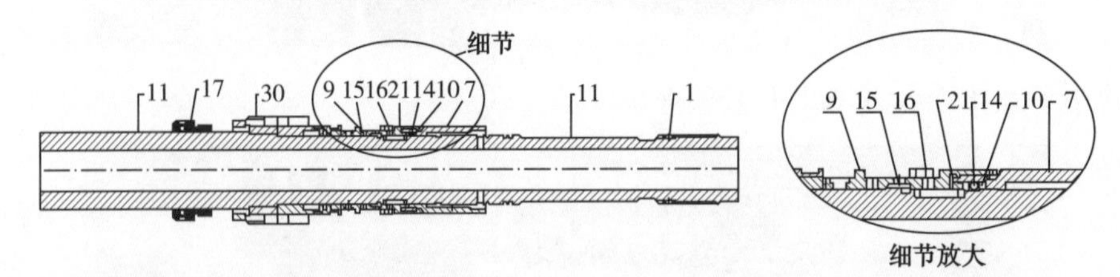

①取出位于最外侧的挡圈（10）。

②向下滑动液压缸（7），随后拉回，露出剩余密封圈组件。

③取出并废弃O形圈（14）。

④取出挡圈（10）。

⑤取出密封挡环（21）。

（28）使用外卡簧钳完全撑开倒齿环（15），从心轴上移出锁定套（9）和释放环（16）。

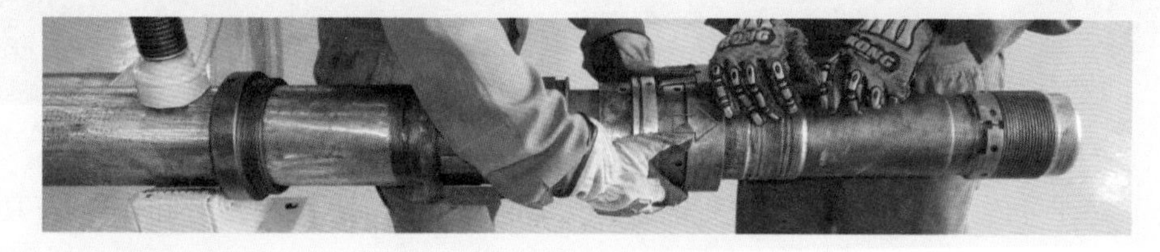

注意：确认倒齿环（15）完全撑开，避免损坏螺纹；撑开倒齿环前向上推动锁定套确认内槽不会限制其撑开；释放环（16）不必每次从锁定套（9）内取出，除非需要维修或者更换。

（29）用内卡簧钳将倒齿环（15）从锁定套（9）内取出。

（30）拆除剪切销钉环（25）。

（31）从心轴（11）上取下扭矩补芯（30）。

注意：不必每次取出防倒扣环（1），除非需要维修、更换或进行磁粉探伤。

（32）松开地钳，吊起心轴（11），从工具上端取出固定环（17）。至此 CRT 拆解完毕，对所有部件进行维保。

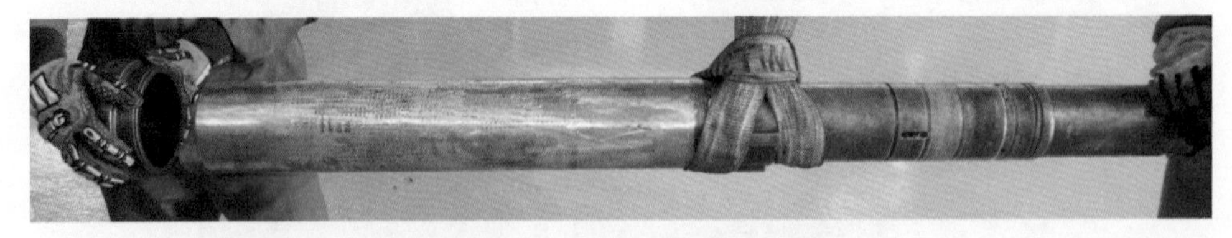

备注：应急机械脱手与正常液压脱手工具拆解程序区别如下：

（1）对于上述第（5）（6）步骤，不需取出扭矩剪切销钉（22）和轴向剪切销钉（23），只需先回转各销钉半圈，待取下扭矩筒后拆除。

（2）拆解程序从第 10 步骤开始。

2）组装步骤

（1）清理工作区域，移除任何与装配无关的组件。

（2）提前将固定环（17）套在心轴（11）上，随后将心轴的内螺纹端放在地钳上夹紧。

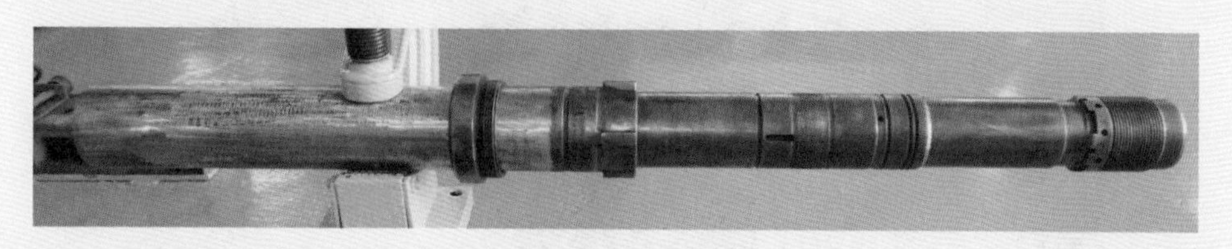

注意：检查防倒扣环（1）是否已经安装；如果没有安装，先用记号笔在心轴上标记防倒扣环（1）需要安装的位置，安装防倒扣环，使用卡簧钳但不要撑开过度。逆时针旋转确保防倒扣环（1）和心轴（11）上凸耳充分接触。

（3）对心轴进行通径（7inCRT 通径规 OD：2.5in）。

（4）安装扭矩补心（30）到心轴（11）上，使扭矩补芯（30）上的槽与心轴（11）上的凸耳啮合。

注意：暂时不要连接固定环和扭矩补心。

（5）如果释放环（16）被移出，使用卡簧钳将其安装到液压缸的锁定套（9）上，切勿将释放环撑开过大。

（6）确认倒齿环（15）的方向正确，有锥面的一侧对着锁定套（9）内凹槽的锥形边。使用内卡簧钳将倒齿环（15）安装到锁定套（9）的槽内。

注意：倒齿环的内齿方向如图所示。

（7）安装剪切销钉环（25）。

（8）将倒齿环（15）上的开口和锁定套（9）上的开口对齐，通过锁定套（9）的开口处用外卡簧钳将倒齿环（15）撑开使其能够安装到心轴上。

（9）向上滑动锁定套至扭矩补芯（30）。

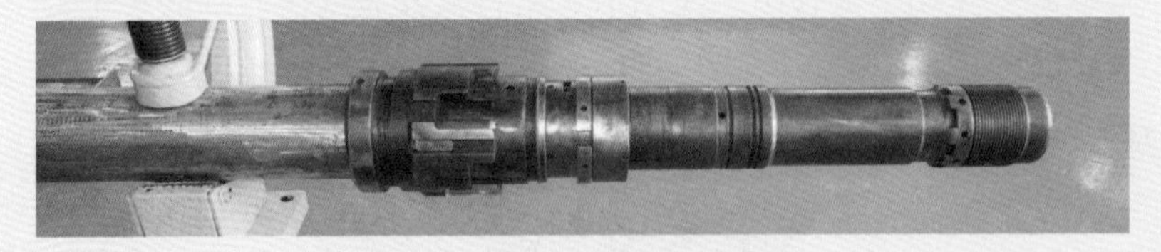

（10）参照图示细节，安装密封组件。

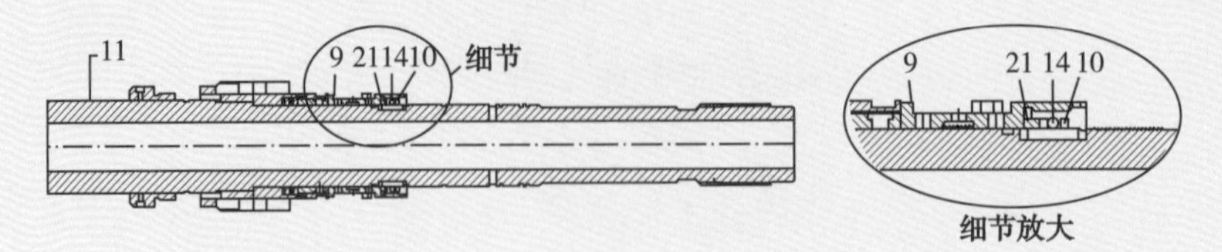

注意：密封环和挡圈方向（密封环平整的一端朝向挡圈）。

①安装密封挡环（21）。

②安装挡圈（10）。

③安装O形圈（14）。

④安装挡圈（10）。

⑤连接液压缸（7）和锁定套（9），上扣1~2圈即可，避免将O形圈挤压到倒齿上而损坏。

（11）参照图示细节，安装密封组件。

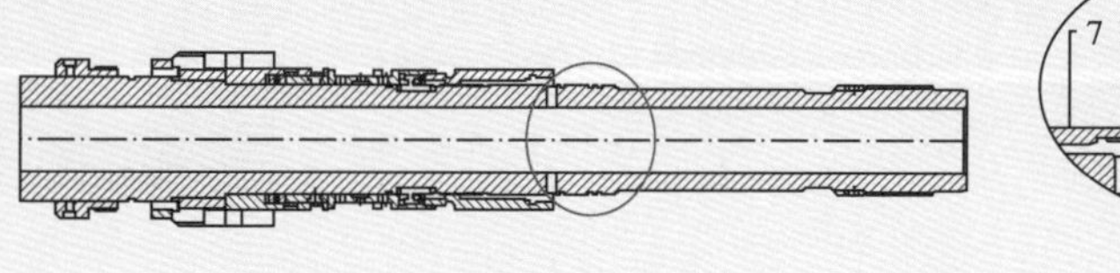

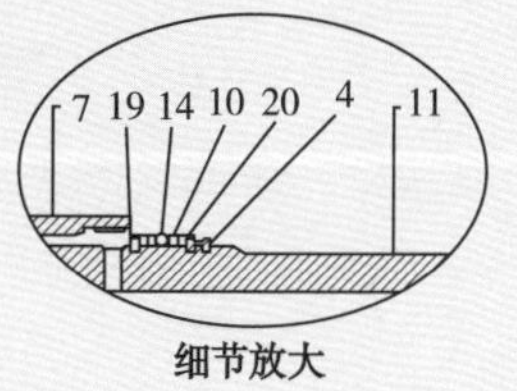

细节放大

①在心轴（11）凹槽处涂抹润滑脂，安装密封 C 环（19）到心轴（11）顶端凹槽处。

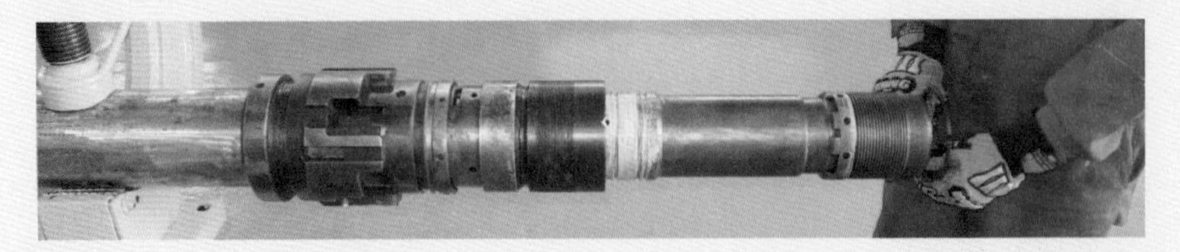

②滑动密封盖环（20）到心轴（11）上，直到密封 C 环（19）被覆盖住。

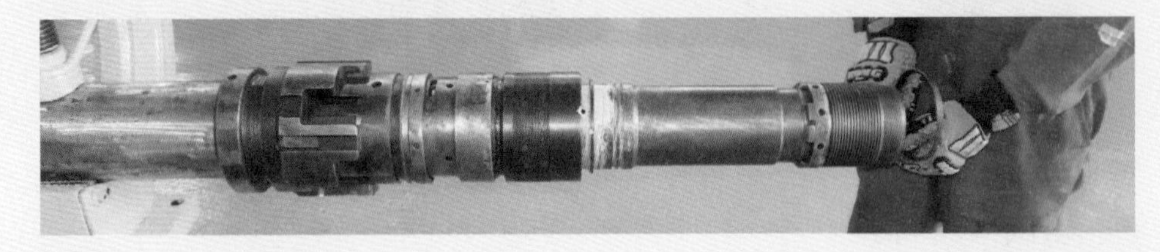

③安装 2 个挡圈（10）。

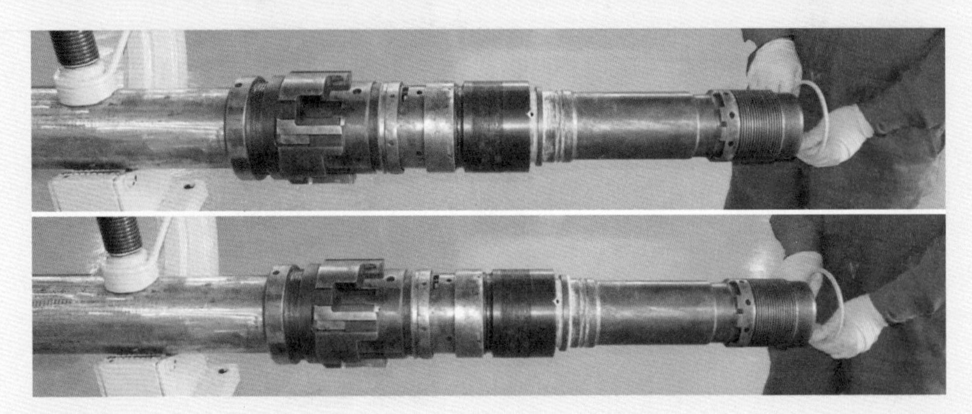

④安装密封盖环（20）。

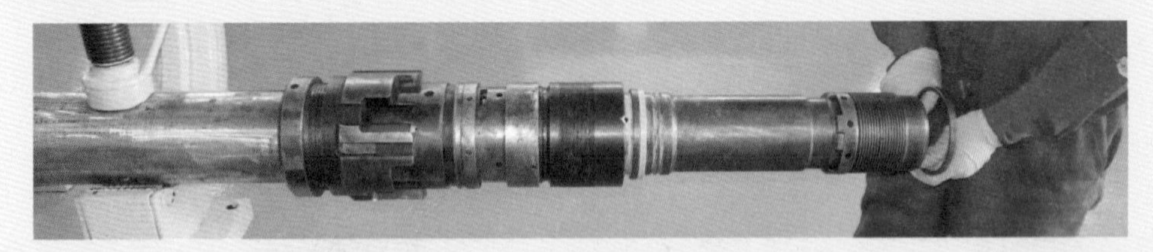

⑤安装下部 C 环（4）到心轴（11）下端凹槽处，倒退密封盖环（20）盖住 C 环（4）。

⑥在挡圈（10）之间涂抹密封脂，安装 O 形圈（14）。

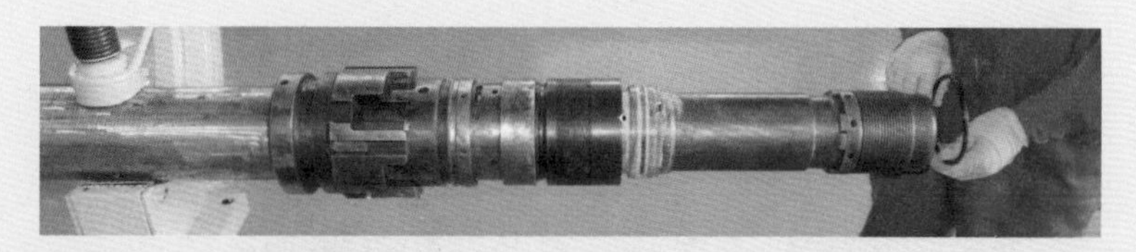

⑦在密封组件上涂抹密封脂。

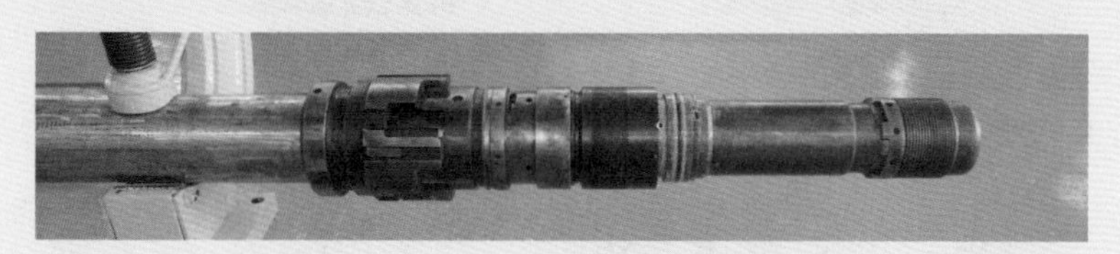

（12）用外卡簧钳充分撑开倒齿环（15），用扭矩补芯（30）向下敲击锁定套（9），直到液压缸（7）覆盖下部 O 形圈。

注意：确认倒齿环（15）完全撑开，避免损坏螺纹；撑开倒齿环前向上推动锁定套确认内槽不会限制其撑开。

（13）连接锁定套（9）和液压缸（7）。

（14）旋转直到销钉孔和心轴（11）上的限位槽对齐，安装两颗键槽销钉，并上紧。

（15）按照扭矩 300~500lbf · ft 连接液压缸（7）和锁定套（9），使用 1/8in 内六角扳手安装 2 颗定位销钉并上紧。

（16）再次使用外卡簧钳撑开倒齿环（15），用扭矩补芯（30）向下敲击锁定套（9），使液压缸移动到位。

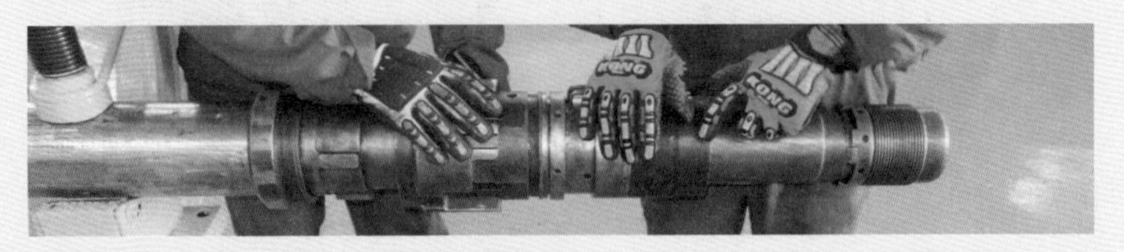

注意：键槽销钉允许轴向移动，不可旋转。

（17）向上移动扭矩补芯（30）和心轴的凸耳完全啮合，上紧固定环（17）。

（18）使用 3/16in 内六角扳手安装两颗定位销钉（27）。

（19）调整剪切销钉环（25）的位置，使其剪切孔与心轴上的剪切槽对齐，安装设定数量的剪切销钉并做好标记。

注意：均匀分布剪切销钉，上到位后回转 1/4 圈，检验剪切销钉环（25）是否可以自由旋转。记录剪切销钉批次，禁止混用不同批次的销钉。

（20）将扭矩筒（31）套在心轴（11）上。

（21）使用 7/32in 内六角扳手安装释放环圆头螺钉，每颗螺钉上紧后，回转 1/2 圈。依次安装所有螺钉。

提示：旋转剪切销钉环使其与扭矩筒上的孔对齐。

（22）继续上紧，每次每颗螺钉转 1/8 圈，直到所有的圆头螺钉都上紧为止。

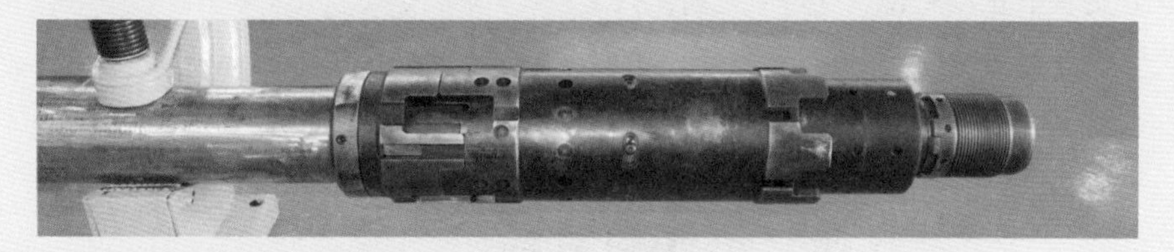

注意：确认释放环（16）已拉入扭矩筒的凹槽内。

（23）按机械脱手行程活动扭矩筒（31），确保其活动自如。

注意：释放环将限制轴向行程，不要用力拉拽。

（24）使扭矩筒（31）上的销钉孔和扭矩补芯（30）上的孔、槽对齐，安装设定数量的扭矩剪切销钉。

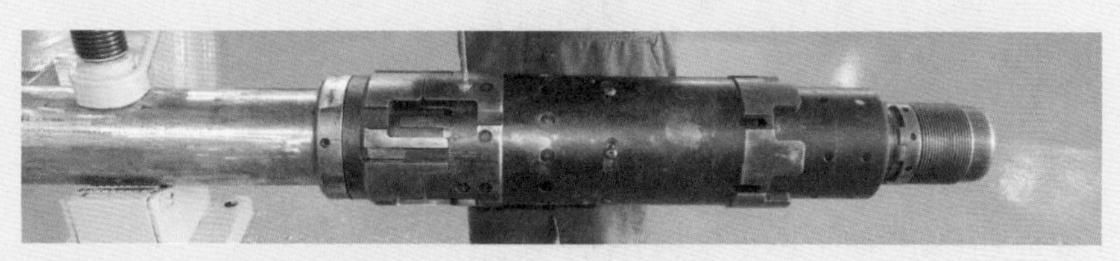

（25）安装设定数量的轴向剪切销钉。

注意：均匀分布剪切销钉，上到位后回转 1/4 圈（如果使用带头的销钉，上到销钉的台阶处即可）；记录剪切销钉批次，禁止混用不同批次的销钉。

（26）将连接套（6）装入棘爪（5）内，再套入专用工具。

（27）安装下止动垫圈（33）（无齿）。

（28）安装弹簧（32）。

（29）安装上止动垫圈（29），齿面背向弹簧。

（30）使用专用工具将棘爪安装到位。此时，上止动垫圈与液压缸紧密咬合在一起。

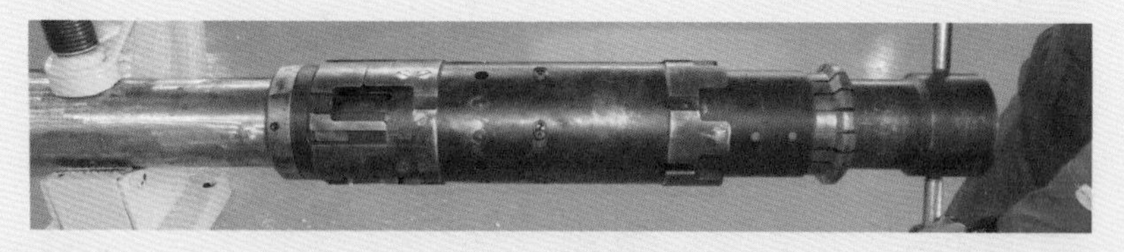

（31）在阀座（28）上安装O形圈（12），随后将阀座（28）安装到底部接头（3）内。

（32）依次安装挡圈（2）、O形圈（13）、挡圈（2）到底部接头（3）的O形圈槽内。

（33）在心轴（11）外螺纹端和密封面涂抹润滑脂，连接底部接头（3）。

提示：安装底部接头前，可使用记号笔插入防倒扣环的孔内，来回转动做好标记，以方便后面安装定位销钉时调整位置。

（34）当底部接头顶到棘爪之后，使用螺丝刀通过观察孔，调整底部接头上销钉孔和防倒扣环上的孔，使之对齐，并上紧底部接头。

（35）使用 3/16in 内六角扳手安装 4 颗定位销钉。

（36）至此，CRT 送入工具组装完毕。

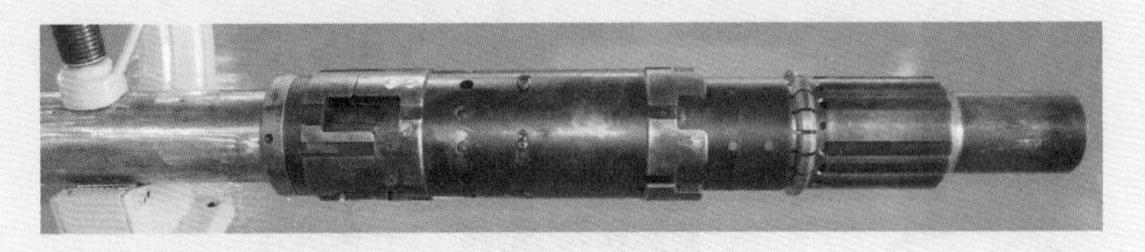

3）测试及复位步骤

（1）在 CRT 上安装测试接头及堵头，吊至水箱中，进行功能测试及高压测试。

注意：如无法稳压，可将送入工具置于水箱外部进行测试，以便通过远程摄像头查找漏点。

（2）测试结束后，放压、保持泄压阀开启。记录以下数值：剪切销钉数量：× × 个；剪切值：× × psi；高压：× × psi × 15min。

（3）将工具吊至地钳上夹紧，拆除测试接头及堵头。

（4）从底部接头（3）上拆掉 4 颗定位销钉。

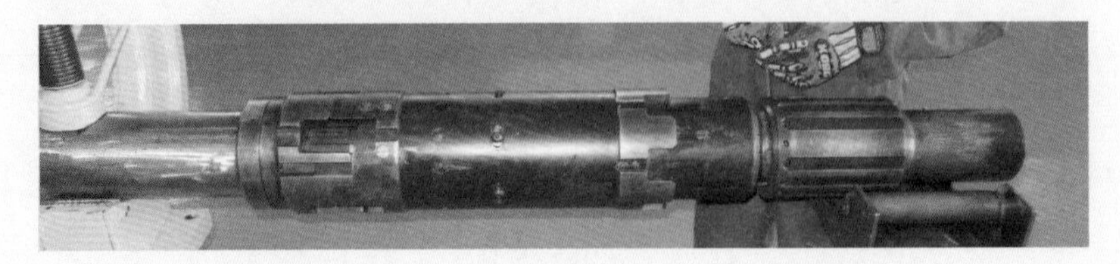

（5）拆下底部接头（3）。

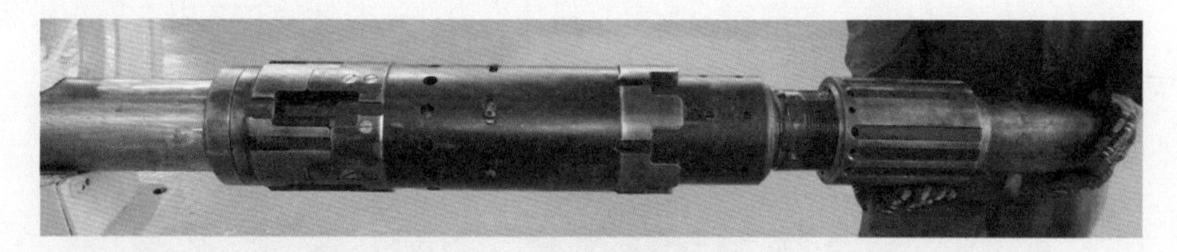

（6）从释放环（16）和扭矩筒（31）上拆掉圆头销钉。

（7）从扭矩筒（31）上拆掉轴向剪切销钉。

（8）从扭矩筒（31）上拆掉扭矩剪切销钉。

（9）旋转扭矩筒（31）使其与扭矩补芯（30）的槽对齐。

（10）向前推动扭矩筒（31）使其与扭矩补芯充分啮合，并露出棘爪头。

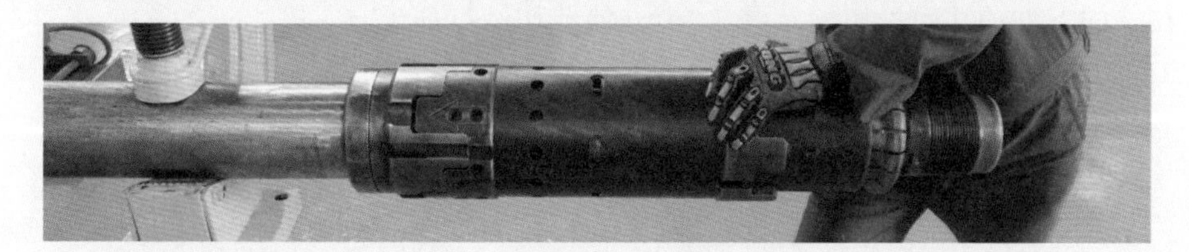

（11）在心轴（11）和棘爪（5）之间插入专用工具。前推并转动专用工具，直到专用工具上的齿和连接套（6）上的槽完全咬合，保持推力并逆时针旋转专用工具，从液压缸（7）上拆下连接套（6）。

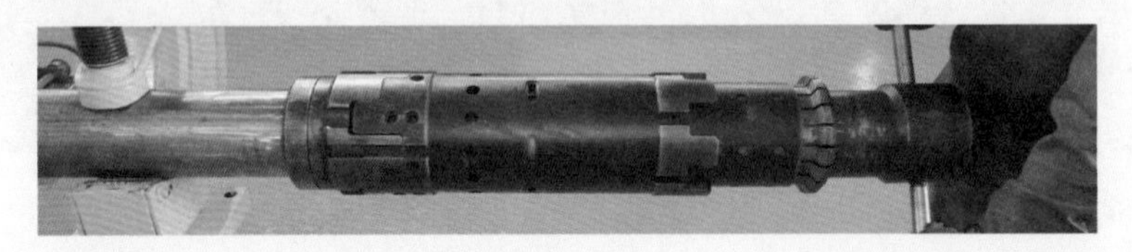

注意：当卸掉连接套（6）时上止动垫圈（29）上部的齿会松脱；使用专用工具安装螺栓时，上扣不要过多，以免伸进套筒内，使专用工具无法推入到位。

（12）从心轴（11）上取出专用工具和棘爪部分。

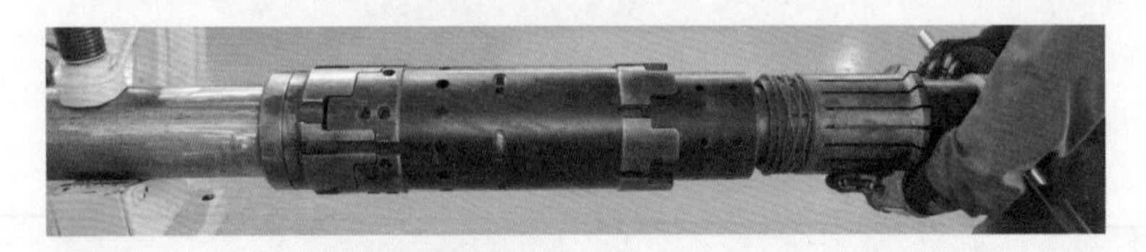

（13）从心轴（11）上滑出扭矩筒（31）。

（14）从固定环（17）上取出2颗定位销钉。

（15）从扭矩补芯（30）上卸下固定环（17）。

（16）向下推动并回拉扭矩补芯（30），使剪切销钉环（25）露出。

（17）从心轴（11）上取出被剪断的剪切销钉。

（18）用卡簧钳完全撑开倒齿环（15），用扭矩补芯（30）向下撞击锁定套（9），直到心轴上的剪切槽完全露出为止。

注意：确认倒齿环（15）完全撑开，避免损坏螺纹；撑开倒齿环前向上推动锁定套确认内槽不会限制其撑开。

（19）从心轴上的剪切槽内取出被剪断的剪切销钉头并确认数量。

（20）调整剪切销钉环（25）的位置，使其剪切孔与心轴上的剪切槽对齐，安装设定数量的剪切销钉并做好标记。

注意：均匀分布剪切销钉，上到位后回转 1/4 圈，检验剪切销钉环（25）是否可以自由旋转。记录剪切销钉批次，禁止混用不同批次的销钉。

（21）向上敲击液压缸，使锁定套刚好与剪切销钉环接触，且不影响剪切销钉环旋转。

注意：不可大力撞击剪切销钉环。

（22）向上移动扭矩补芯（30）和心轴的凸耳完全啮合，并上紧固定环（17）。

（23）使用 3/16in 内六角扳手安装 2 颗定位销钉。

（24）把扭矩筒（31）套在心轴（11）上。

（25）使用 7/32in 内六角扳手安装释放环圆头螺钉，每颗螺钉上紧后，回转 1/2 圈。依次安装所有螺钉。

提示：旋转剪切销钉环使其与扭矩筒上的孔对齐。

（26）继续上紧，每次每颗螺钉转 1/8 圈，直到所有的圆头螺钉都上紧为止。

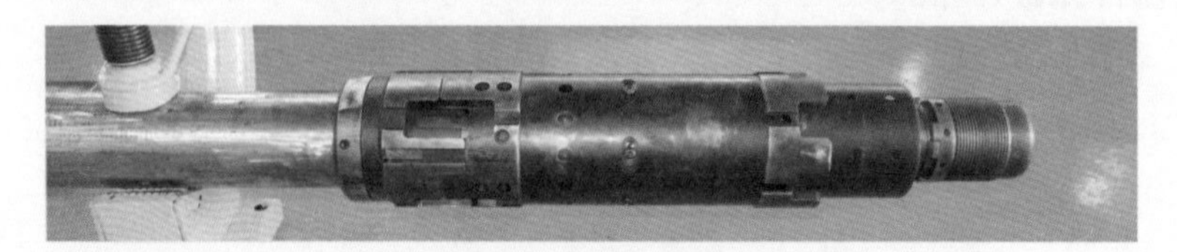

注意：确认释放环（16）已拉入扭矩筒的凹槽内。

（27）按机械脱手行程活动扭矩筒（31），确保其活动自如。

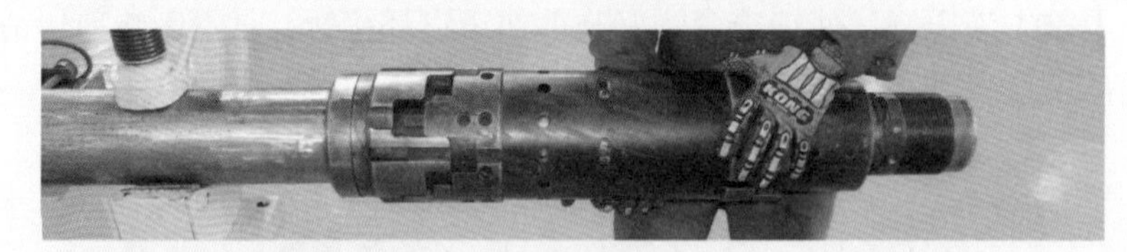

注意：释放环将限制轴向行程，不要用力拉拽。

（28）使扭矩筒（31）上面的销钉孔和扭矩补芯（30）上的孔、槽对齐。

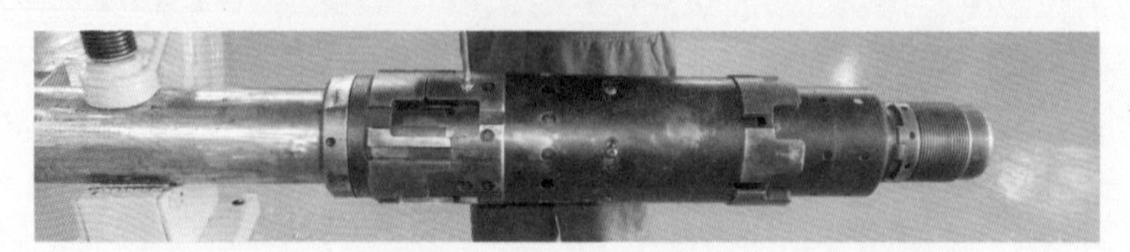

（29）安装设定数量的轴向剪切销钉。

（30）使用专用工具将棘爪安装到位。此时，上止动垫圈与液压缸紧密咬合在一起。

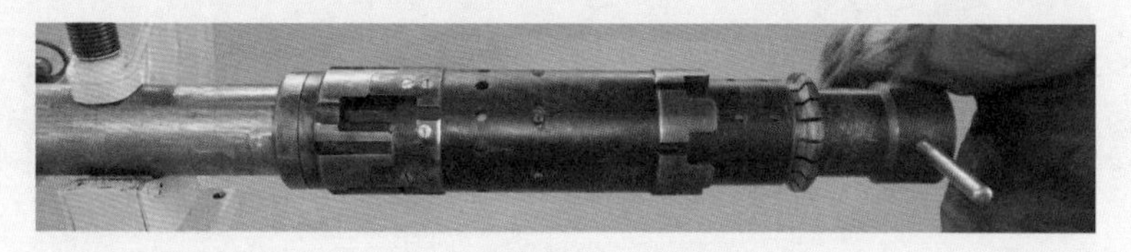

（31）当底部接头顶到棘爪之后，使用螺丝刀通过观察孔，调整底部接头上销钉孔和防倒扣环上的孔，使之对齐，并上紧底部接头。

（32）使用 3/16in 内六角扳手安装 4 颗定位销钉。

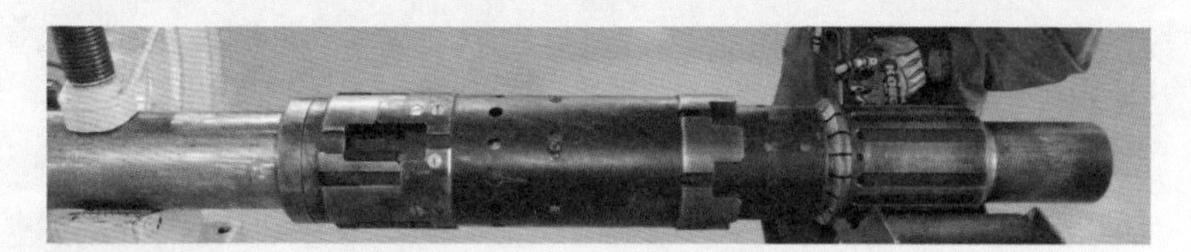

（33）至此，CRT 测试及复位完毕。

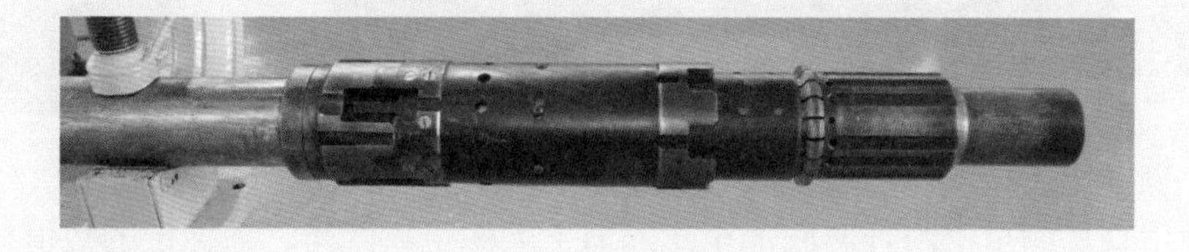

CRT 总装图如图 2-3-2 所示。

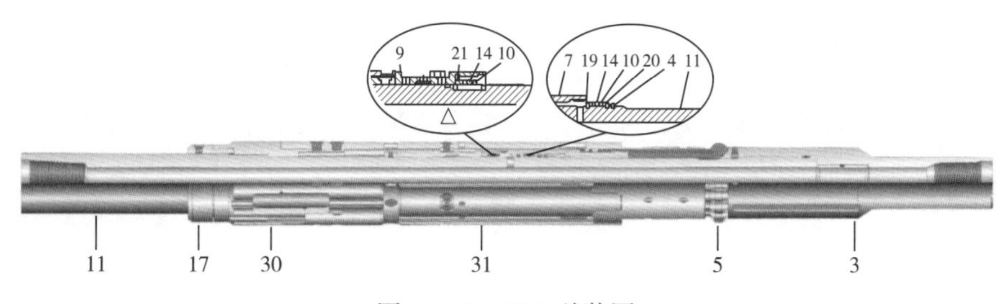

图 2-3-2　CRT 总装图

2. CRT 系统尾管悬挂器整体组装程序

（1）清理工作区域，移除任何与装配无关的组件。

（2）通径并检查各部件。

（3）将封隔器吊至地钳上夹紧，测量密封补芯在封隔器内的具体位置，并在封隔器外部做好标记。

（4）在密封补芯的挡块和内外密封件上均匀涂抹密封脂，随后将其推入封隔器内，直到密封补芯的挡块落入封隔器的挡块槽内。

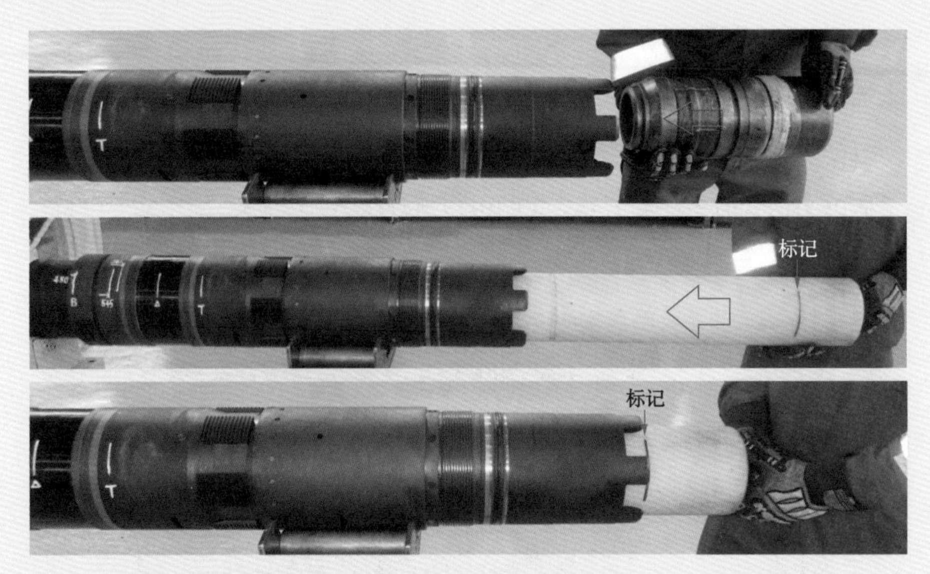

提示：可以使用已提前做好标记的尼龙棒工装推入。

（5）使用直尺测量密封补芯底部至封隔器下端的距离，与之前标记的数值核对，确认密封补芯安装到位。

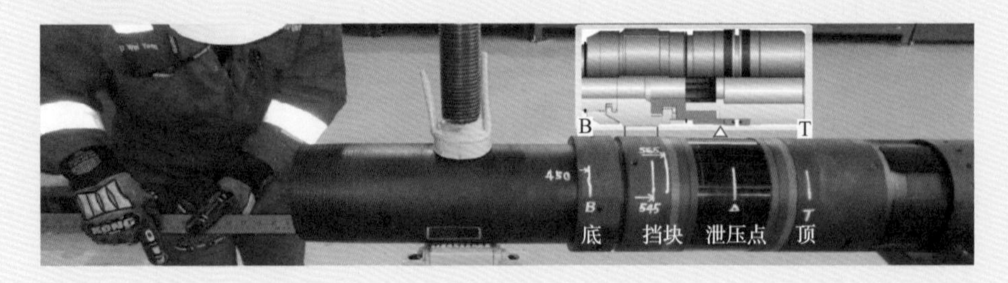

（6）在封隔器下端插入密封补芯工装，直到工装的台阶面顶到密封补芯，此时密封补芯的挡块会被工装撑开，进入封隔器的挡块槽内，从而使密封补芯固定在封隔器内。

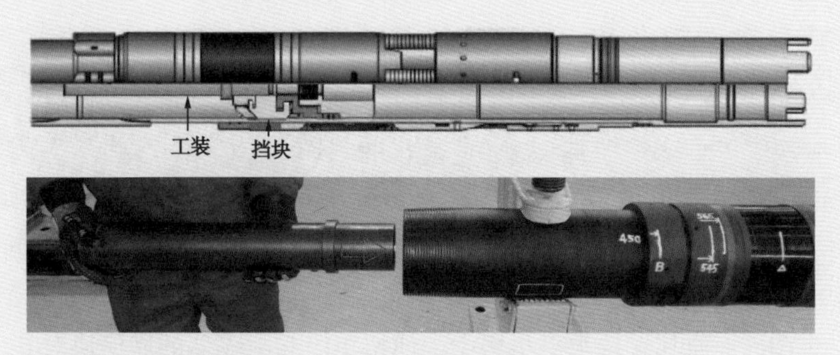

（7）在中心管下端涂抹润滑脂，并保护好下部螺纹。

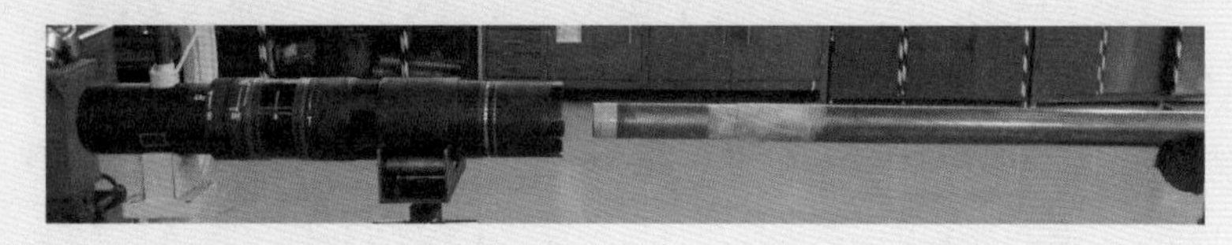

建议：可在中心管下部螺纹缠绕胶带。

（8）调整支架使中心管保持水平、居中，将其缓慢推入封隔器，直到进入密封补芯，随后在中心管中下部涂抹钻杆螺纹润滑脂。

提示：钻杆螺纹润滑脂用量大约 15kg。

（9）缓慢推入中心管，使中心管穿过封隔器和密封补芯（穿过密封补芯时需要一个较大的力）：此时，中心管下端小外径部分会插入密封补芯工装内，而中心管上端大外径处会把工装推出密封补芯，并代替工装继续支撑密封补芯挡块。整个组装过程中，密封补芯的挡块一直锁定在封隔器的挡块槽内。

注意：在工装被中心管顶出之前，应始终对其保持轻微的推力，避免其提前掉落。

（10）涂抹螺纹润滑脂，将中心管上端连接至 CRT 的底部接头，按照标准扭矩上扣（$3^{1}/_{2}$in12.7$^{\#}$NUE 上扣扭矩：4060~5080lbf · ft）。

注意：上扣时中心管上的备钳应放在小外径位置的管钳槽内，紧扣后随即对打管钳处产生的牙痕进行打磨。

（11）调整 CRT，使其保持水平与居中、使扭矩筒和封隔器的城堡块对齐。

（12）缓慢推入 CRT，直到 CRT 的棘爪完全进入封隔器内槽。

提示：保持现场安静，可听到棘爪弹开的声音，以确认其到位。

（13）使用叉车回拉 CRT，进行拖拽测试，检验棘爪安装到位。如果 CRT 被拉出，检查棘爪并重复步骤（11）（12）。

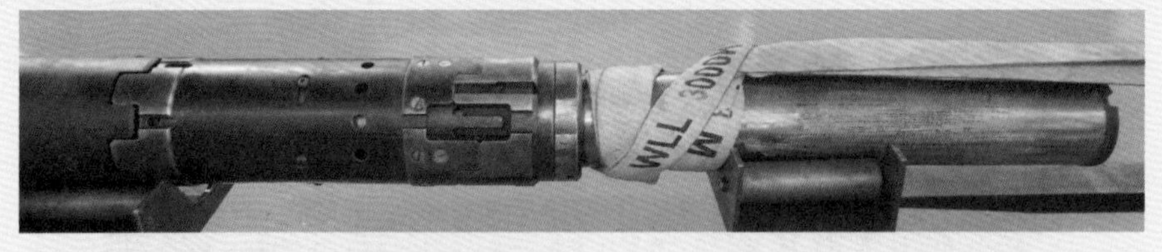

注意：确认地钳夹紧，拖拽位置紧固；无关人员回避叉车后退方向。

（14）在封隔器下端连接接箍。

（15）在接箍下端连接悬挂器。

（16）按照标准扭矩，对封隔器、接箍、悬挂器上扣，并划线做标记。

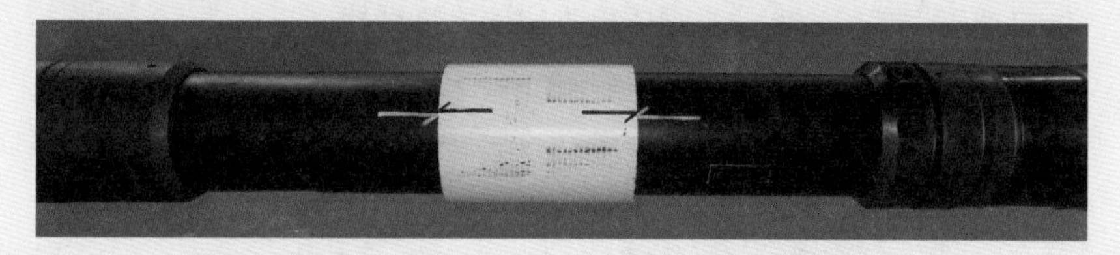

记录扭矩值：封隔器与接箍：××lbf·ft；接箍与悬挂器：××lbf·ft。

（17）在中心管下端外螺纹涂抹螺纹润滑脂，连接试压盲堵。

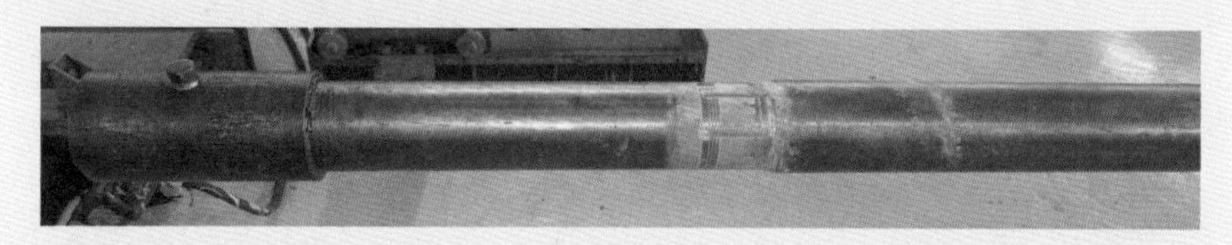

（18）在悬挂器下端连接短套管，按照标准扭矩上扣。

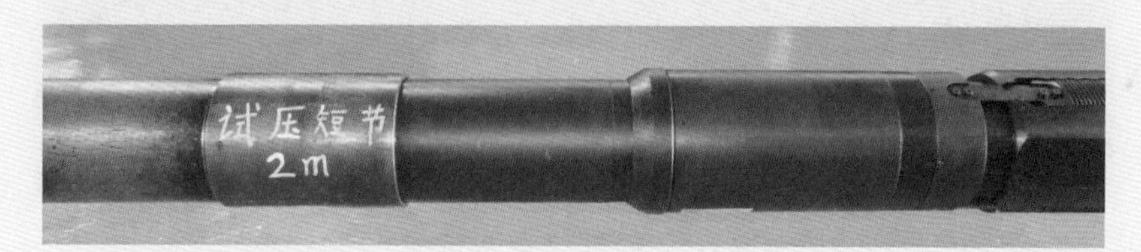

注意：短套管应有足够的长度来覆盖中心管。

（19）拆掉悬挂器卡瓦支撑臂上的顶丝，取下支撑臂，并放在一个盒子里面避免丢失。

（20）悬挂器内灌满清水，连接试压管线、接头。

注意：灌水时应尽量灌满并充分排气。

（21）对悬挂器液压缸进行压力测试（不安装剪切销钉）：记录液压缸的启动压力 ××psi；继续打压至500psi，稳压10min；测试结束后，放压、保持泄压阀开启，复位液压缸。

注意：如启动压力高于500psi，则应检查或更换悬挂器。

（22）对悬挂器液压缸进行压力测试（安装设定数量的剪切销钉）：记录剪切销钉数量 ××个；剪切压力 ××psi；继续打压至5000psi，稳压15min，确认整个系统没有漏点。

（23）试压合格后，泄压、排净测试流体。检查液压缸附近地面，确认断销钉数量与安装的数量相符。随后，拆除试压管线、测试接头、短套管及盲堵。

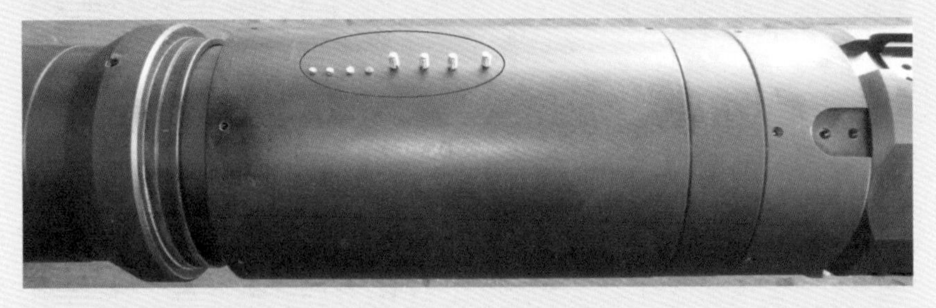

（24）复位液压缸，安装恢复3组卡瓦支撑臂及顶丝。

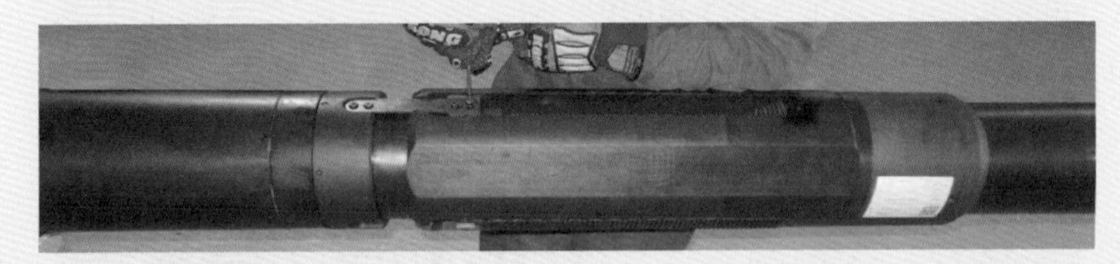

提示：安装顶丝使用5/32in内六角扳手。

（25）安装新的剪切销钉并做好标记。

注意：必须使用与测试时同一批次的剪切销钉。

（26）涂抹螺纹润滑脂，将配长短节连接至 CRT 上端，按照扭矩表要求使用上扣机上扣并划线做标记。

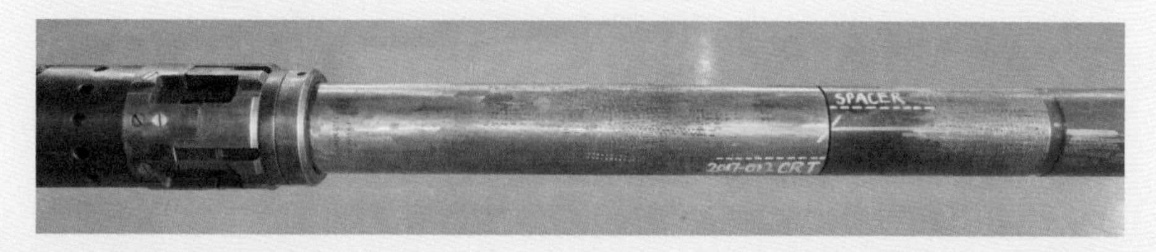

推荐上扣扭矩：30000lbf · ft。

注意：使用不超过 10 ft 的回接筒时，则不需要使用此配长短节。

（27）涂抹螺纹润滑脂，将坐封器连接至配长短节上端（如果不使用配长短节则连接在 CRT 上端），按照扭矩表要求使用上扣机上扣并划线做标记。

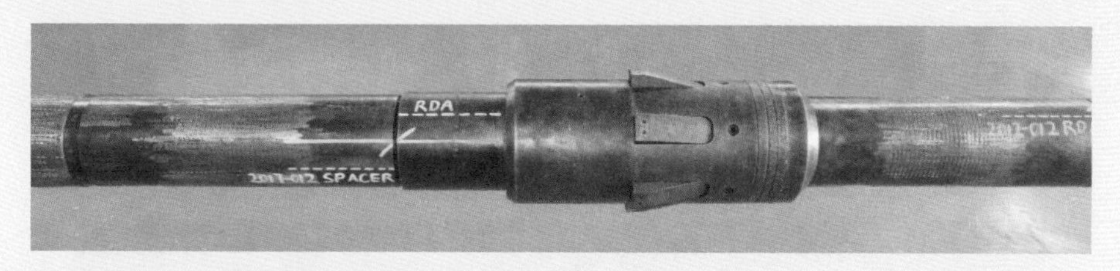

推荐上扣扭矩：30000lbf · ft。

（28）涂抹螺纹润滑脂，将延伸短节连接至坐封器上端，按照扭矩表要求使用上扣机上扣并划线做标记。

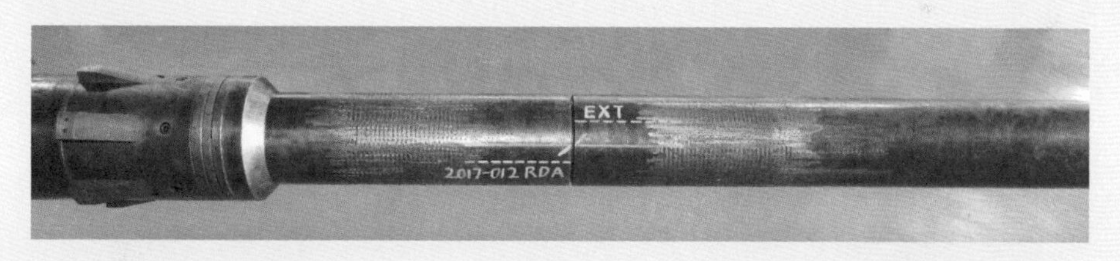

推荐上扣扭矩：30000lbf · ft。

（29）使用锉刀或砂轮片打磨上扣时产生的牙痕，坐封器台阶面以上管串应保证防砂帽正常通过。

（30）测量并记录以下距离：

胀封挡块到封隔器城堡块的距离 × ×m；

胀封挡块到封隔器外侧螺纹根部的距离 × ×m；

胀封挡块到延伸短节顶部的距离 × ×m；

坐封器上端台阶面到延伸短节顶部的距离 ××m。

（31）在配长短节至延伸短节之间均匀涂抹钻杆螺纹润滑脂。

提示：钻杆螺纹润滑脂用量大约 75kg。

（32）缓慢套入回接筒。

注意：保持回接筒居中，以免螺纹润滑脂剐蹭掉落。

（33）使用大链钳上紧回接筒与封隔器的螺纹，对齐定位销钉孔。

提示：可在封隔器定位销钉孔外侧，使用白色油漆笔做标记，便于对齐销钉孔；紧扣之后，可能需要稍微回转回接筒，以对齐销钉孔。

（34）安装定位销钉并上紧。

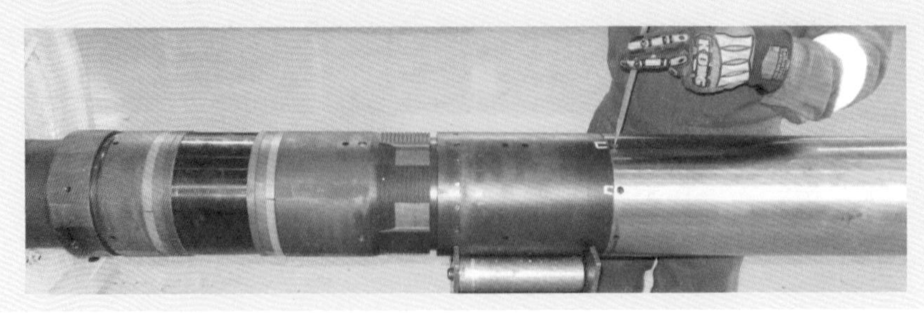

（35）在延伸短节上套入防砂帽，拆除提升帽上的定位销钉。

（36）在剪切套和提升帽上安装螺栓，保持剪切套不动，顺时针方向（反扣）旋转提升帽，使提升帽带动内套的支撑面上行，解除对棘爪的支撑。

（37）将防砂帽推进回接筒，直到剪切套的台阶面顶在回接筒上端。逆时针方向（反扣）旋转提升帽，直到其台阶和剪切套接触。

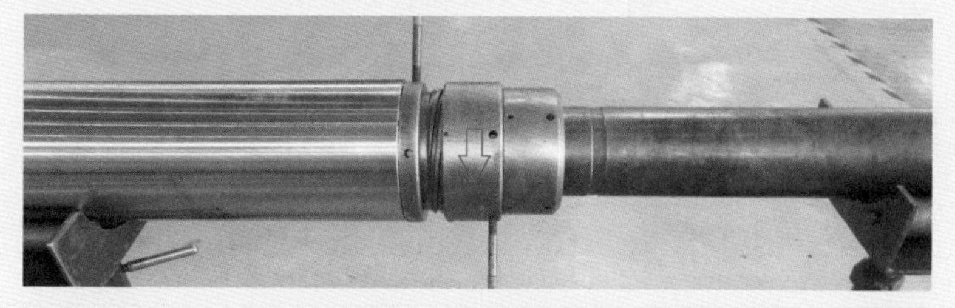

（38）确认防砂帽已锁定在回接筒内，取下螺栓，安装定位销钉。

（39）涂抹螺纹润滑脂，将提升短节连接至延伸短节上端，按照扭矩表要求使用上扣机上扣并划线做标记。

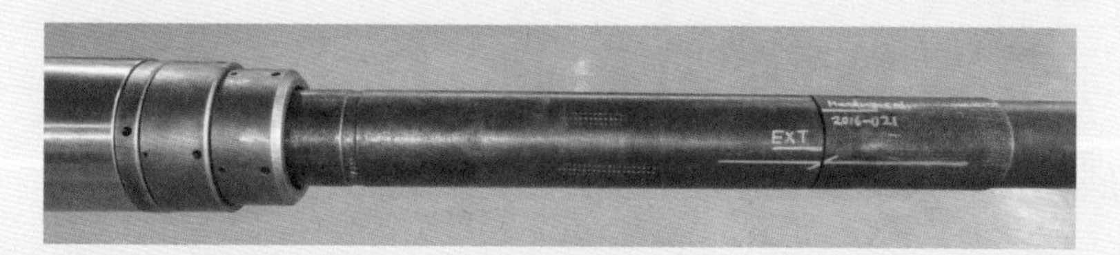

推荐上扣扭矩：30000lbf · ft。

（40）在中心管下端连接旋转接头，随后测量并记录相关数据。

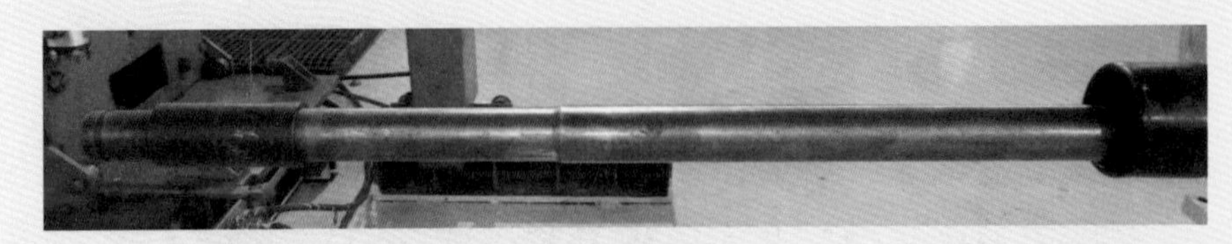

注意：安装前必须确认旋转接头的钢珠及丝堵都已安装，并确认其是否可以旋转。

（41）使用 ϕ63.5mm 通径规对尾管悬挂器总成通径，确认通径规能够顺利通过。

（42）安装护丝，喷涂总成编号，贴标签，包装悬挂器总成（悬挂器卡瓦和封隔器胶皮处应加强防护），放至通风、干燥的室内存储区。

（43）将部件检查卡、组装监控单、试压记录、扭矩记录等，扫描、存档。

CRT 系统尾管悬挂器总成数据见表 2–3–2 和表 2–3–3。

表 2–3–2　CRT 系统尾管悬挂器总成测量数据

测量项目		测量项目	
尾管悬挂器总成的长度（mm）		悬挂器的长度（mm）	
回接筒外送入工具的长度（mm）		提活防砂帽的距离（mm）	
回接筒的长度（mm）		坐封距离（mm）	
封隔器的长度（mm）		解封密封补芯的距离（mm）	
接箍的长度（mm）		提活密封补芯的距离（mm）	

表 2–3–3　CRT 系统尾管悬挂器总成设定值

项目	数量	设定值
CRT 脱手压力		psi
扭矩剪切销钉剪切力		lbf · ft
轴向剪切销钉剪切力		lbf
悬挂器坐挂压力		psi

二、威德福 HNG 系统尾管悬挂器维保与组装程序

浮式防砂帽（FJB）、坐封器（RPA）、密封补芯（RSM）的维保与组装程序，详见本章第二节。

1. 送入工具（HNG）维保与组装程序

送入工具（HNG）主要部件如图 2-3-3 所示。

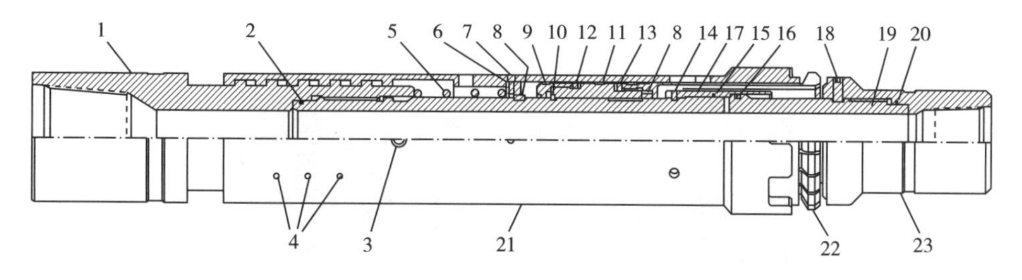

图 2-3-3　送入工具（HNG）主要部件图

1—上接头；2，15，16，20—O 形圈；3，7，13—定位销钉；4—剪切销钉；5—弹簧；6—止动环；8—卡簧；9—装配帽；10—卡簧；11—配合接头；14—剪切销钉；17—液压缸；19—心轴；21—扭矩筒；22—棘爪；23—下接头

（1）将 O 形圈（20）安装到下接头（23）的密封槽内。

（2）连接心轴（19）与下接头（23）。

注意：下接头的最大外径处禁止打钳。

（3）在心轴（19）外部的密封槽安装 O 形圈（16）。

（4）在液压缸（17）内部的密封槽安装 O 形圈（15）。

（5）将液压缸（17）套入心轴（19），直至销钉孔与心轴的销钉槽对齐。

（6）安装剪切销钉（14），上紧后回转 1/4 圈。

（7）将棘爪（22）套入心轴（19），棘爪头向下。

（8）使用卡簧钳，将下部卡簧（8）安装到棘爪（22）内侧的凹槽里，并使用长柄螺丝刀推动卡簧确认其安装到位。

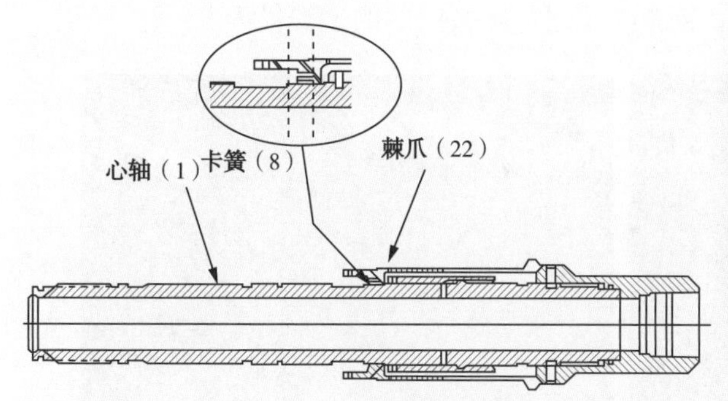

注意：提前把卡簧放置在心轴的凹槽内进行测试，确保卡簧对心轴有一定的抱紧力才可正常使用。

（9）将配合接头（11）套入心轴（19），与棘爪（22）连接，随后安装定位销钉（13）。

注意：配合接头带有凹槽的一端朝上；上扣及安装定位销钉期间，不要向上移动棘爪，避免卡簧退回到心轴的凹槽内。

（10）将卡簧（10）收紧并嵌入装配帽（9）内部的卡簧槽内，随后将装配帽倒置检测卡簧弹力：弹力正常的卡簧应不会掉落；如掉落则说明卡簧已失去弹力，必须更换。

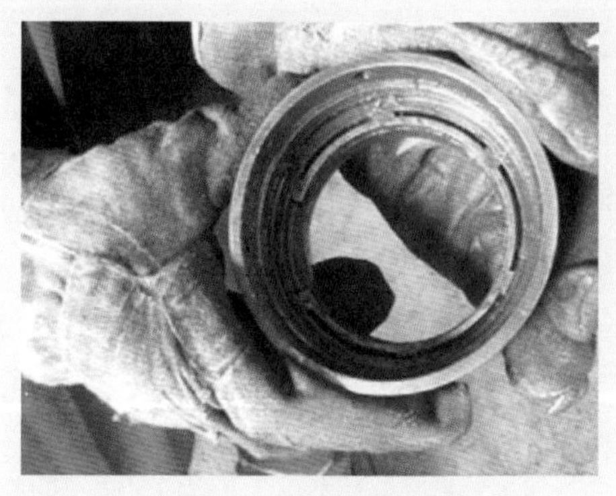

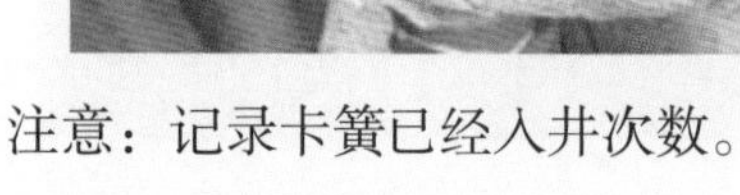

注意：记录卡簧已经入井次数。

（11）将棘爪（22）下滑至最底部，直到爪头与下接头（23）贴紧，配合接头上端位于心轴（19）上的凹槽露出。将卡簧（10）安装至心轴凹槽内，使用卡簧钳收缩卡簧直到其紧贴在心轴凹槽内，向上拉动棘爪使卡簧进入配合接头内部的卡簧槽内。

（12）将专用隔板放置在下接头（23）与棘爪（22）之间进行限位，避免棘爪下滑，导致卡簧（10）弹出。

（13）将装配帽（9）连接至配合接头（11），安装定位销钉。

（14）将上部卡簧（8）安装在装配帽（9）顶部位置的心轴（19）凹槽内。

（15）在心轴（19）螺纹端的 O 形圈槽内涂抹润滑脂，安装 O 形圈（2）。

（16）将止动环（6）安装到扭矩筒（21）内，有内倒角的一端朝向扭矩筒的下部，通过扭矩筒上的孔安装定位销钉（7）。

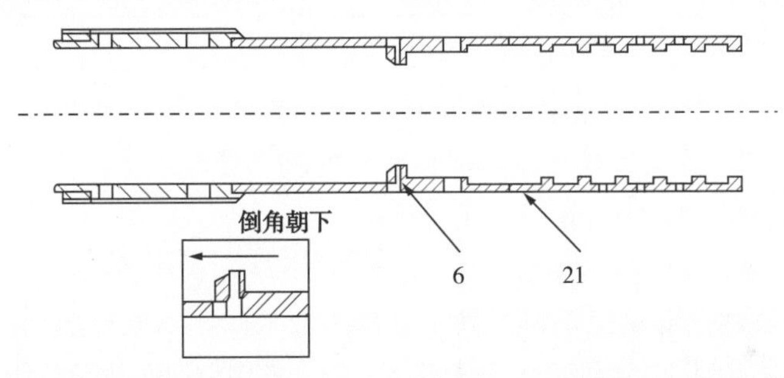

（17）将扭矩筒（21）套在心轴（19）上，滑至止动环（6）与上部卡簧（8）接触。

（18）将弹簧（5）装入心轴（19）与扭矩筒（21）之间的空隙。

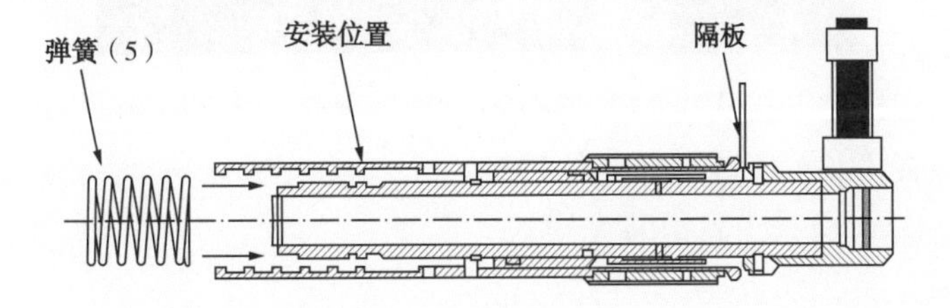

（19）将上接头（1）连接至心轴（19），同时旋转扭矩筒（21）与上接头（1），直到上紧。确保扭矩筒可以左右自由旋转 1/6 圈，随后将扭矩筒上部的剪切销钉孔与上接头的剪切槽（宽：1/16in）对齐。

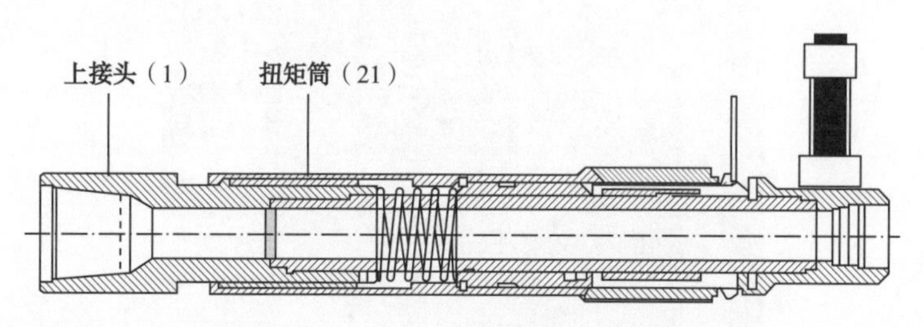

（20）通过扭矩筒（21）上的安装孔，安装 2 颗定位销钉（3）。

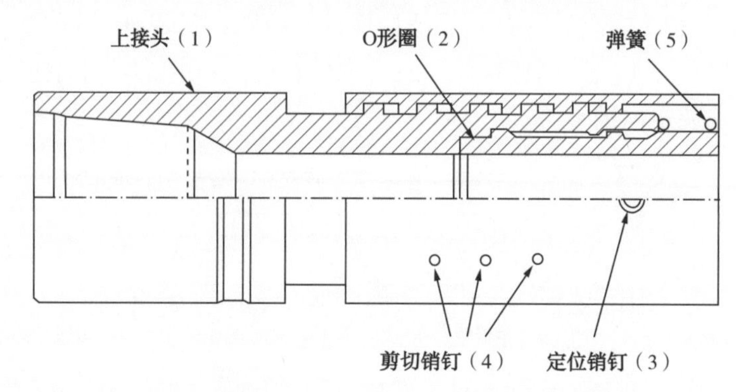

注意：确保安装到位的定位销钉不高于上接头外表面，以免影响到扭矩筒旋转。

（21）在扭矩筒（21）的销钉孔与上接头（1）的剪切槽内安装设计数量的剪切销钉（4）。

（22）使用上扣机对下接头（23）与心轴（19）上扣，推荐上扣扭矩 3000lbf · ft。

（23）在下接头（23）安装 2 颗定位销钉。

（24）至此，HNG 送入工具组装完毕。

2. HNG 系统尾管悬挂器整体组装程序

1）安装密封补芯（RSM）

（1）将尾管顶部封隔器放到地钳上，在双母接箍或可以夹持受力的外径处夹紧。

提示：RSM 适用于尾管顶部封隔器、送放短节或带 RSM 装配槽的尾管悬挂器，以下程序以配置尾管顶部封隔器的尾管悬挂器总成为例。

（2）使用匹配的通径规通径。

（3）检查并清洁封隔器内部，在 RSM 密封面涂抹润滑脂。

（4）将 RSM 从封隔器顶端插入，直到 RSM 的锁块到位。

（5）在 RSM 内的锁套顶端安装限位挡块，确保剪切销钉处于销钉槽处。

注意：7~7⁵/₈in RSM 使用长度为 50 mm（1.97in）的限位挡块。

（6）推动锁套，使其顶住限位挡块，挤压 RSM 锁块进入槽内。

（7）安装剪切销钉，至少安装 1 颗。

（8）取出限位挡块。

（9）在封隔器顶端插入扭矩专用工具。

（10）连接封隔器、接箍及悬挂器，并按标准扭矩上扣。

注意：上好扣后再调整顶部封隔器的调节环。

（11）对 RSM 至悬挂器底端和 RSM 至封隔器顶端进行通径。

2）连接送入工具（HNG）

（1）确认下接头已按标准扭矩上扣。

（2）将中心管连接至下接头，按标准扭矩上扣。如有定位销钉孔，安装定位销钉。

（3）在中心管底部安装导引头，在 HNG 的顶端安装提丝。

（4）在 HNG 本体上划线做标记，与定位销钉对齐。

（5）在中心管上涂抹润滑脂。

（6）用叉车顶住 HNG 顶端的提丝，将中心管与送入工具插入 RSM 与封隔器，临近啮合时对齐 HNG 扭矩筒和封隔器的城堡块，移除 HNG 的装配挡片。

（7）进一步推进 HNG，直到城堡块啮合、扭矩筒底端顶住封隔器本体并且压缩弹簧。

注意：确保 HNG 的棘爪已经进入封隔器顶部的凹槽，保持现场安静，可以听到棘爪弹开的声音；压缩弹簧的行程约为 0.5in（12.7mm）。

（8）用叉车回拉 HNG（不可旋转上接头），确认送入工具与封隔器连接正常。

（9）用叉车顶回 HNG，检查扭矩筒的销钉孔与液压缸的销钉孔是否对齐。

提示：可使用螺丝刀调整棘爪和扭矩筒的相对位置。

（10）如果销钉孔没有对齐，拆掉扭矩筒的扭矩剪切剪钉。缓慢左转上接头，对齐液压缸的销钉孔。

注意：不要使棘爪与上接头一起转动，如果棘爪随着转动，可使用螺丝刀透过扭矩筒的孔将其顶住；左转不要超过 1/8 圈，防止工具机械脱手。

（11）拆卸导引头和提丝。

3）压力测试

（1）“P”系列悬挂器卡瓦处套入合适磅级的套管短节；“C”系列悬挂器拆掉所有卡瓦，将空心定位销钉更换为实心定位销钉。

（2）在送入工具顶端和悬挂器底端连接试压接头。

（3）在送入工具顶端接头上连接试压管线，保持悬挂器底端接头上的泄压阀处于打开状态。

（4）向工具内灌入常温的清水（环境温度低于0℃时，应使用防冻液），充分排气并灌满后，关闭泄压阀。

（5）取出HNG液压缸的剪切销钉，在液压缸上安装试压钢钉（P/N00728525）。

（6）检查所有压力测试设备均已准备就绪。

（7）测试并记录悬挂器（未安装剪切销钉）的启动压力。随后缓慢打压500psi，稳压5min。稳压合格后，泄压，保持泄压阀打开。

注意：如启动压力高于500psi，则应检查或更换悬挂器。

（8）复位悬挂器液压缸，安装设计数量的剪切销钉。

（9）测试悬挂器的剪切值，并做好记录。泄压，保持泄压阀打开。

（10）拆除HNG液压缸上的钢钉，安装设计数量的剪切销钉，测试HNG剪切值，并做好记录。

（11）测试结束后，泄压，保持泄压阀打开，拆除试压接头。

（12）拆除悬挂器液压缸已剪切的销钉，清除残留的销钉头，复位液压缸，安装剪切销钉。

注意：必须使用与测试时同一批次的剪切销钉。

（13）拆除HNG液压缸已剪切的销钉，清除残留的销钉头，复位HNG，安装剪切销钉。

注意：必须使用与测试时同一批次的剪切销钉。

4）连接坐封器（RPA）、浮式防砂帽（FJB）本体、回接筒（PBR）

（1）在HNG上端连接RPA，按标准扭矩上扣。

（2）在RPA上端连接FJB本体，按标准扭矩上扣。

（3）在送入工具上涂抹润滑脂。再次检查并清洁回接筒、封隔器的螺纹及密封面，涂抹润滑脂。将回接筒套入送入工具总成与封隔器连接。

①连接TSP4封隔器：将回接筒缓慢套入送入工具总成，过RPA时应小心，防止损伤回接筒的螺纹。连接回接筒与封隔器，按照标准扭矩上扣，并安装定位销钉（如有）。

②连接TSP5封隔器：将回接筒缓慢套入送入工具总成，连接回接筒和封隔器，注意保持水平。

上满扣后轻微回转回接筒，依次插入（180° 对角插入）2根锁紧钢丝。外侧可余留1in左右长度，便于以后拆卸。

5）安装浮式防砂帽（FJB）

（1）将O形圈套到FJB本体上，并按照防砂帽内侧O形圈槽的间距将它们隔开。

（2）安装两颗1/2inNPT丝堵和一颗1/4inNPT丝堵到防砂帽上。

（3）确认防砂帽的接触面已清洗干净。

（4）将带有M14销钉孔的防砂帽安装到本体上，将4个O形圈摆放到和O形圈槽相对应的位置。

提示：可将防砂帽放到可调整高度的支架上，以方便安装。

（5）在防砂帽的接触面上涂抹一层薄薄的液体胶（如乐泰574），不要涂抹到O形圈上。

提示：乐泰574凝固时间1~2h。

（6）安装另一半防砂帽至FJB本体，确保O形圈在对应的O形圈槽内。

（7）安装4颗紧固螺栓，并用六角扳手拧紧。

（8）安装3个O形圈到防砂帽外侧的凹槽内。

（9）拆除防砂帽上的两颗1/2inNPT丝堵。

（10）检查并确认FJB本体外表面和回接筒内壁密封面干净，无毛刺或损伤。

（11）使用专用工具推动防砂帽进入回接筒。

（12）安装运输螺栓（M12内六角螺栓），使其刚好接触回接筒，不要用力过大。

（13）重新安装两颗1/2inNPT丝堵。

（14）等待至少1h，确保防砂帽内侧的液体胶已凝固。

（15）通过防砂帽上的1/4inNPT孔试压，300~500psi，稳压10min。

（16）试压结束后，泄压，保持泄压阀打开。拆除试压管线、接头。

（17）在FJB上端连接提升短节，按标准扭矩上扣。至此，尾管悬挂器总成组装完毕。

（18）在FJB上做“禁挂吊钩”标记。

（19）喷涂运输螺栓，以便于观察。

（20）标记客户名称、总成编号和作业井信息等。

（21）按表2-3-4记录测量数据。

表2-3-4　测量数据记录表

项目	数值
解封FJB距离（m）	
提活FJB距离（m）	
R-Tool顶端至RPA顶端距离（m）	
RPA至PBR顶端距离（m）	

（22）收集所有安装及测试记录，签字并标注日期。

（23）客户代表签字并标注日期。

（24）完整填写工作单，做好记录并存档。

三、NOV-HRC 系统尾管悬挂器维保与组装

1. 送入工具（HRC）维保与组装程序

本程序适用于 7in × 9 $^{5}/_{8}$in HRC 送入工具。送入工具（HRC）结构和主要部件如图 2-3-4、图 2-3-5 所示及见表 2-3-5。

（1）本体（2）下端端箍在地钳上夹紧，支撑环（7）安装到本体（2），管钳上紧，安装 4 颗限位螺钉（13）。

（2）本体（2）装入密封组件（16），两个密封挡圈开口错位 180°。

（3）液压缸（3）内表面抹润滑脂，装入密封组件（16），两个密封挡圈开口错位 180°。

（4）将锁紧环（4）齿尖朝下装入液压缸（3）。

注意：锁紧环装入液压缸前需要在本体（2）相应位置试装，试装后旋转锁紧环，确保锁紧环能自如旋转，与本体倒刺完全配合。

（5）液压缸（3）安装到本体（2），卡簧钳撑开锁紧环（4），推动液压缸到不能移动。

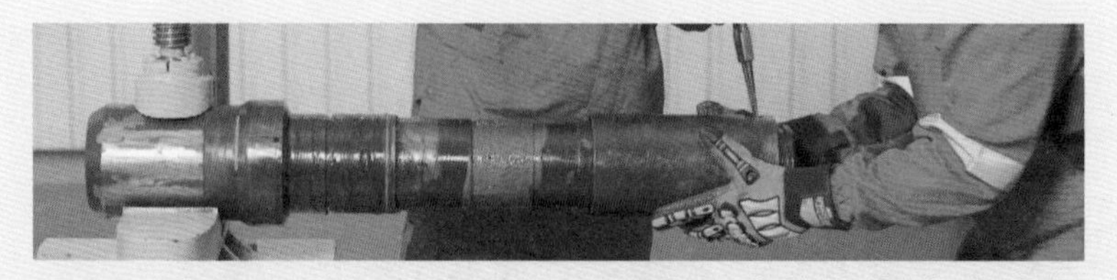

（6）棘爪（6）装入本体（2），推动棘爪下端紧靠本体（2）下接头台阶上。

（7）压块（8）装入棘爪（6），弹簧（11）垂直装入压块（8）与棘爪（6）之间。

注意：装入6个压块（8）的过程中，棘爪（6）不能上下移动。

（8）压紧环（9）装入本体（2），对准销钉孔，上紧固定销钉（12）。

注意：棘爪销钉槽用白色油漆笔标注。

（9）弹簧（19）安装本体推到与棘爪（6）接触。

（10）弹簧推套（10）上入本体，确保弹簧推套（10）被弹簧（19）覆盖。

（11）扭矩筒（5）装入本体（2），推到与棘爪（6）接触。

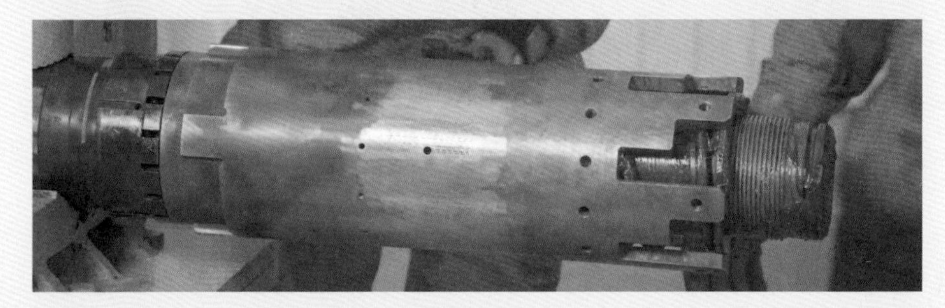

（12）密封圈（18）抹密封脂安装到本体（2）上端。

（13）用 28# 链钳将上接头（1）与本体（2）上紧。

注意：调整扭矩筒（5），确保扭矩筒（5）能够向右自如旋转 20°。上推扭矩筒，确保扭矩筒（5）能够自如并完全的接触到上接头（1）。

（14）旋转扭矩筒（5），使轴向销钉孔对齐，安装轴向和纵向剪切销钉（15），销钉上到位后退扣 1/8 圈。

（15）对齐扭矩筒（5）与棘爪（6）的剪切销钉孔，安装设定的剪切销钉（14）。销钉上到位退扣 1/8 圈。

（16）上部中心管装入密封圈，螺纹抹螺纹油与 HRC 下端连接。

（17）HRC 上端安装试压堵头，中心管下端安装试压堵头。

（18）进行剪切和整体密封测试。

①试低压 500psi 5min。

②继续打压进行剪切测试，记录销钉数量和剪切值。

③试中压 3000psi 5min。

④试高压 5000psi 15min。

（19）记录销钉数量及剪切值。

（20）泄压排水，拆试压管线，将 HRC 移到地钳夹在底部接头上。

（21）拆卸堵头，从上接头（2）拆卸 HRC 到棘爪（6），清理干净剪切过的销钉头。

注意：拆卸弹簧时要小心弹簧飞溅。

（22）复位液压缸，按照步骤（7）~（15）重新组装 HRC。

（23）整体用 ϕ60mm 通径规通径。

（24）至此，HRC 组装完毕。

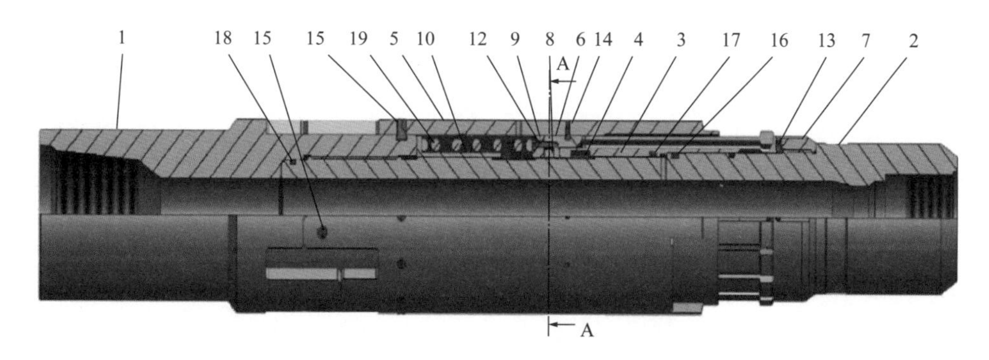

图 2-3-4　送入工具（HRC）结构图

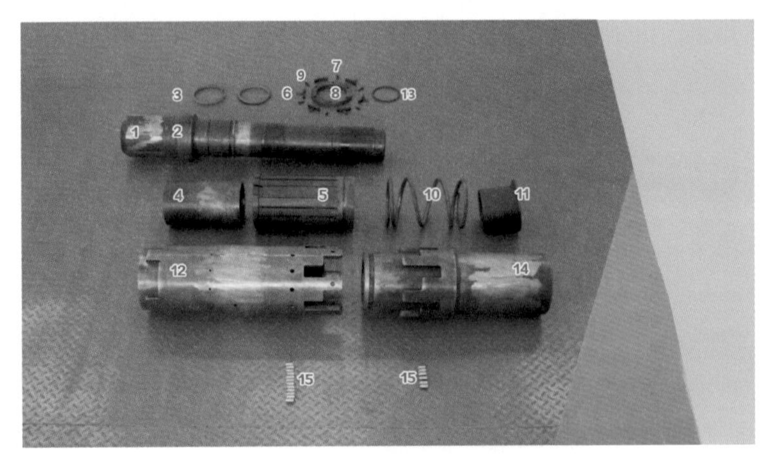

图 2-3-5　送入工具（HRC）主要部件图

表 2-3-5　送入工具（HRC）主要部件信息表

序号	名称	描述	数量	零件号
1	上接头	7in HRC	1	00.10.02847
2	本体	7in HRC	1	00.10.00112
3	液压缸	7in HRC	1	00.10.00719
4	锁紧环		1	00.10.00720
5	扭矩筒		1	00.10.00047
6	棘爪		1	00.10.00047
7	支撑环		1	00.10.00124
8	压块		6	00.10.00717
9	压紧环		1	00.10.00786
10	弹簧推套		1	00.10.06698
11	小弹簧		6	00.10.01988
12	紧定螺钉		6	00.10.01987
13	限位螺钉		4	00.10.02409
14	剪切销钉	M12 × 20	12	00.10.01686
15	剪切销钉	M6 × 13	18	00.10.01678
16	密封组件	T 形密封圈	1	00.10.01701
17	密封组件	T 形密封圈	1	00.10.01689
18	密封圈	O 形密封圈	1	00.10.01684
19	弹簧		1	00.10.01602

2. HRC 系统尾管悬挂器整体组装程序

本程序适用于 7in × 9 $^{5}/_{8}$in HRC 送入工具。

1）安装密封补芯

（1）测量密封补芯（BOP）在密封盒的具体位置并在本体外标明。在密封盒上测量 BOP 底部到密封盒底部的距离，做好记录。

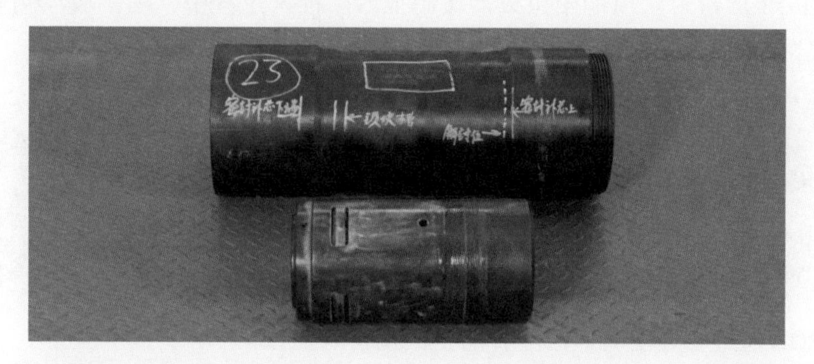

（2）拧扣机主钳夹在密封盒本体中部，检查密封盒内部并在密封位置及锁块槽抹密封脂。

注意：拧扣机主钳液压不能超过 4MPa。

（3）在 POB 密封件处涂抹润滑脂。锁套往上推到底。

（4）密封盒上端放入正确磅级的安装套。

注意：安装套要完全与密封盒螺纹台阶接触，确保无台阶和缝隙。

（5）POB 推入密封盒到不能移动，背钳轻轻夹住安装推杆。

（6）将 POB 从密封盒顶端用拉拔器缓慢推入。推入过程中，用钢板尺测量 POB 底部到密封盒底部的距离，当等于记录的测量值时，POB 推动到位。

注意：POB 通过安装套时应小心，防止刮伤密封盘根。

（7）拉动锁套下行，锁块被锁套撑开。

（8）在 POB 内的锁套顶端安装限位挡块，推动锁套与限位挡块接触。安装剪切销钉，至少安装 2 颗。

2）连接封隔器、悬挂器

（1）封隔器下端螺纹抹螺纹油，密封面抹润滑脂。

（2）调整顶部封隔器的调节环到刚好接触到胶皮支撑环。

（3）调平封隔器与密封盒，用链钳上紧扣。

（4）悬挂器上端螺纹抹螺纹油，密封面抹润滑脂。

（5）调平悬挂器与密封盒，用链钳上紧扣。

（6）将连接好的悬挂器移到上扣机，夹在密封盒的上端箍上。

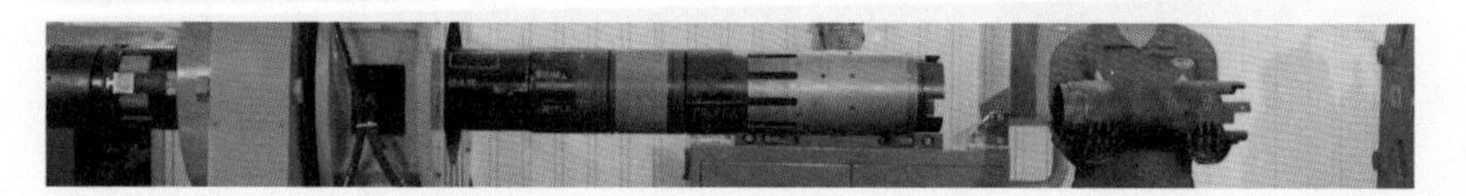

（7）扭矩套插入封隔器，扭矩套与密封盒按标准扭矩上扣。

注意：上扣过程中确保胶皮不被挤压。

（8）悬挂器与密封盒按标准扭矩上扣。

注意：上扣前后都要标记上扣部位，上扣前虚线，上扣后实线。

（9）顶部封隔器的两端支撑环开口错位 180°，调节环调到刚好接触到胶皮，上紧紧固销钉。

（10）POB 至悬挂器底端和 POB 至封隔器顶端进行通径。

3）插入送入工具

（1）HRC 下接头按标准扭矩上扣，扭矩为 7000lbf · ft。

（2）中心管按标准扭矩上扣。

（3）在中心管底部安装导引头，在 HRC 的顶端安装提丝。

（4）中心管上涂抹润滑脂，HRC 棘爪抹润滑脂。

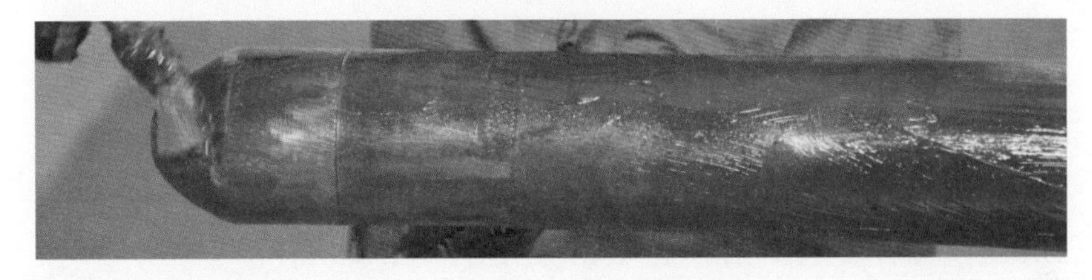

（5）如果 HRC 已经有剪切销钉，取出所有的剪切销钉。悬挂器外管串下端夹在主钳上，背钳夹在密封盒端箍上。

（6）中心管与送入工具插入封隔器内的 POB。

注意：在中心管导入 POB 前，一定要让导引头处在 POB 内孔中心部位。

（7）中心管插入到 HRC 与封隔器距离约 1.5m 时停止，灌螺纹油。

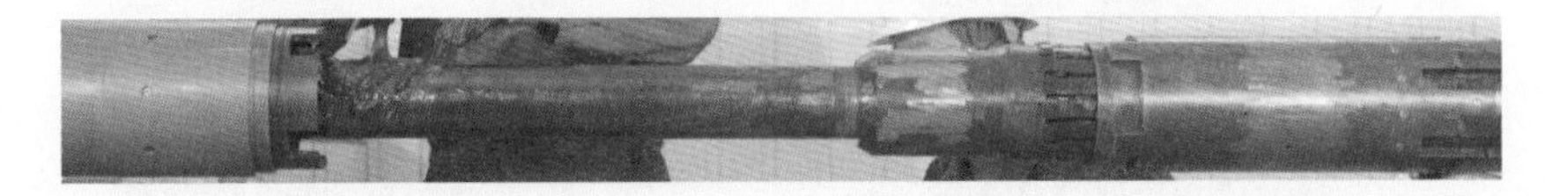

（8）对齐 HRC 扭矩筒和封隔器的城堡块。

（9）推进 HRC，直到扭矩筒底端与封隔器本体完全啮合。保持现场安静，可以听到棘爪弹开的声音。

（10）拉拔器拉送入工具 2~3tf，验证送入工具和封隔器已经连接。

（11）HRC 成功插入封隔器后，上入测试钢销钉 1~2 颗。

4）压力测试

（1）HRC 扭矩筒上满测试钢钉。HRC 上端、悬挂器下端上入试压堵头。

（2）HRC 上端、悬挂器下端上入试压堵头。

（3）悬挂器移入试压间，卡瓦处套入合适磅级的套管短节。

（4）HRC 上端连接注水管线、悬挂器下端连接排水管线。

注意：悬挂器下端为排水口，注水时悬挂器下端上翘便于完全排气，工具内泵入含防冻液和防锈液的清水。

（5）充分排气并灌满后，HRC 上端连接高压管线，下端关闭泄压阀。

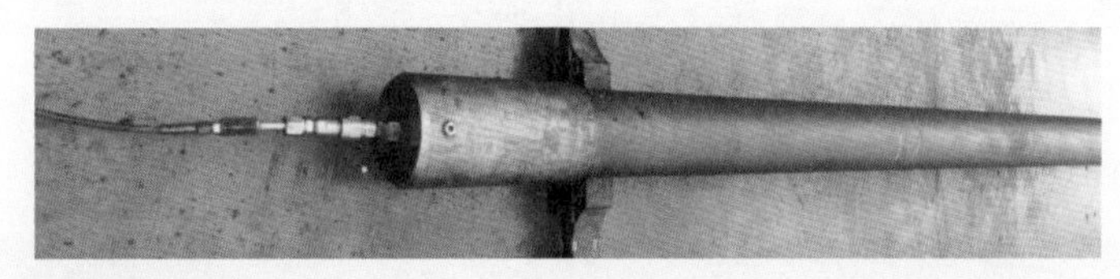

（6）打开压力测试器相关设备，打开气泵和水源，设定测试参数。检查所有压力测试设备均已准备就绪。

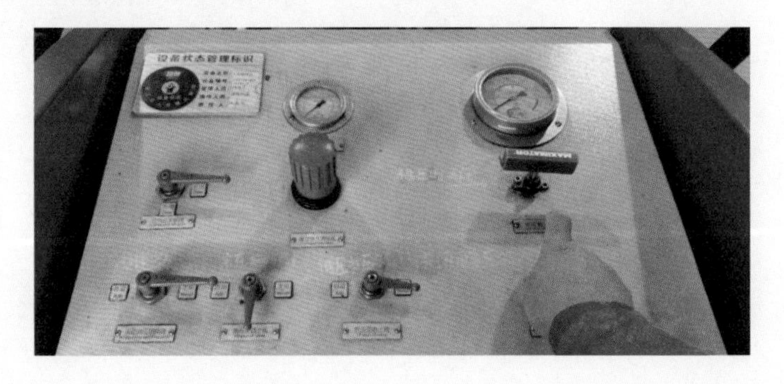

（7）测试悬挂器（未安装剪切销钉）的启动压力，不能高于 450psi。

注意：如启动压力高于 500 psi，则应检查或更换悬挂器。

（8）复位悬挂器液压缸，安装设计数量的剪切销钉。

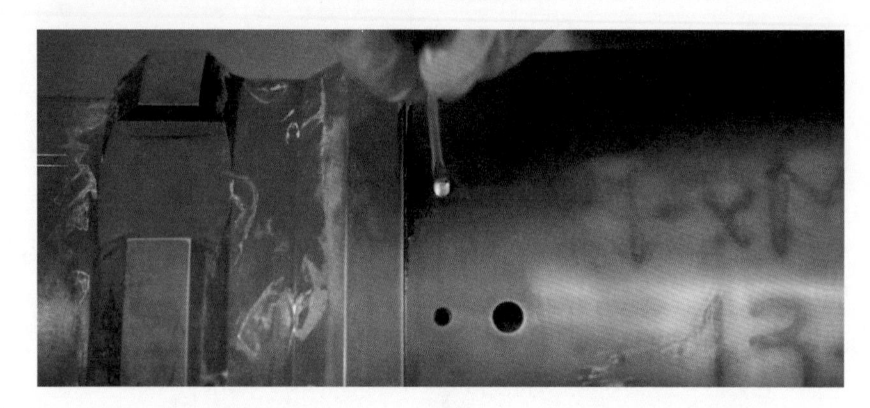

（9）进行剪切及整体密封测试。

试低压 500psi 5min。

测试悬挂器的剪切值，并做好记录。

试中压 3000psi 5min。

试高压 5000psi 15min。

注意：测试结束后，泄压，保持泄压阀打开，排水阀打开，用气泵排水，排水时悬挂器下端朝下，便于完全排水。

（10）取掉测试用套管短节。拆除试压管线。拆除悬挂器液压缸剪切后的销钉，清除残留的销钉头。

（11）复位液压缸，安装刚剪切的销钉。

（12）拆到钢销钉，根据作业需求压力安装测试过的剪切销钉。

5）连接配长钻杆、坐封器（RPA）、上部钻杆及回接筒

（1）悬挂器放入地钳，夹在密封盒大端上，拆除试压堵头。

（2）配长钻杆下端螺纹抹螺纹油与 HRC 上部连接。

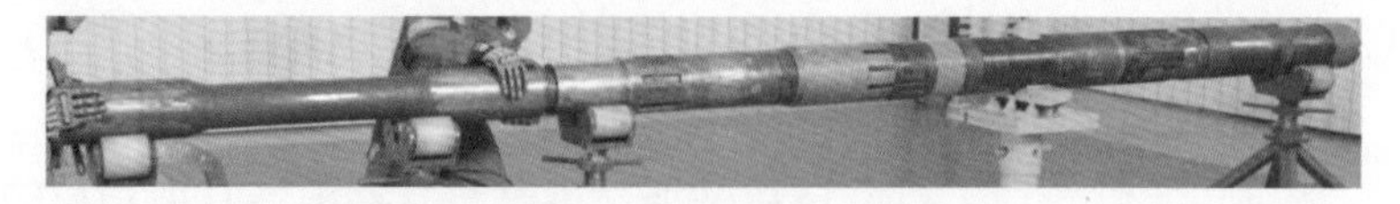

（3）座封器下端螺纹抹螺纹油与配长钻杆连接。

（4）上部钻杆下端螺纹抹螺纹油与坐封器连接。

（5）悬挂器放入上扣机，所有钻杆螺纹按照标准扭矩上扣。

注意：上扣前后需要标明划线，上扣前虚线，上扣后实线。

（6）上完扣后悬挂器移到地钳，在密封盒的端箍处夹紧。

（7）检查悬挂器、封隔器、HRC 及坐封器的销钉状态，封隔器密封圈状态。

（8）测量并记录相关组装数据。

（9）送入工具从 HRC 处到回接筒上端处抹螺纹油，记录抹油数量。

（10）封隔器取掉胶筒上的剪切销钉，上入钢钉。

（11）回接筒套入送入工具总成与封隔器接触，上入防砂帽。

注意：回接筒缓慢套入送入工具总成，过 PA 时小心，防止损伤回接筒螺纹。

（12）调平回接筒与封隔器，用 36# 链钳将回接筒与封隔器上扣到位。

（13）用上扣机上扣到 3500lbf · ft，悬挂器移到地钳，在密封盒端箍处夹紧。

（14）取掉封隔器上的钢钉，更换为剪切销钉。

（15）安装紧固销钉 3 颗。

（16）下部中心管抹螺纹油，装入密封圈，与配长中心管连接上紧。

（17）胶塞适配器抹螺纹油，装入密封圈，与下部中心管连接上紧。

（18）悬挂器总成用 ϕ60mm 通径规通径。

6）总成包装及其他

（1）包装并粘贴总成标签。

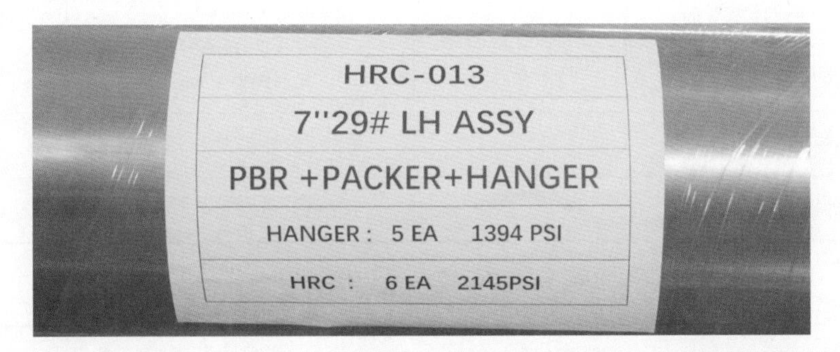

（2）安装护丝、喷涂总成编号、贴标签；悬挂器、封隔器及外露中心管加强防护。

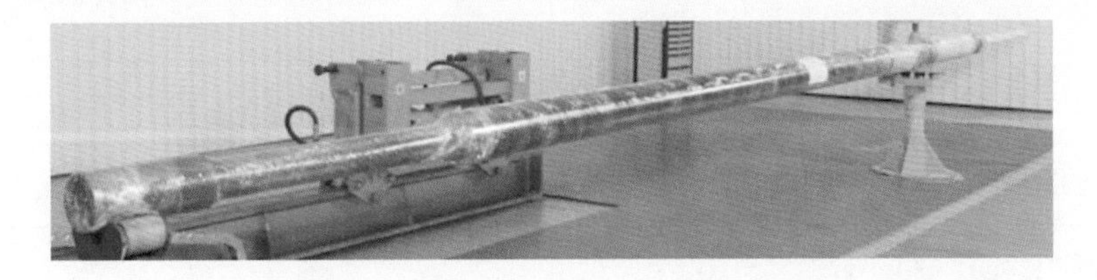

（3）注意：

①包装悬挂器总成后水平存放在干燥、通风的储存区。

②悬挂器液压缸、卡瓦及封隔器整体部位不能垫压。

③收集所有安装及测试记录，完整填写工作单，签字并标注日期扫描存档。

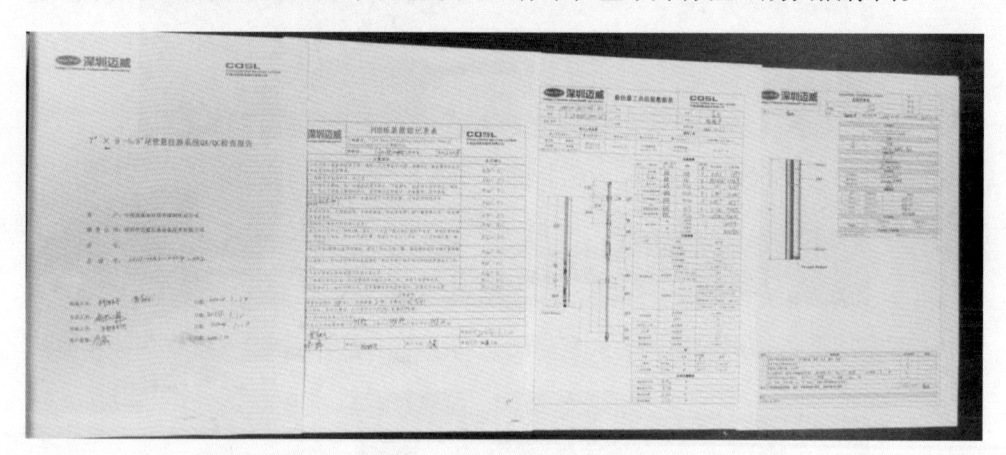

注意：客户代表签字并标注日期扫描并存档。

HRC 系统尾管悬挂器总成测量和设定数据见表 2-3-6 和表 2-3-7。

表 2-3-6　HRC 系统尾管悬挂器总成测量数据表

测量项目		测量项目	
尾管悬挂器总成的长度（mm）		悬挂器的长度（mm）	
回接筒外送入工具的长度（mm）		提活防砂帽的距离（mm）	
回接筒的长度（mm）		坐封距离（mm）	
封隔器的长度（mm）		解封密封补芯的距离（mm）	
接箍的长度（mm）		提活密封补芯的距离（mm）	

表 2-3-7　HRC 系统尾管悬挂器总成设定值

项目	销钉数量	设定值
HRC 液锁压力		psi
悬挂器坐挂压力		psi
封隔器胶皮销钉剪切力		tf
封隔器卡瓦销钉剪切力		tf

四、大陆架 STY–CF 系统尾管悬挂器维保与组装

本程序适用于产品号为 3971 的大陆架 STY–CF 系统尾管悬挂器。

1. 坐封器维保与组装程序

大陆架 STY–CF 系统尾管悬挂器主要部件如图 2–3–6 所示。

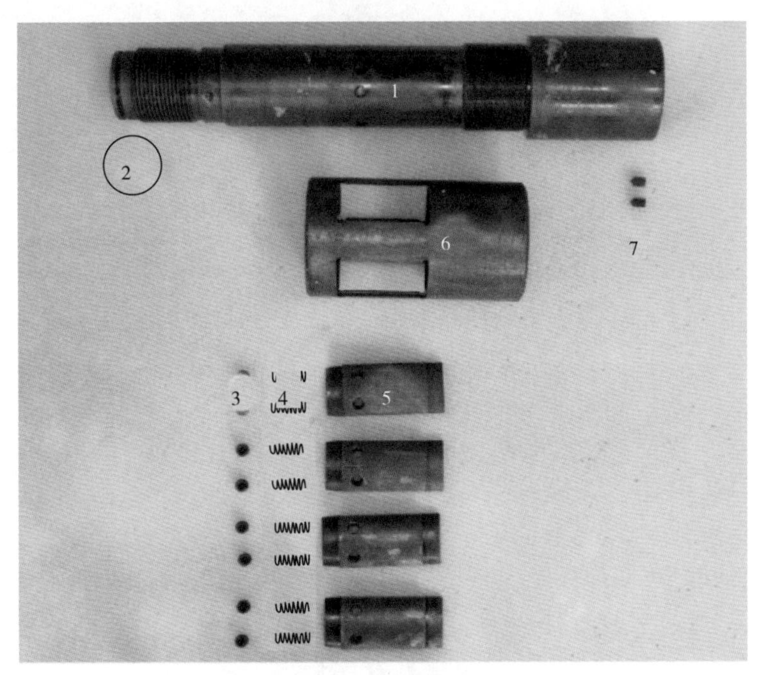

图 2–3–6　大陆架 STY–CF 系统尾管悬挂器主要部件图

1—坐封接头；2—O 形圈；3—定位销钉；4—弹簧；5—坐封挡块；6—坐封套筒；7—定位销钉

大陆架 STY–CF 系统尾管悬挂器坐封器部件信息表见表 2–3–8。

表 2–3–8　大陆架 STY–CF 系统尾管悬挂器坐封器部件信息表

序号	名称	规格	数量	零件号
1	坐封接头	7in	1	7ST–1
2	O 形圈	105 × 5.7mm	1	GB/T1235
3	定位销钉	M12 × 25	6	GB/T78
4	弹簧	7in	6	7ST–2
5	坐封挡块	7in	3	7ST–3
6	坐封套筒	7in	1	7ST–4
7	定位销钉	M20 × 16	2	GB/T78

（1）清理工作区域，移除任何与装配无关的组件。

（2）竖直放置坐封接头（1），下端朝上，在其外表面涂抹润滑脂。

（3）在坐封套筒（6）内表面涂抹润滑脂，依次安装 4 个坐封挡块（5）。

（4）将组装完毕的坐封套筒（6）和坐封挡块（5）总成从坐封接头（1）上端套入，正转旋紧上扣。

注意：对齐坐封套筒与坐封接头的销钉孔。

（5）在坐封套筒（6）上安装定位销钉（7）。

（6）依次在所有坐封挡块（5）的螺纹孔内放入弹簧（4），并安装定位销钉（3）。

注意：旋紧后的定位销钉应低于坐封挡块外表面；组装完成后，依次下压坐封挡块，确保其活动自如。

（7）至此，坐封器组装完毕。

大陆架 STY-CF 系统尾管悬挂器坐封器总装图如图 2-3-7 所示。

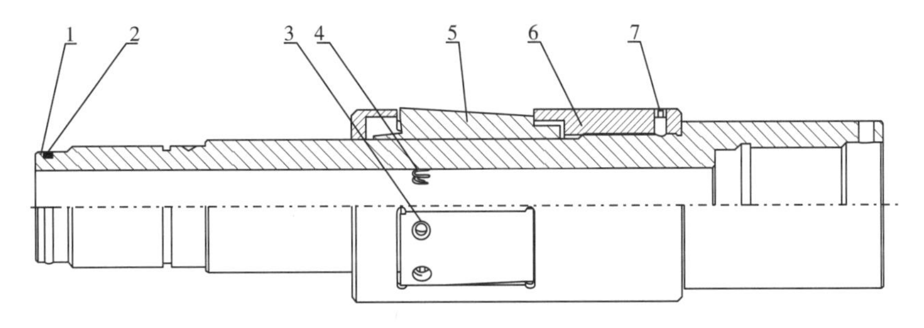

图 2-3-7　大陆架 STY-CF 系统尾管悬挂器坐封器总装图

2. 密封补心维保与组装程序

大陆架 STY-CF 系统尾管悬挂器主要部件如图 2-3-8 所示。

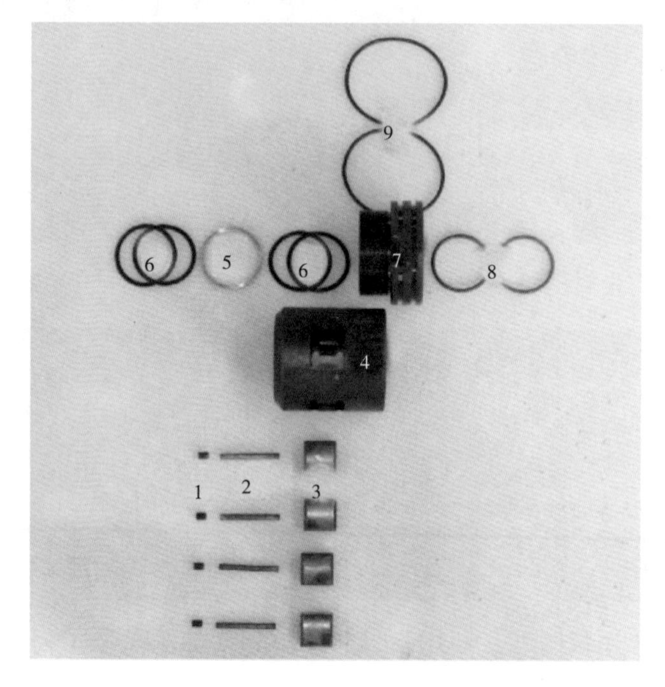

图 2-3-8　大陆架 STY-CF 系统尾管悬挂器主要部件图

1—定位销钉；2—小轴；3—定位块；4—密封盒体；5—内密封铜环；6—W 形圈；7—密封压帽；8，9—O 形圈

大陆架 STY-CF 系统尾管悬挂器密封补心总装图如图 2-3-9 所示。

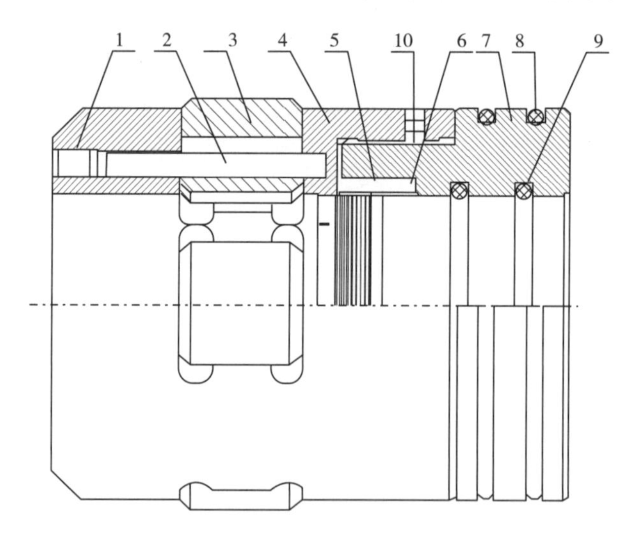

图 2-3-9　大陆架 STY-CF 系统尾管悬挂器密封补心总装图

1—定位销钉；2—小轴；3—定位块；4—密封盒体；5—内密封铜环；6—W 形圈；7—密封压帽；8，9—O 形圈；10—定位销钉

大陆架 STY-CF 系统尾管悬挂器密封补心部件信息见表 2-3-9。

表 2-3-9　大陆架 STY-CF 系统尾管悬挂器密封补心部件信息表

序号	名称	规格	数量	零件号
1	定位销钉	M16 × 16	4	GB/T78-16
2	小轴	7in	4	7MFH-6
3	定位块	7in	4	7MFH-5
4	密封盒体	7in	1	7MFH-4
5	内密封铜环	7in	1	7MFH-3
6	W 形圈	7in	4	7MFH-2
7	密封压帽	7in	1	7MFH-1
8	O 形圈	90 mm × 5.7 mm	2	GB/T1235-90
9	O 形圈	155 mm × 5.7 mm	2	GB/T1235-155

（1）清理工作区域，移除任何与装配无关的组件。

（2）将密封盒体（4）竖立，有孔一侧朝上，依次装入 4 个定位块（3）。

注意：对齐定位块与密封盒体的孔。

（3）在密封盒体（4）的孔内依次插入 4 个小轴（2）。

（4）依次安装 4 个定位销钉（1）。

注意：定位销钉上紧后，回转 1/2~1 圈。

（5）将密封压帽（7）与密封盒体（4）上紧，装入封隔器本体内指定位置。

注意：密封盒体（4）朝下安装；
确保密封补芯安装到位，否则后续中心管无法插入；
测量密封压帽（7）上端面至封隔器本体上端面的距离应为 384 mm。

（6）将封隔器水平放置，随后将中心管从封隔器上端插入密封补芯。

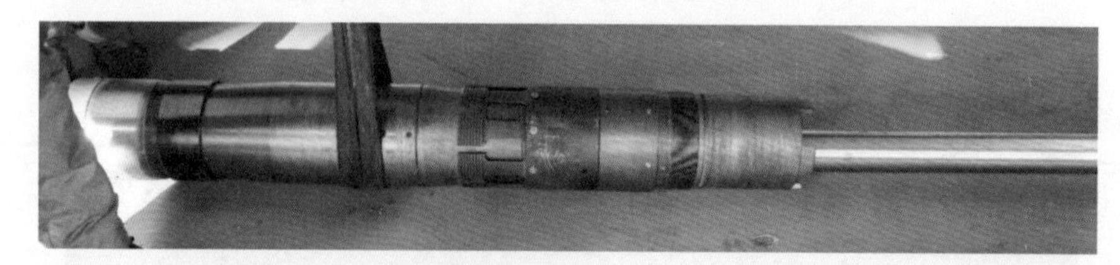

（7）在中心管下端安装 3½in 油管接箍。

（8）上提中心管，将密封补芯从封隔器内提出。

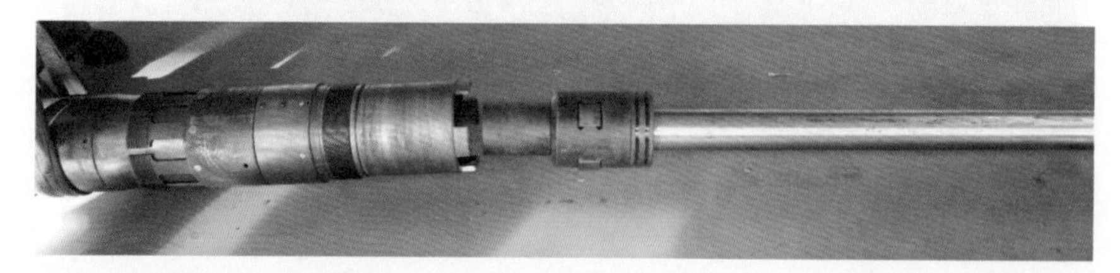

（9）拆掉油管接箍，取出密封补芯，将内密封铜环（5）套入中心管，确认其可以正常通过。

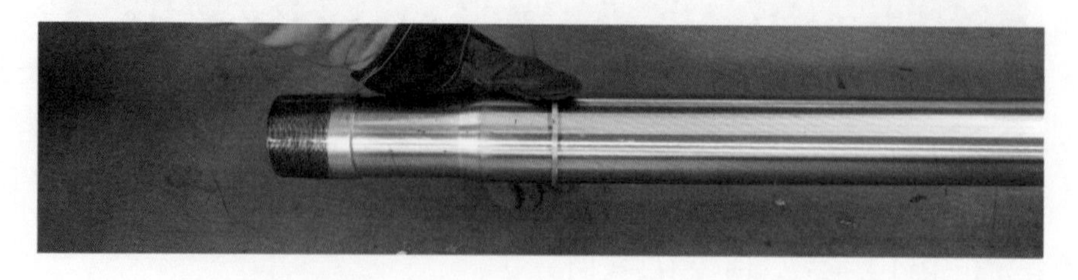

（10）将密封压帽（7）从密封补芯上拆下，在其顶端内侧安装两道 O 形圈（9），外侧安装两道 O 形圈（8）。

（11）在密封压帽（7）外螺纹端内侧涂抹润滑脂，依次安装 4 个 W 形圈（6）、内密封铜环（5）、4 个 W 形圈（6），并涂抹润滑脂。

注意：两组 W 形圈的开口均朝向内密封铜环相对安装。

（12）连接密封压帽（7）与密封盒体（4）。

（13）对齐密封压帽（7）与密封盒体（4）之间的销钉孔，安装定位销钉（10）。

（14）在密封补芯内、外密封面涂抹润滑脂，至此密封补芯组装完毕。

3. 送入工具维保与组装程序

大陆架 STY-CF 系统尾管悬挂器送入工具主要部件如图 2-3-10 所示。

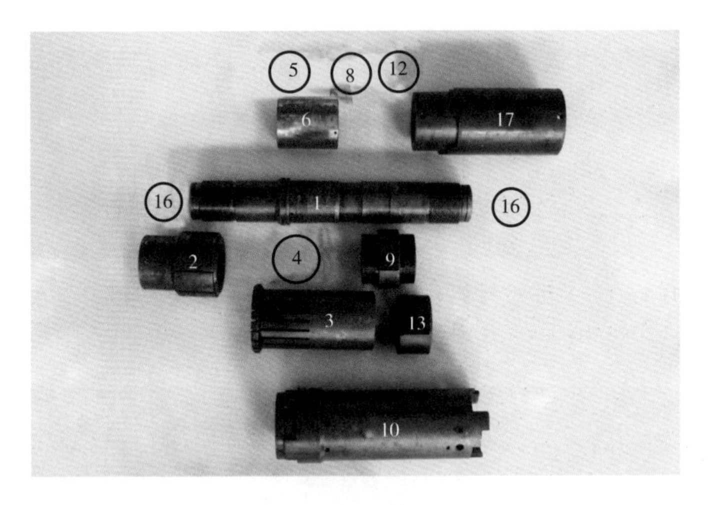

图 2-3-10　大陆架 STY-CF 系统尾管悬挂器送入工具主要部件图

1—心轴；2—下接头；3—棘爪套筒；4，5，16—O 形圈；6—液压缸；8—收缩卡簧；9—支撑套；10—扭矩套；12—张开卡簧；13—卡簧套；17—上接头

大陆架 STY-CF 系统尾管悬挂器送入工具总装图如图 2-3-11 所示。

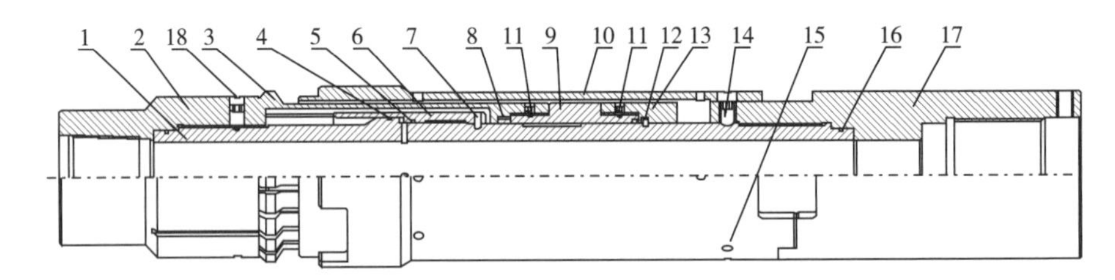

图 2-3-11　大陆架 STY-CF 系统尾管悬挂器送入工具总装图

大陆架 STY-CF 系统尾管悬挂器送入工具部件信息表见表 2-3-10。

表 2-3-10　送入工具部件信息表

序号	名称	规格	数量	零件号
1	心轴	7in	1	7STY-1
2	下接头	7in	1	7STY-2
3	棘爪套筒	7in	1	7STY-3
4	O 形圈	120mm × 3.1mm	1	GB1256-120
5	O 形圈	115mm × 3.1mm	1	GB1256-115
6	液压缸	7in	1	7STY-4
7	剪切销钉	7in	3	7STY-5

续表

序号	名称	规格	数量	零件号
8	收缩卡簧	7in	1	7STY-6
9	支撑套	7in	1	7STY-7
10	扭矩套	7in	1	7STY-8
11	定位销钉	M10 × 15	4	GB78
12	张开卡簧	7in	1	7STY-9
13	卡簧套	7in	1	7STY-10
14	定位销钉	M12 × 12	4	GB78
15	扭矩剪切销钉	7in	3	7STY-11
16	O 形圈	90mm × 3.1mm	2	GB1256-90
17	上接头	7in	1	7STY-12
18	定位销钉	M12 × 12	4	GB78

1）组装步骤

（1）清理工作区域，移除任何与装配无关的组件。

（2）在液压缸（6）内部安装 O 形圈（5），并涂抹润滑脂。

（3）将液压缸（6）套入心轴（1）。

（4）将液压缸（6）安装到位并对齐销钉孔。

（5）安装剪切销钉。

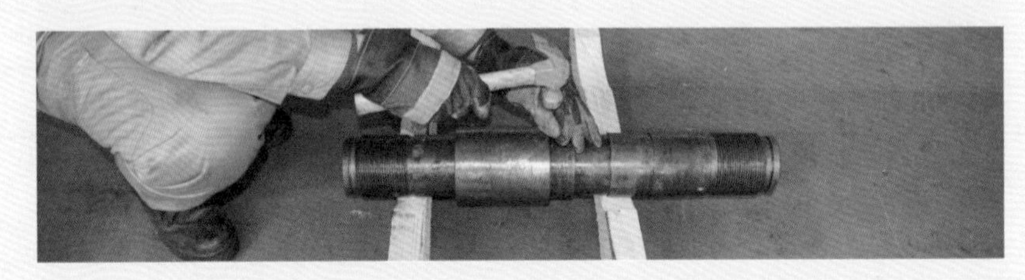

注意：剪切销钉前端蘸取少量润滑脂可方便安装；
如成品发货，需要对剪钉进行铆定；
如进行剪切试验，可不用铆定。
（6）在心轴（1）上分别安装两道 O 形圈（16）。

（7）在液压缸（6）外部套入棘爪套筒（3）。

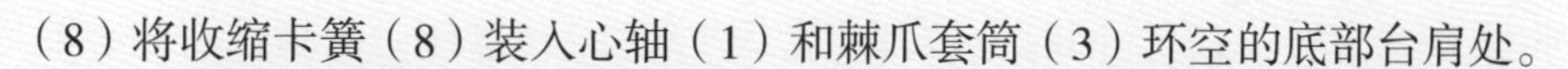

（8）将收缩卡簧（8）装入心轴（1）和棘爪套筒（3）环空的底部台肩处。

提示：可使用一字螺丝刀将收缩卡簧推入设计位置。

（9）将支撑套（9）连接至棘爪套筒（3），上紧并对齐销钉孔。

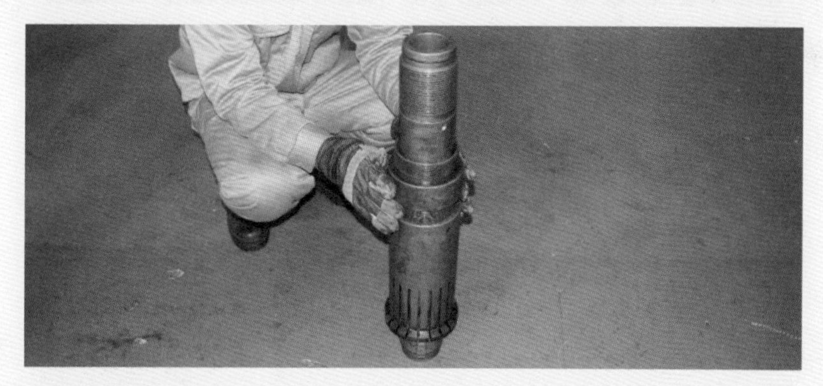

（10）安装定位销钉。

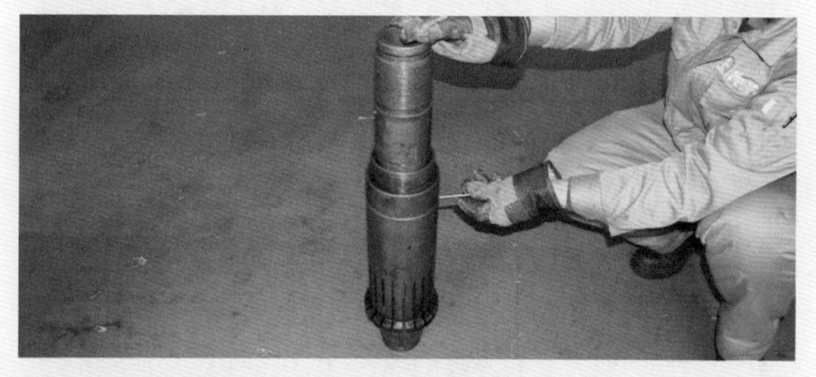

（11）将张开卡簧（12）推至心轴（1）的卡槽处。

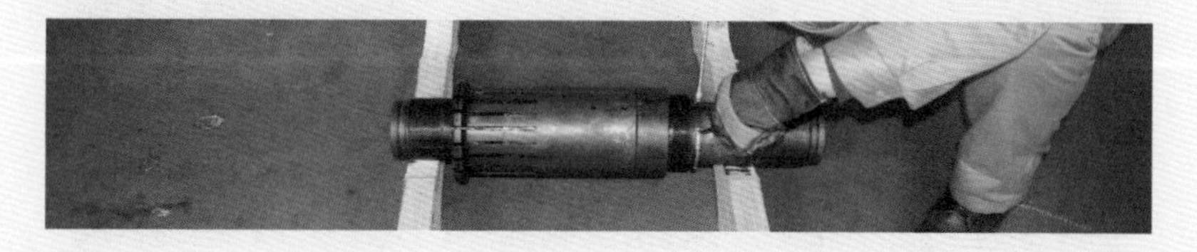

（12）收紧张开卡簧（12），同时上拉棘爪套筒（3）将其罩住，使其收缩在心轴（1）的卡簧槽内。

（13）连接卡簧套（13）与支撑套（9），并安装定位销钉。

（14）安装下接头（2）并上紧。

注意：不要向下移动棘爪套筒，避免张开卡簧（12）提前释放。

（15）在棘爪套筒（3）下端面与下接头（2）上端面的缝隙中插入限位挡片，并做好固定。

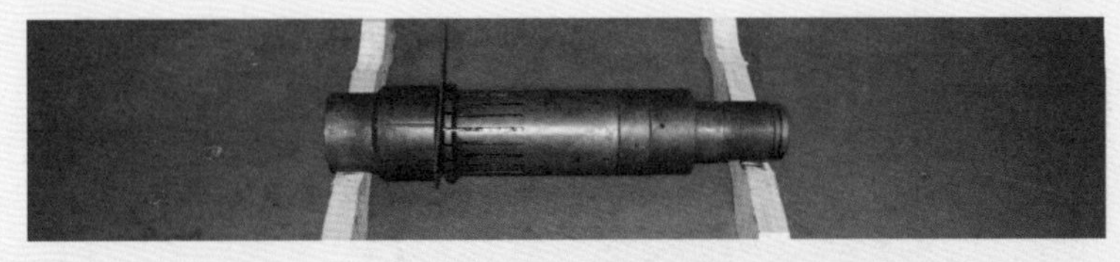

（16）将扭矩套（10）套入上接头（17），并安装扭矩剪切销钉。

（17）在扭矩套（10）内表面和棘爪套筒（3）、液压缸（6）、支撑套（9）、卡簧套（13）外表面以及心轴（1）O 形圈处涂抹润滑脂。

（18）将扭矩套（10）和上接头（17）总成与心轴（1）连接，并对齐销钉孔。

注意：可用吊装带快速上扣；测量棘爪套筒（3）下端与下接头（2）上端间距应为 11mm。

（19）至此，送入工具组装完毕。

2）测试步骤

（1）在下接头（2）下端连接中心管，使用链钳和管钳打紧。

注意：链钳打在下接头的最小外径处，管钳打在中心管（靠近螺纹）的最大径处；确认中心管表面光洁无划痕。

（2）使用链钳和管钳打紧上接头（17）与下接头（2）和心轴（1）之间的连接，安装定位销钉及设计数量的扭矩剪切销钉。

（3）在上接头上部和中心管下部安装试压接头，连接试压管线，对送入工具进行压力测试：记录剪切销钉数量 × × 个；剪切压力 × × psi；继续打压至 5000psi，稳压 15min，确认整个系统没有漏点。

（4）试压合格后，泄压、排净测试流体，拆除试压接头、试压管线。对送入工具进行复位，更换新的剪切销钉。

4. 大陆架 STY-CF 系统尾管悬挂器整体组装程序

（1）清理工作区域，移除任何与装配无关的组件。

（2）将封隔器水平放置，在其内表面及密封补芯内、外表面涂抹润滑脂，将密封补芯装入封隔器本体。

注意：密封盒体朝下安装；确保密封补芯安装到位，否则后续中心管无法插入；安装到位后，测量密封压帽上端面到封隔器本体上端面的距离应为 384 mm。

（3）在中心管外表面涂抹润滑脂，随后将其从封隔器上端插入密封补芯。

（4）将总成吊至上扣机，在合适位置夹紧，继续缓慢推入中心管。

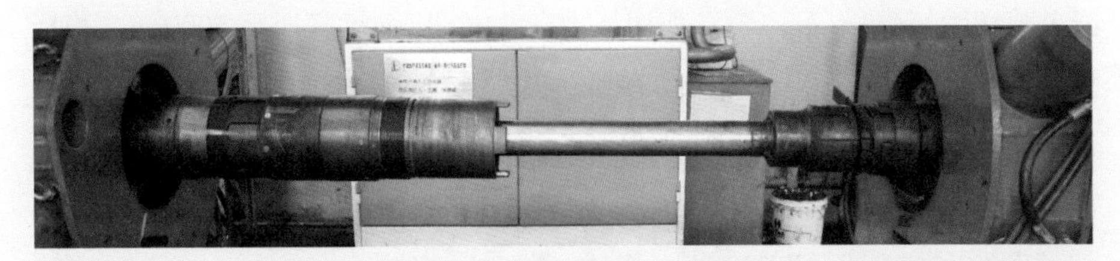

（5）下接头接近封隔器时停止推入，调整主钳使送入工具与封隔器的扭矩齿对齐，随后取掉限位夹板。

（6）继续插入，直到扭矩齿完全贴合。

提示：保持现场安静，可以听到棘爪套筒弹开的声音。

（7）向外回拉送入工具，确认连接正常。测量扭矩齿间距，理论值为 10 mm。随后，再次插入复位。

（8）在封隔器下端连接悬挂器，按标准扭矩上扣。

（9）将合适磅级的套管短节罩在悬挂器卡瓦处。安装试压接头，对悬挂器进行压力测试：记录剪切销钉数量 ×× 个；剪切压力 ××psi；继续打压至 5000psi，稳压 15min，确认整个系统没有漏点。

（10）试压合格后，泄压、排净测试流体。拆除试压管线、接头、套管短节等。取出断销钉，对悬挂器复位，安装新的剪切销钉。

注意：必须使用与测试时同一批次的剪切销钉。

（11）在提升短节下端套入扶正器和防砂帽。

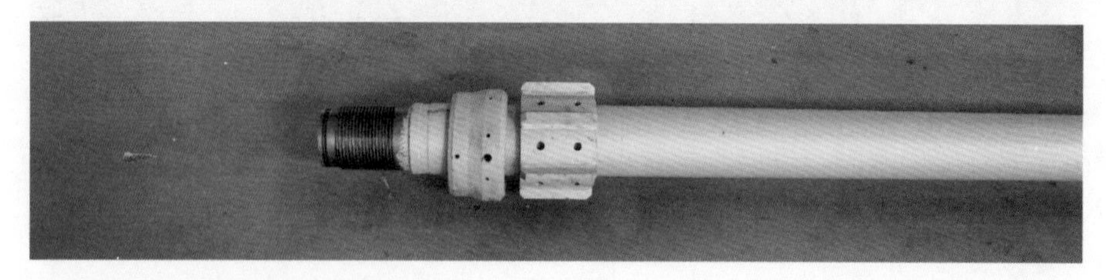

（12）将护筒从提升短节下端套入。

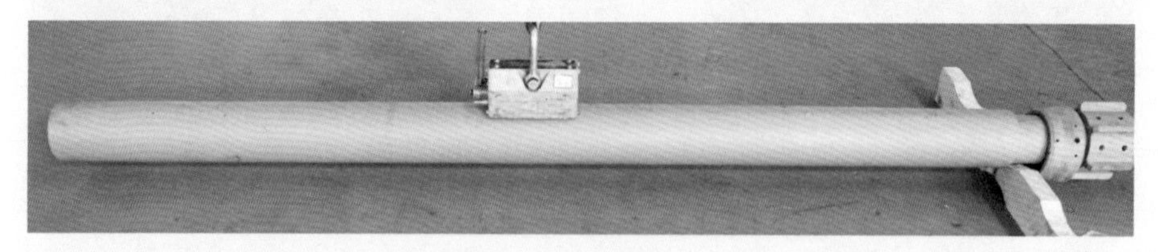

（13）将坐封器连接至提升短节下端，按标准扭矩上扣，随后安装定位销钉。

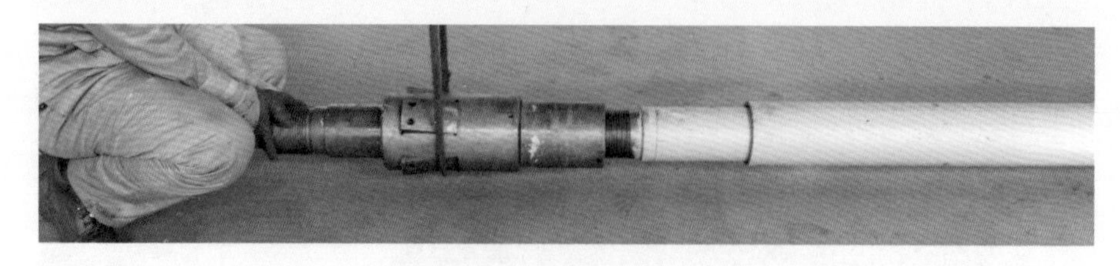

（14）将回接筒从坐封器下端套入，直到露出坐封器下端螺纹。

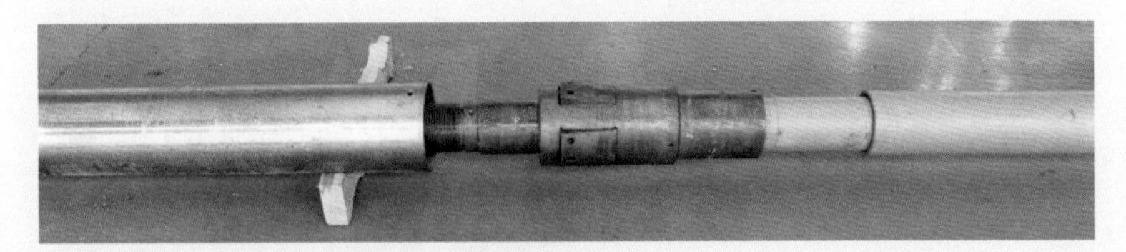

注意：通过坐封挡块时应缓慢，避免磕碰。

（15）连接送入工具与坐封器，按标准扭矩上扣，随后安装定位销钉。

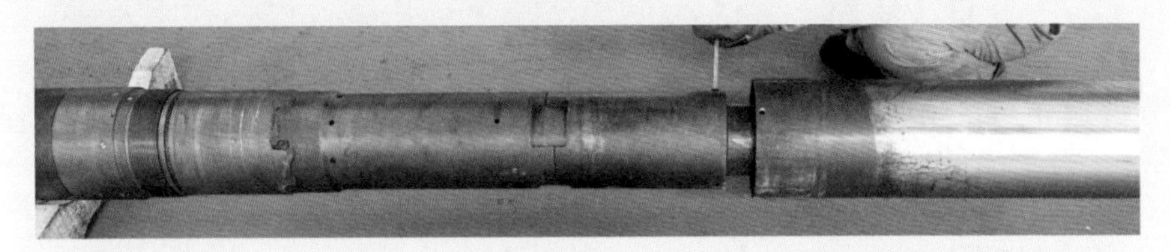

（16）连接回接筒与送入工具，按标准扭矩上扣，随后安装定位销钉。

（17）将防砂帽向下滑入回接筒，安装定位销钉。

（18）在扶正器上安装定位销钉。

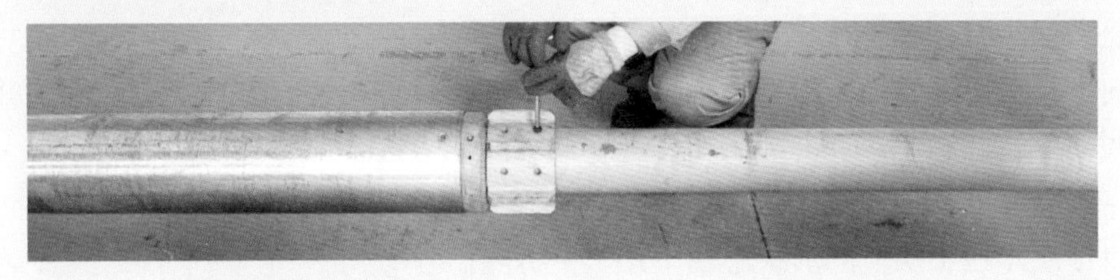

（19）在中心管下部安装油管接头。

（20）至此，悬挂器总成组装完毕。

第四节　金属膨胀密封式尾管悬挂器

本节重点介绍了哈里伯顿 HTVF 系统尾管悬挂器的拆解及组装的标准维保程序，以 $9^5/_8$in × 7in 工具为例。

一、拆解步骤

（1）检查左旋释放机构是否启动：如果没有启动，锁块护罩（13）底端距离变扣套筒（15）上部外台阶面的间隙应该在 2~3.5in；如果已经启动，间隙应该在 11.38~12in［这将在步骤（6）中用到］。

（2）使用拆卸螺栓从上部变扣（1）和凸耳套筒（6）上拆除扭矩销钉（44）。

（3）将上部变扣（1）从凸耳套筒上（6）拆掉。

（4）将顶帽（2）从阀体释放套筒（3）上拆掉。

（5）将隔挡套筒（4）从凸耳套筒（6）和阀体释放套筒（3）上拆掉。

（6）左旋释放机构拆除说明：

①如果左旋释放机构没有启动，按以下步骤 a. 到 g. 拆解后，进行步骤（7）。

a. 将导鞋（5）从导轨心轴（7）上拆除。

b. 将 4 颗圆头螺钉（47）从锁块套筒（9）和凸耳套筒（6）上拆除。

c. 将锁块套筒（9）从凸耳套筒（6）上拆掉，并将锁块套筒向下滑动。

d. 将剪切销钉（46）从扭矩环（8）中取出并丢弃。

e. 向下推动凸耳套筒（6）直到台阶面顶到扭矩环（8），左旋凸耳套筒（6）并向上拉动使其脱离导轨心轴（7）。

f. 将锁块套筒（9）从锁块护罩（13）上拆除。

g. 将锁块（12）从上部活塞心轴（10）上拆除。

②如果左旋释放机构已经启动，按以下步骤 a. 到 j. 拆解后，进行步骤（7）。

a. 如果变扣本体（19）和变扣限位环（20）没有接触，向下移动变扣本体（19）直到接触变扣限位环（20）。

b. 将锁块套筒（9）从锁块护罩（13）上拆除，并向下推动。

c. 将锁块（12）从上部活塞心轴（10）上拆除。

d. 左旋凸耳套筒（6），并向下推动。

e. 将导鞋（5）从导轨心轴（7）上拆除。

f. 将 4 颗圆头螺钉（47）从锁块套筒（9）和凸耳套筒（6）上拆除。

g. 将锁块套筒（9）从凸耳套筒（6）上拆除。

h. 向上推动凸耳套筒（6）使其脱离导轨心轴（7）。

i. 将锁块套筒（9）从上部活塞心轴（10）上移除。

j. 将剪切销钉（46）从扭矩环（8）中取出并丢弃。

（7）将锁块护罩（13）从上部活塞心轴（10）上移除。

（8）将脱手锁块（14）从上部活塞心轴（10）上移除。

（9）将 4 颗扭矩销钉（44）从导轨心轴（7）的孔中取出。

（10）将导轨心轴（7）从上部活塞心轴（10）上拆除。

（11）将扭矩环（8）从导轨心轴（7）上拆除。

（12）将变扣套筒（15）从变扣本体（19）上拆下。

（13）将 4 颗扭矩销钉（44）从阀套心轴（18）的孔中取出。

（14）将剪切掉的剪切销钉（49）从上部活塞心轴（10）中取出。

（15）从阀套心轴（18）上拆除活塞心轴（31）和阀体释放套筒（3）总成。

（16）从活塞心轴（31）上拆下活塞（11）、承载轴肩（34）、阀体释放套筒（3）。

（17）从活塞（11）上拆除阀体释放套筒（3）。

（18）从上部活塞心轴（10）和活塞心轴（31）的孔中拆下扭矩销钉（44）。

（19）将阀座（87）/ 阀套（17）组件和活塞挡环（78）从阀套心轴（18）上移除。放置在地钳上，夹住阀套。

（20）将阀板栓（102082301 部件 3）和扭力弹簧（102082301 部件 4）从阀板（102082301 部件 2）上小心拆除。

（21）将阀座（102082301 部件 1）从阀套（17）上拆除。

（22）将活塞挡环（78）从阀套（17）上拆除。

（23）仔细检查阀座（102082301 部件 1）和阀板（102082301 部件 2）的密封接触面是否有损伤，如有凹槽或明显划痕，则应更换相应部件。

（24）在阀套心轴（18）上，向上滑动变扣本体（19）。

（25）将调节套筒（21）安装到变扣本体（19）上，直至顶到台阶面。

（26）从接箍（22）上端拆除的 8 颗扭矩销钉（63）。

（27）从接箍（22）上移除阀套心轴（18）。拆掉变扣本体（19）及其相关组件，将变扣本体放置在地钳上夹紧。

（28）将调节套筒（21）从变扣本体（19）上移除。

（29）从阀套心轴（18）上拆除变扣限位环（20）。

（30）从变扣本体（19）内部拆除阀套心轴（18）。

（31）从接箍（22）下端拆除 12 颗扭矩销钉（65）。

（32）从增力密封心轴（24）上拆除接箍（22）。

（33）从增力活塞（25）上拆除活塞隔离套筒（23）。

（34）将延伸筒（41）放置在地钳上夹紧。

（35）使用水平仪调整坐封工具使其处于水平状态。

（36）在增力组件的上端绑一根吊带。

（37）缓慢拉动，将增力组件从增力密封心轴（24）上拖拽下来。将增力套筒（26）放置在地钳上夹紧。

（38）从增力套筒（26）上拆除增力活塞（25）。

（39）从增力活塞（25）上拆除止动螺钉（62）。

（40）从增力活塞（25）上移除 O 形圈（66）、O 形圈（67）、垫圈（68）和衬套（73）。

（41）从中部接箍（27）上端拆除 8 颗扭矩销钉（63）。

（42）将增力密封心轴（24）从中部接箍（27）上移除。

（43）从中部接箍（27）下端拆除 12 颗扭矩销钉（65）。

（44）将中部接箍（27）从密封心轴（28）上拆除。

（45）将支撑环（29）从密封心轴（28）上取下。

（46）将膨胀锥总成从密封心轴（28）上拆除。

（47）将推筒螺帽（33）从推筒心轴（30）上拆下。

（48）将膨胀锥从推筒心轴（30）上拆下。

（49）拆除下部接箍（35）上端的 8 颗扭矩销钉（63）。

（50）从下部接箍（35）上拆除密封心轴（28）。

（51）拆除下部接箍（35）下端的 8 颗扭矩销钉（63）。

（52）将下部接箍（35）从棘爪心轴（36）上拆除。

（53）拆除传载套筒（37）。

（54）将锁块护罩（38）从棘爪（40）上拆除。

（55）从棘爪心轴（36）上拆除锁块（39）和弹簧圈（80）。

（56）从棘爪心轴（36）上拆除棘爪（40）。

（57）从延伸筒（41）上拆除棘爪心轴（36）。

（58）从部件上拆除所有支撑密封和 O 形圈。

（59）至此，坐封工具的拆卸完毕，对所有部件进行维保。

二、组装步骤

1. 组装前准备

（1）清理工作区域，移除任何与装配无关的组件。

（2）将准备组装的部件收集到一个托盘或者手推车上，比对部件号，确保与材料单和数据表一致。

（3）检查特殊工具、设备、润滑油及所有密封圈等，确保可用。

2. 膨胀锥组件

根据上层套管尺寸和磅级，选择合适尺寸型号的膨胀锥，对其进行检查测量，核对并记录其尺寸及领锥部件号与序列号、膨胀锥部件号与序列号等信息。

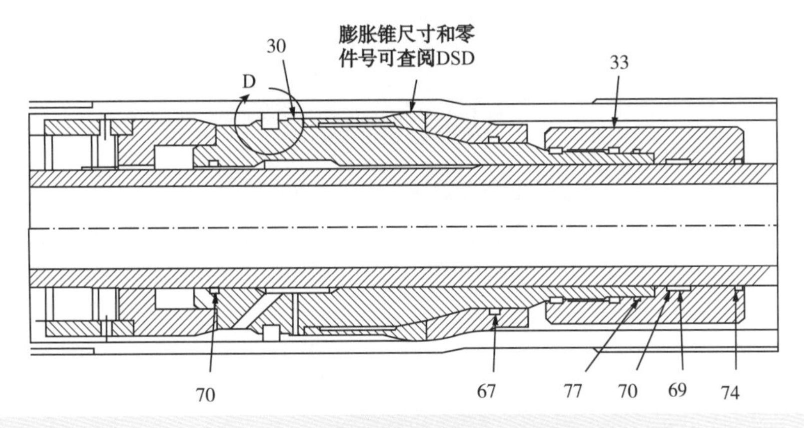

（1）在推筒心轴（30）内壁涂抹润滑脂，随后安装垫圈（70）。

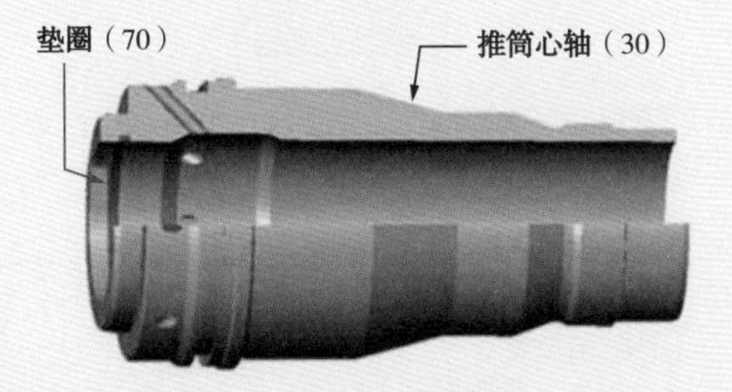

（2）测量并且检查膨胀锥外径是否匹配指定的磅级。

（3）在膨胀锥内壁涂抹润滑脂，随后将其滑进推筒心轴（30）。

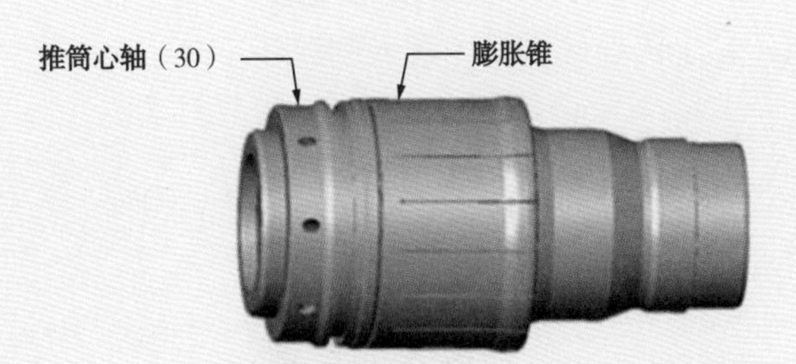

（4）在领锥内壁涂抹润滑脂，随后将 O 形圈（67）装入。

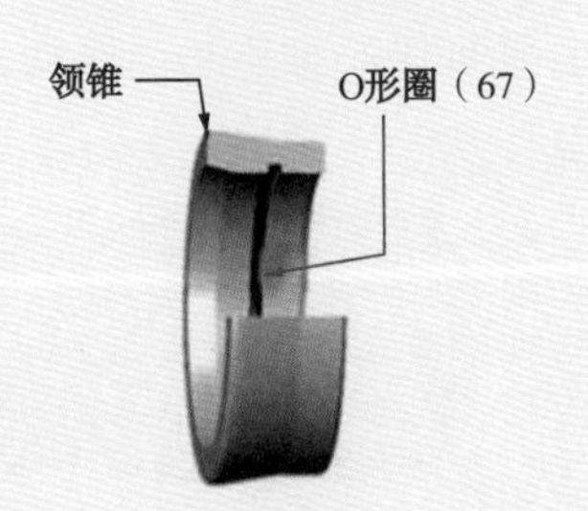

（5）将领锥滑进推筒心轴（30）。

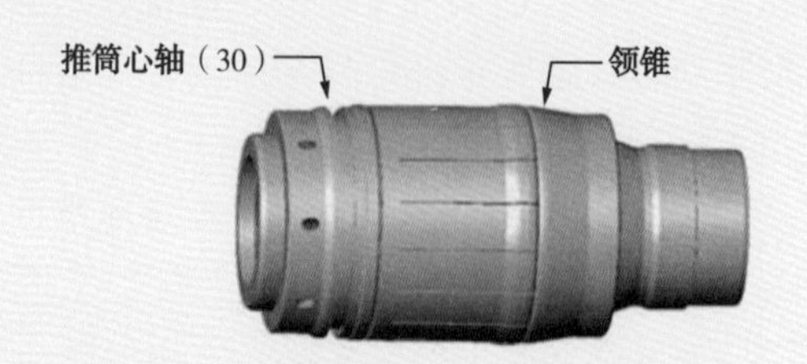

（6）在推筒螺帽（33）内壁的 O 形圈槽涂抹润滑脂。

（7）在推筒螺帽（33）内壁下端槽内安装一个 O 形圈（69）和两个垫圈（70），在上端槽内安装 O 形圈（77）。

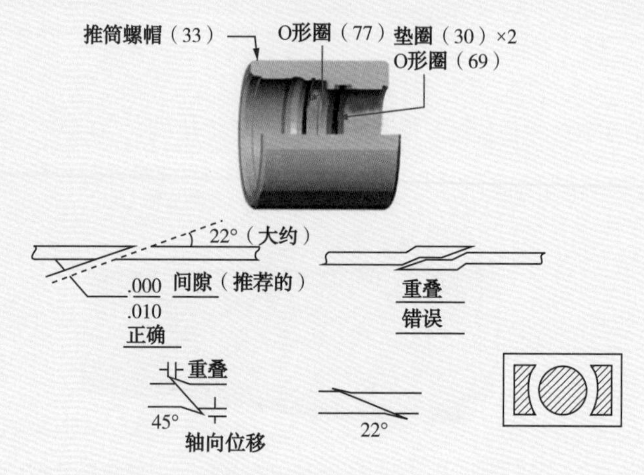

注意：确保两个密封垫圈的安装方向正确，凹面一侧朝向 O 形圈；两个垫圈的切口应错开 180° 安装，并且不要使切口以后的部分重叠。

（8）在推筒螺帽（33）内壁底端槽内装入刮泥环（74）。

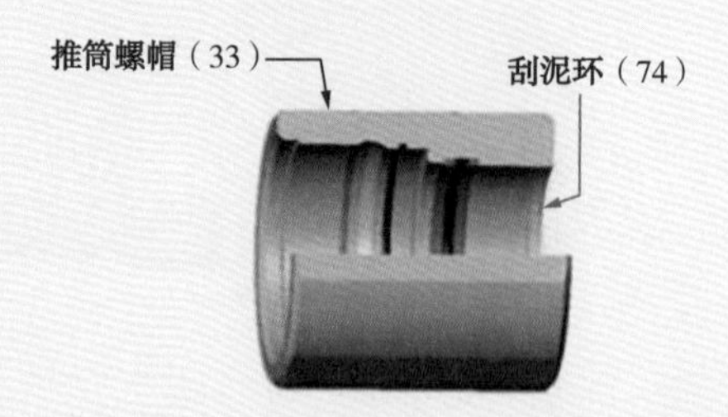

（9）将推筒螺帽（33）安装到推筒心轴（30）底端，使用 48in 链钳打紧。

（10）将碎屑密封圈（91/92）安装到推筒心轴（30）上端的宽口密封槽内。

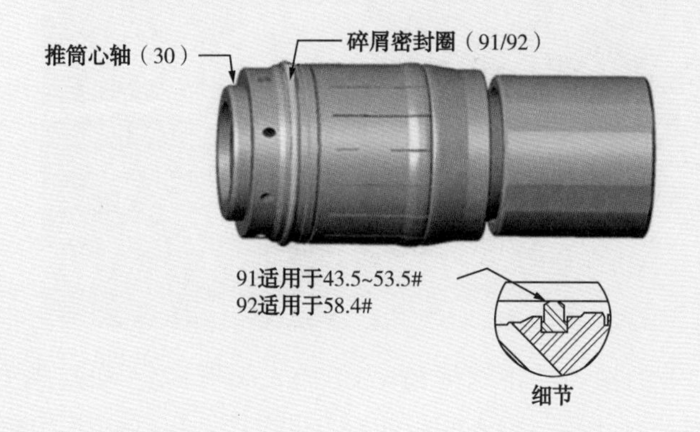

（11）在膨胀锥外壁涂抹大量润滑脂。

3. 阀座组件

阀座（87）是一个分组件，相关配件信息可参考阀座组件的材料单。

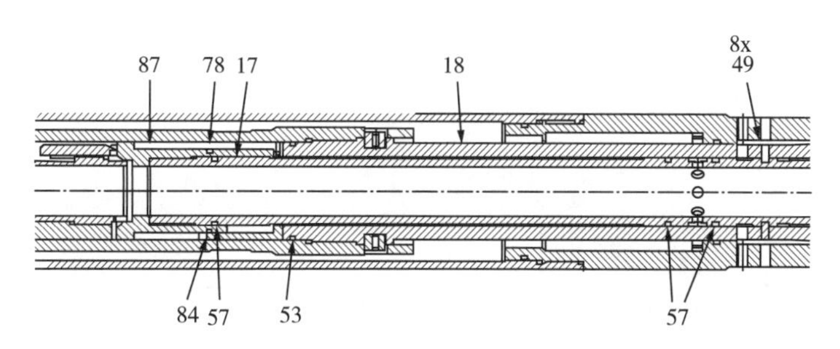

（1）将阀板（2）放在阀座（1）上，对齐销钉孔。

（2）将阀板销（3）插入阀板（2）和阀座（1）右侧的销钉孔，将扭力弹簧（4）支脚插进阀座的弹簧孔。

（3）将阀板销（3）部分插入扭力弹簧（4），顺时针旋转弹簧 1/2 圈，将弹簧左侧的支脚卡在阀板上。

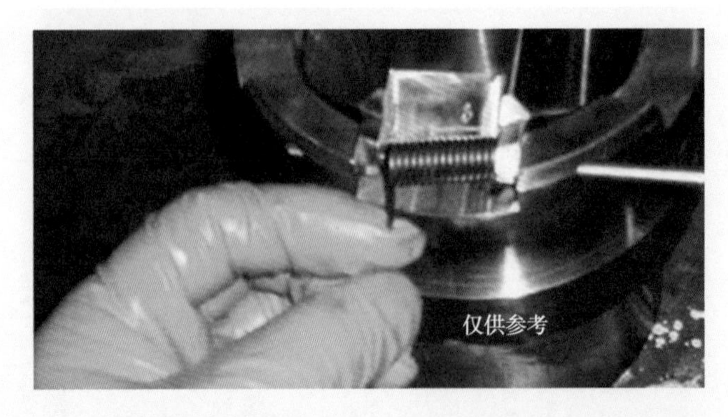

（4）保持弹簧（4）的扭力，将阀板销（3）插入阀板（2）和阀座（1）左侧的销钉孔。倒置阀座组件并且打开阀板，检查阀板能否自动关闭，以确认扭力弹簧安装正确。

注意：不要翻转阀板超过 90°，避免损坏扭力弹簧。

（5）打开阀板（2）并在阀座（1）内壁的密封区域充分涂抹润滑脂（阀板压力测试要求）。

注意：不要翻转阀板超过 90°，避免损坏扭力弹簧。

（6）在阀座（1）上涂抹润滑脂并安装 O 形圈（84）。

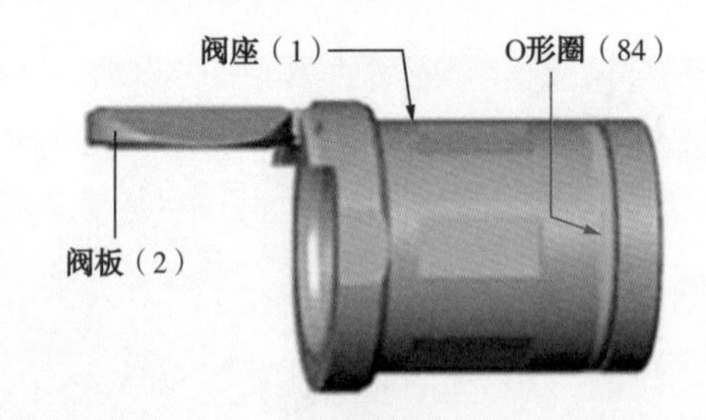

（7）在阀套（17）的外部上端涂抹润滑脂并安装 O 形圈（57）。

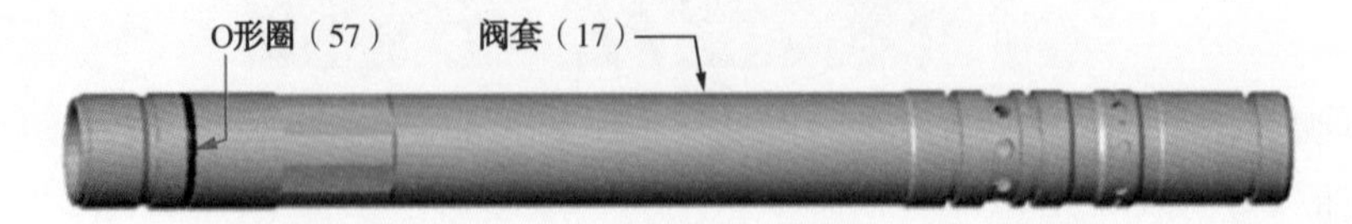

（8）将活塞挡环（78）涂抹润滑脂并安装到阀套（17）的上端。

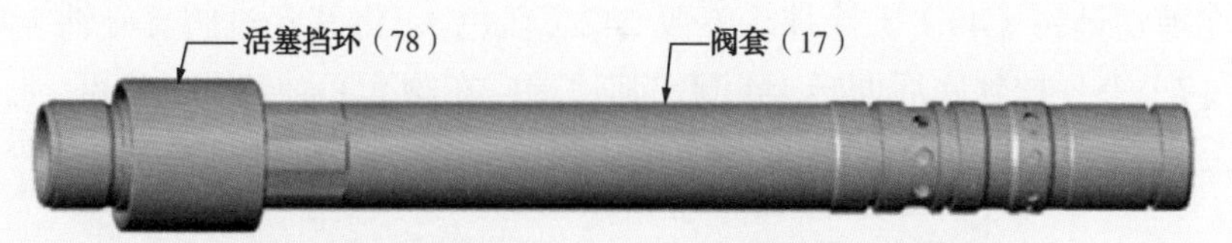

（9）将阀座（87）组件安装到阀套（17）上，使用 48in 链钳打紧。

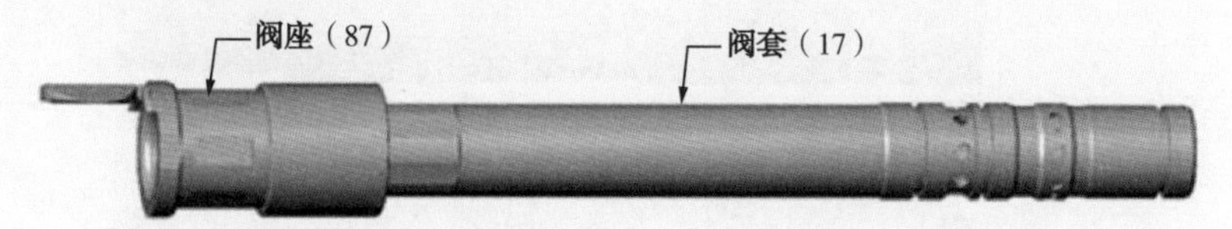

（10）将活塞挡环（78）向上推过阀座（87）下端的 O 形圈（84），直至接触台阶面。

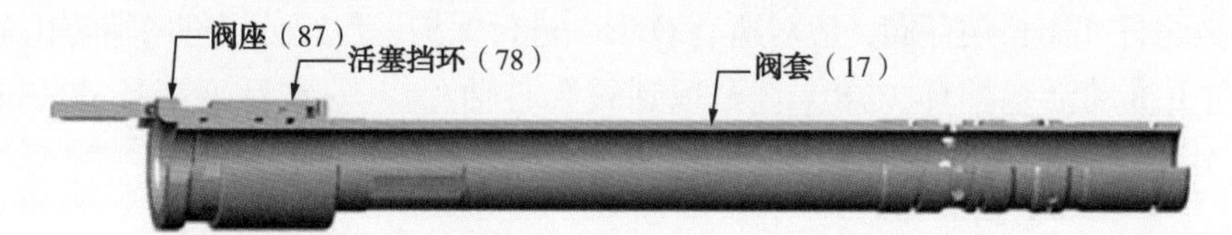

（11）在阀套（17）下端涂抹润滑脂并安装两个 O 形圈（57）和一个 O 形圈（60）。

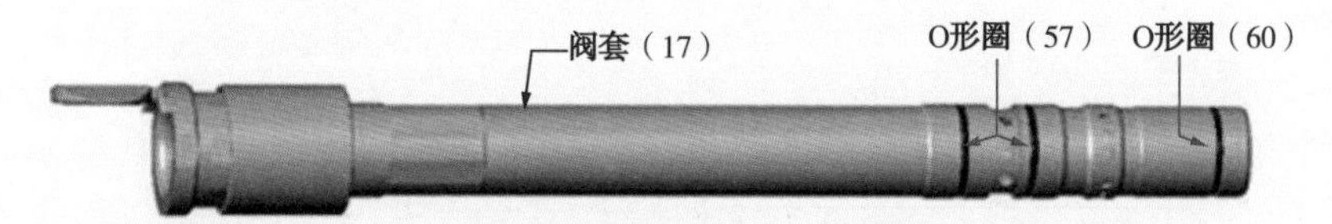

（12）在阀套心轴（18）上端涂抹润滑脂并安装 O 形圈（53）。

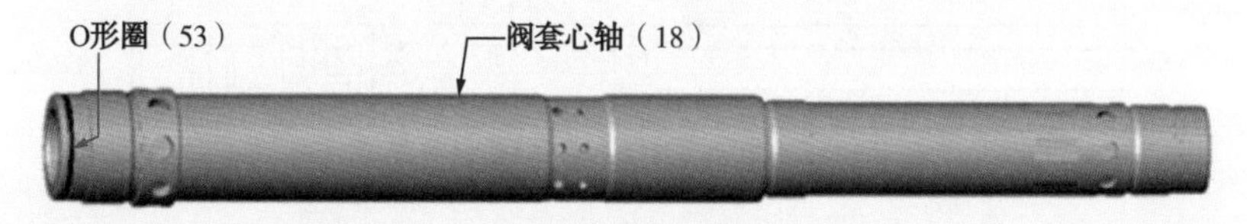

（13）在阀座（87）/ 阀套（17）外壁涂抹润滑脂。

（14）使用白色油漆笔在阀套心轴（18）的剪切销钉（49）孔涂色标注，将阀座（87）/阀套（17）组件插入阀套心轴（18），直到剪切销钉孔对齐。

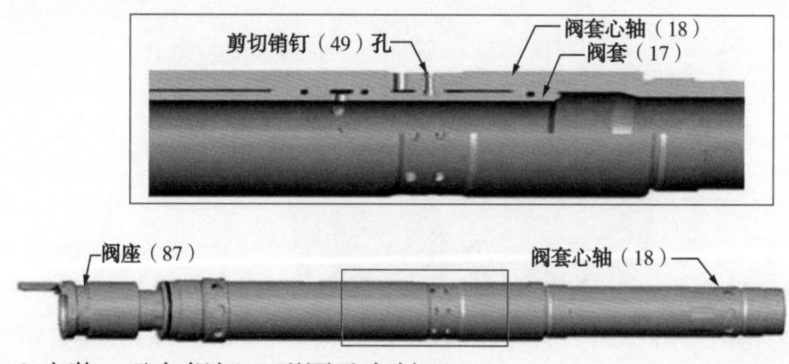

注意：小心安装，避免损坏 O 形圈及密封面。

（15）根据“测试项目 1”进行压力测试，试压合格后进行下一步。

（16）在剪切销钉（49）上涂抹乐泰胶 242（蓝色），将其穿过阀套心轴（18）的孔安装到阀套（17）上，拧到底后回转 1/4 圈，其顶端应在阀套心轴镗孔的底部。

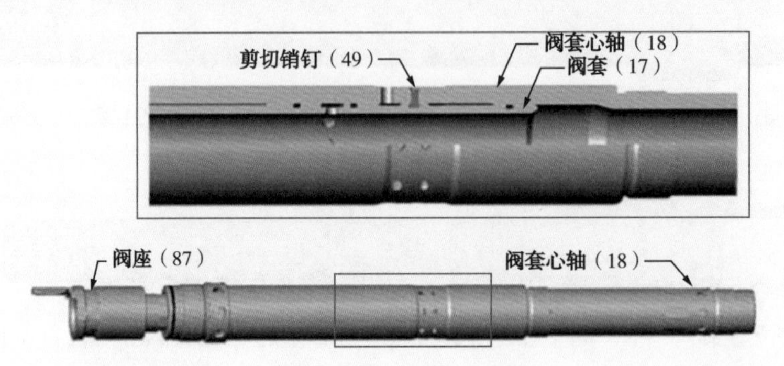

注意：分组件如需长期存储，应对所有 O 形圈进行保护，包好分组件两端防止杂物进入。

（17）向下推动活塞挡环（78）直至顶到阀套心轴（18）。在活塞挡环的注油孔上安装注油接头，并向活塞挡环内部注满润滑脂。拆除注油接头。

4. 增力密封心轴组件

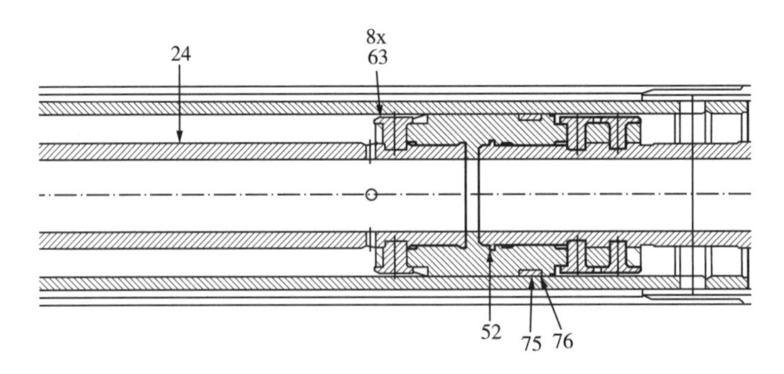

（1）在中部接箍（27）内部下端涂抹润滑脂并安装 O 形圈（52），在中部接箍外部涂抹润滑脂并安装两个密封垫圈（76）和一个 O 形圈（75）。

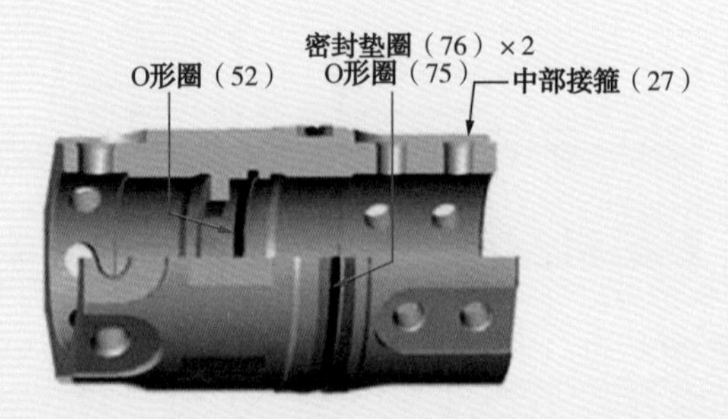

（2）将增力密封心轴（24）的开孔端插入中部接箍（27），对齐增力密封心轴的槽与中部接箍的孔。

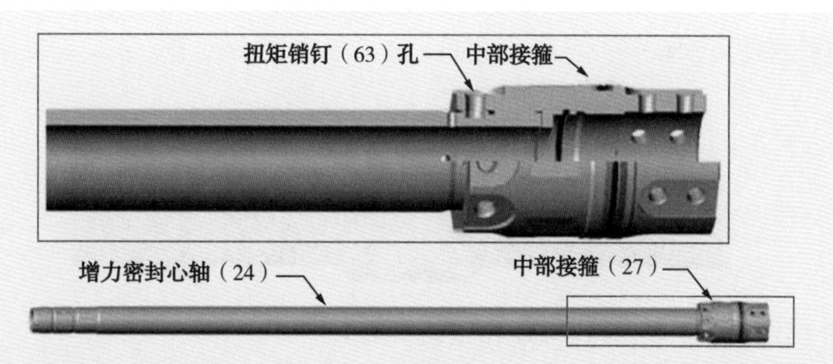

注意：连接过程中应保持水平与居中，避免损伤螺纹；使增力密封心轴的孔与中部接箍的孔在纵向和圆周方向上对齐。

（3）依次安装8颗扭矩销钉（63）：在其螺纹上涂抹乐泰胶242（蓝色），将其穿过中部接箍拧入密封心轴的孔内，并上紧（推荐扭矩值：150lbf · ft）。

5. 密封心轴部分

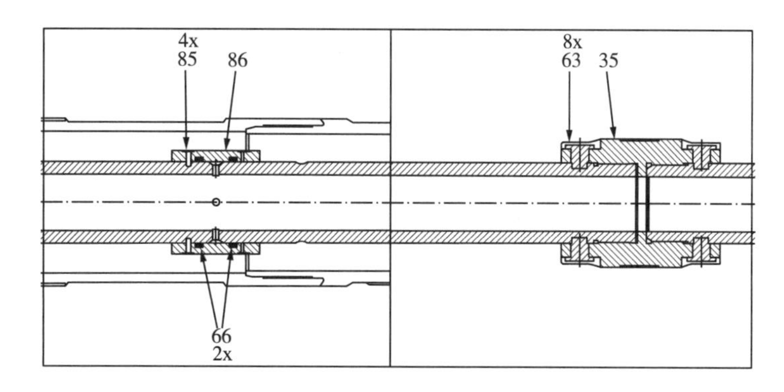

（1）在开孔密封套（86）内壁涂抹润滑脂并安装两个O形圈（66）。

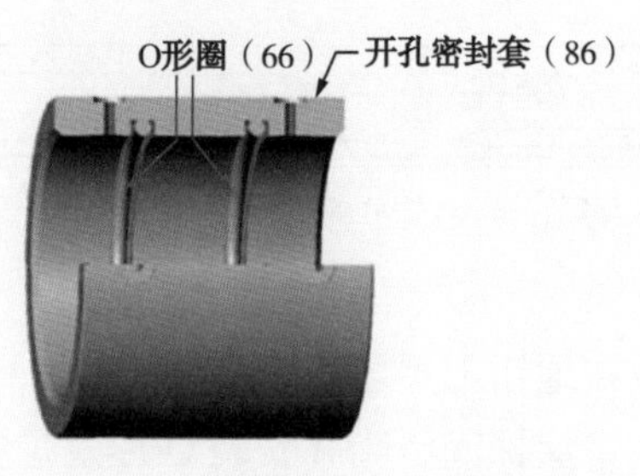

（2）在密封心轴（28）外壁涂抹润滑脂并将开孔密封套（86）套在密封心轴下部的开孔处。

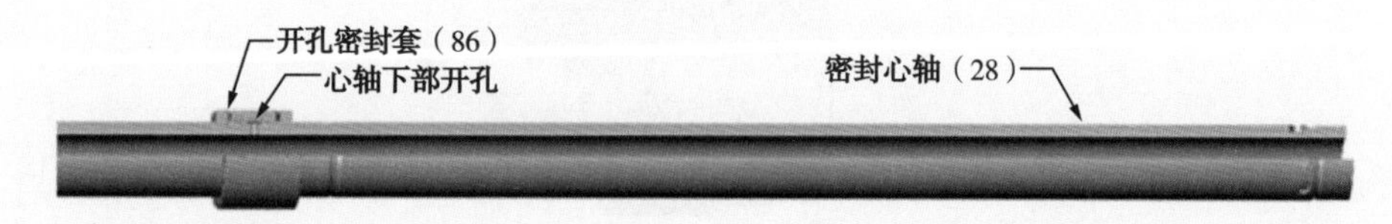

（3）将开孔密封套（86）的销钉孔和密封心轴（28）的孔槽对齐，安装4颗剪切销钉（85）。

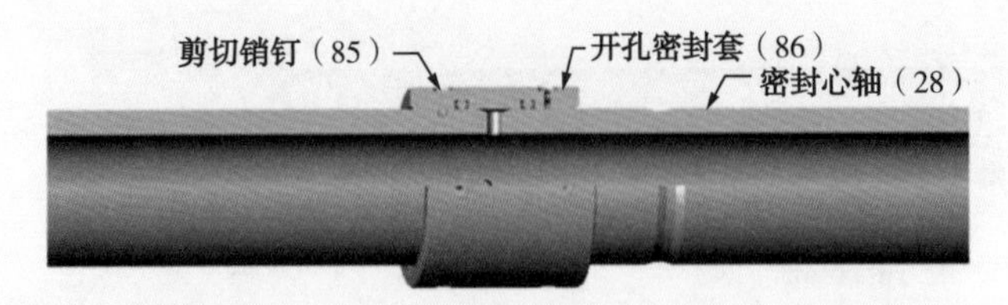

提示：剪切销钉安装到位后与开孔密封套外径齐平。

（4）将密封心轴（28）连接至下部接箍（35），对齐扭矩销钉孔。

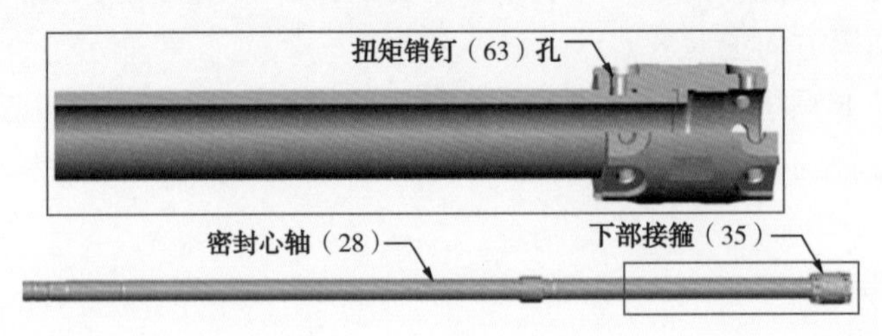

提示：连接过程中应保持水平与居中，避免损伤螺纹；使密封心轴的孔与下部接箍的孔在纵向和圆周方向上对齐。

（5）依次安装8颗扭矩销钉（63）：在其螺纹上涂抹乐泰胶242（蓝色），将其穿过下部接箍拧入密封心轴的孔内，并上紧（推荐扭矩值：150lbf・ft）。

6. 增力组件

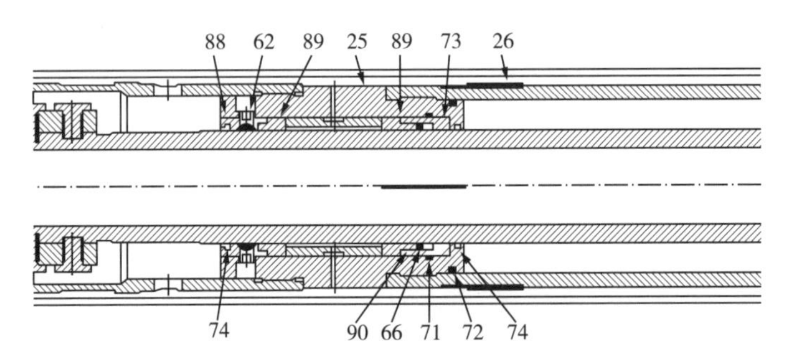

（1）将增力套筒（26）放在地钳上夹紧。

（2）在增力活塞（25）内壁涂抹润滑脂并安装O形圈（71）。

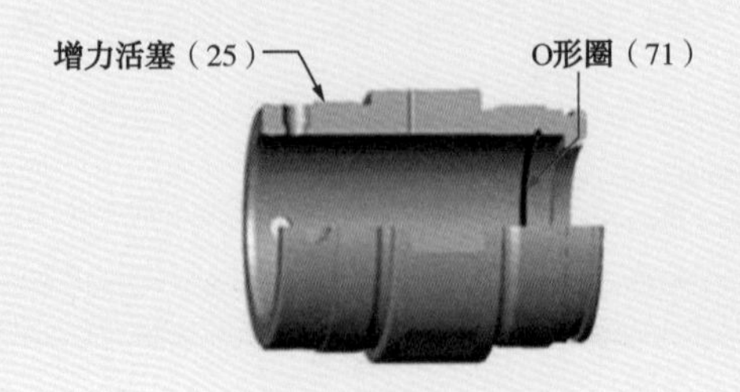

（3）将衬套（73）、短铜衬套（89）、垫圈（68）、短铜衬套（89）依次安装到增力活塞（25）内壁。

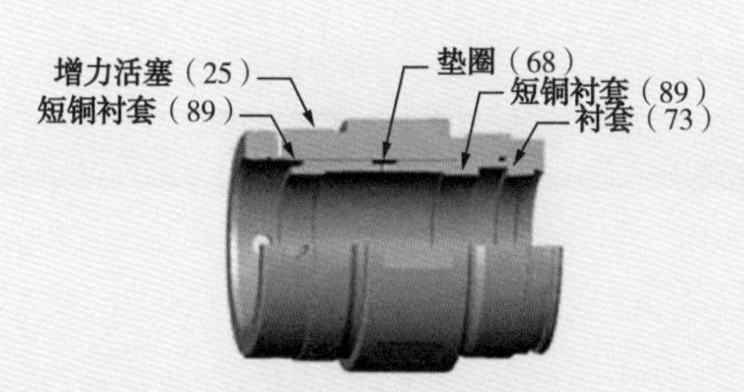

（4）在短铜衬套（89）顶部安装滑动护罩（88）并用4颗止动螺钉（62）固定。

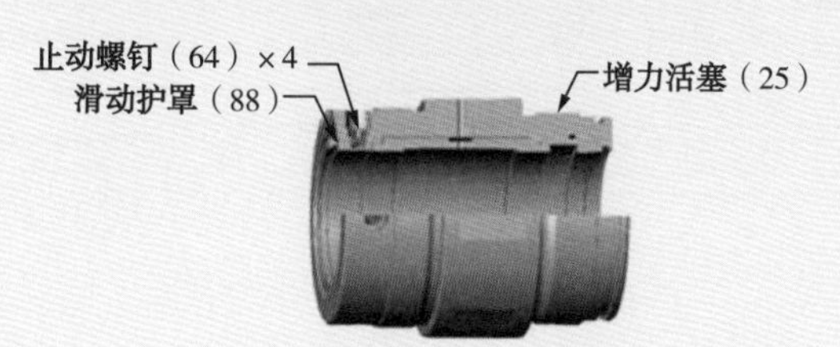

（5）在增力活塞（25）内壁下端涂抹润滑脂并安装两个密封垫圈（90）和一个O形圈（66）。

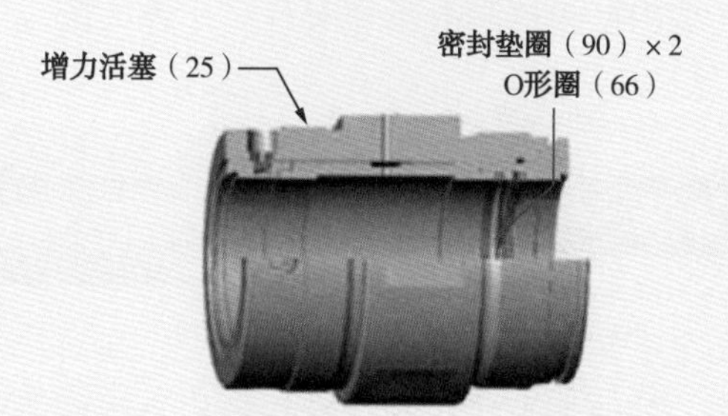

（6）在增力活塞（25）外壁涂抹润滑脂并安装O形圈（72）。

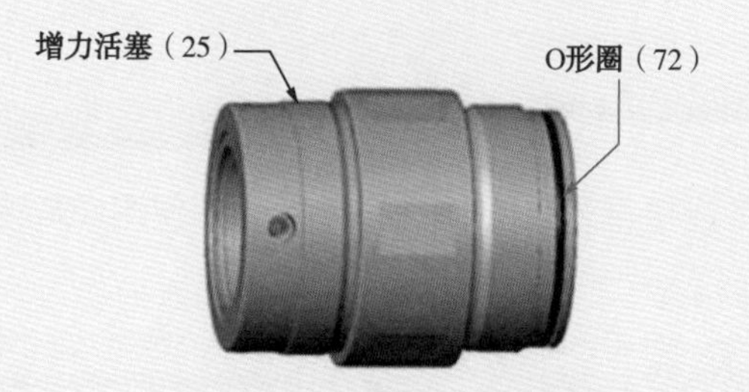

（7）在增力活塞（25）内壁两端涂抹润滑脂，分别安装一个刮泥环（74）。

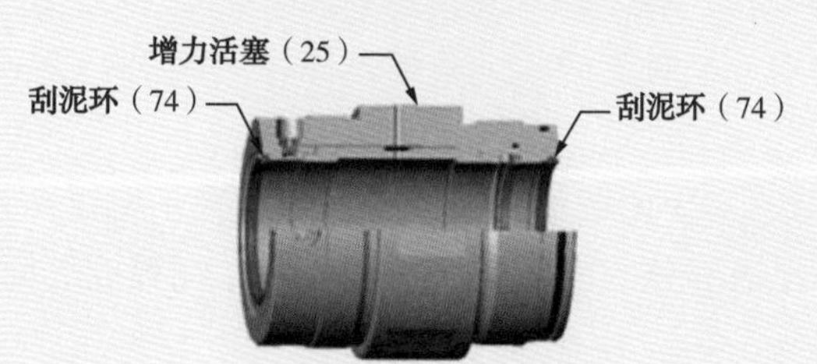

（8）在增力套筒（26）内壁涂抹一厚层润滑脂。

（9）将增力活塞（25）装入增力套筒（26）内，使用48in链钳打紧。

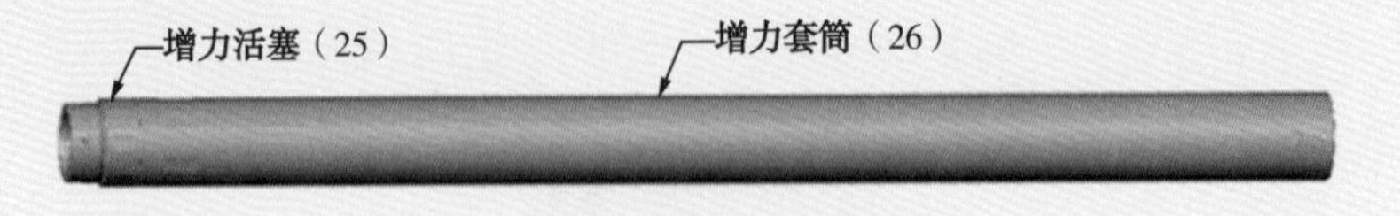

7. 棘爪心轴组件

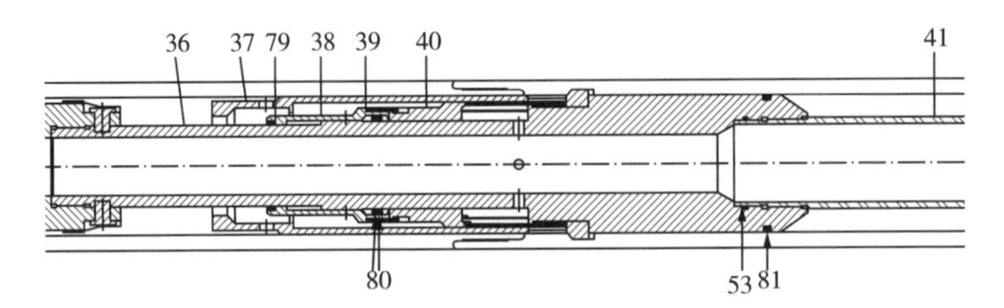

（1）将棘爪心轴（36）放在地钳上夹紧。

（2）在棘爪心轴（36）内壁涂抹润滑脂并安装O形圈（53）。

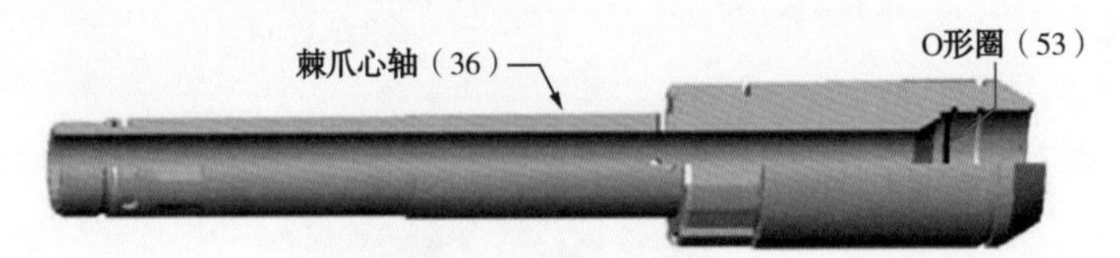

（3）在棘爪心轴（36）下端内螺纹涂抹润滑脂。

（4）在棘爪心轴（36）外壁下端涂抹润滑脂并安装O形圈（81）。

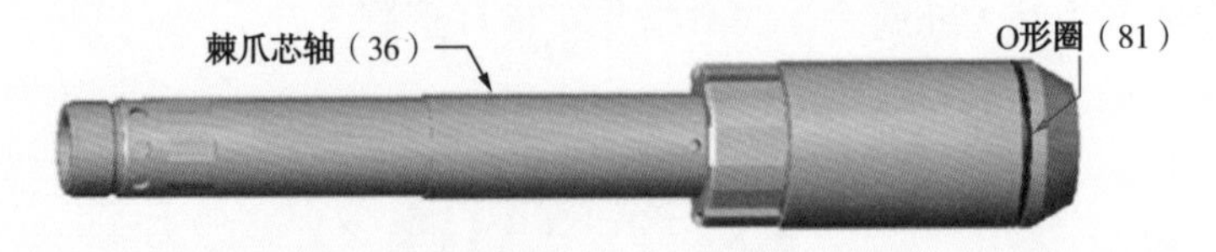

（5）将延伸筒（41）连接至棘爪心轴（36）下端，使用48in链钳上紧。

8. 整体组装下部本体＋坐封套筒＋尾管挂本体＋回接筒

（1）在释放套筒（部件3）内壁涂抹润滑脂，随后置于地钳夹紧。

（2）在棘爪（40）开槽部分的内外壁涂抹润滑脂，在释放套筒（部件3）内壁凹槽内涂抹润滑脂。

（3）将棘爪（40）插入释放套筒（部件 3），使爪头嵌入内部凹槽。

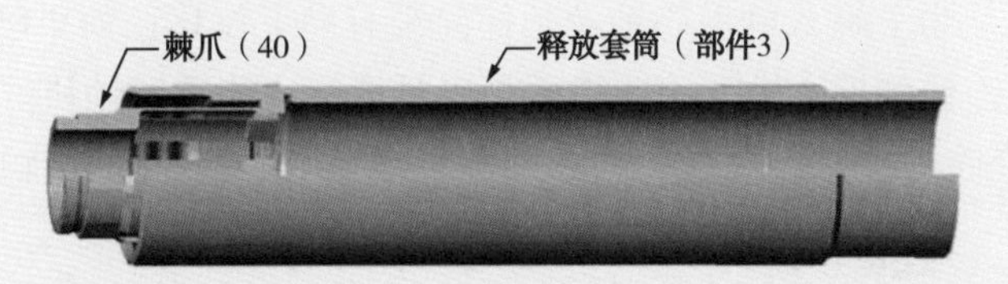

（4）在棘爪心轴（36）组件外壁涂抹润滑脂。

（5）将棘爪心轴（36）组件推入释放套筒（部件 3）内。根据需要旋转使其凹槽与棘爪爪头对齐，继续推入直到心轴凹槽底部接触棘爪（40）爪头。

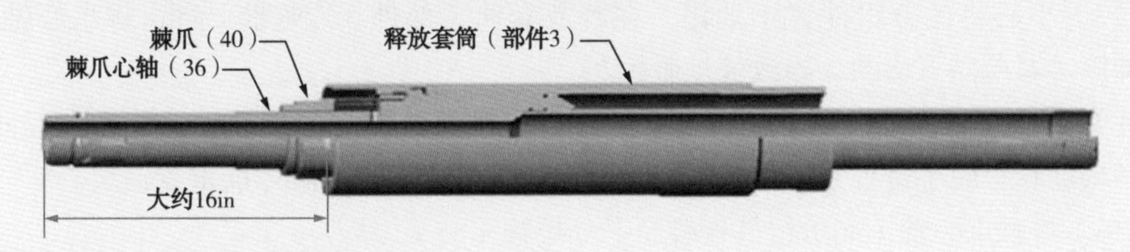

提示：释放套筒顶端露出部分大约 16in。

（6）在锁块（39）内侧涂抹足量的润滑脂，将其置于紧靠棘爪（40）顶端的棘爪心轴（36）上，随后在锁块外侧安装两条弹簧圈（80）。

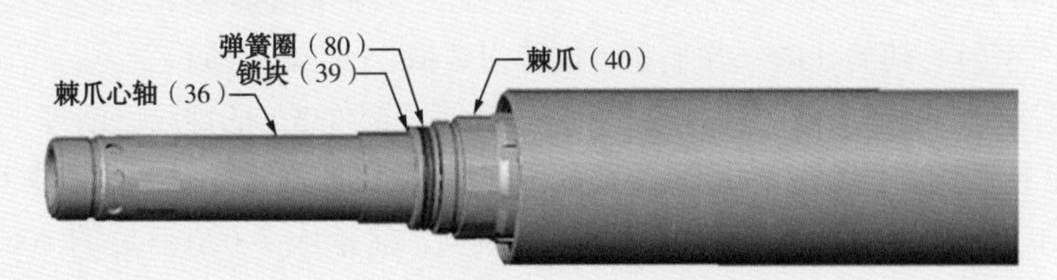

（7）在锁块护罩（38）顶端涂抹润滑脂并安装刮泥环（79）。

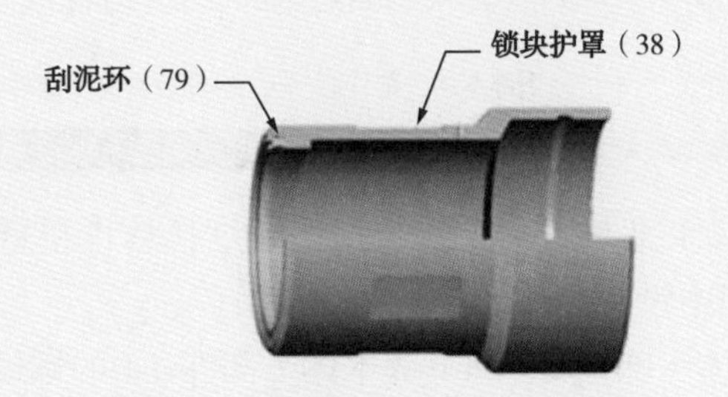

（8）在锁块护罩（38）内壁涂抹润滑脂。

（9）将锁块护罩（38）套入棘爪心轴（36）与棘爪（40）连接，使用 48in 链钳打紧。

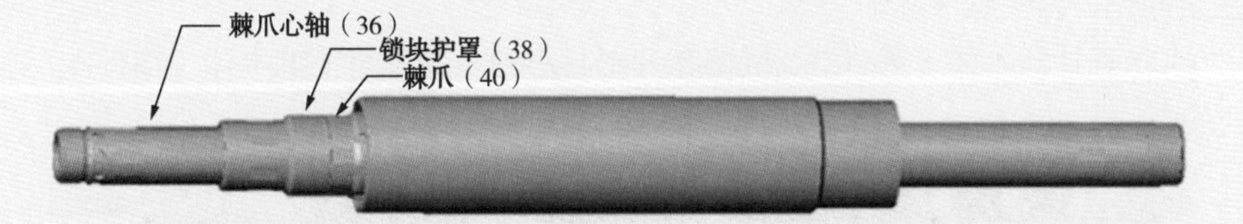

（10）在释放套筒下端的延伸筒（41）位置划线做标记。

注意：此标记是为了确认棘爪心轴及延伸筒没有向下位移；如果已经向下位移，锁块会移至脱手位置并锁住棘爪心轴，因此需要将工具拆解才能重置锁块。

（11）将传载套筒（37）套入棘爪（40）组件，直到顶部台阶面接触到棘爪心轴（36）。

（12）小心将此分组件置于地钳，在释放套筒（部件 3）夹紧，防止棘爪心轴（36）和延伸筒（41）向下移动，导致棘爪脱手。

注意：检查延伸筒（41）的参考标记，确认该部分没有向下位移；如果已经向下位移，锁块会移至脱手位置并锁住棘爪心轴，因此需要将工具拆解才能重置锁块。

（13）将棘爪心轴（36）组件连接至下部接箍（35）。

（14）依次安装 8 颗扭矩销钉（63）：在其螺纹上涂抹乐泰胶 242（蓝色），将其穿过下部接箍拧入密封心轴的孔内，并上紧（推荐扭矩值：150lbf · ft）。

（15）再次确认下部本体（部件 4）和释放套筒（部件 3）的螺纹已清理干净。

（16）在下部本体（部件 4）和释放套筒（部件 3）的螺纹上涂抹足量乐泰 620 固持胶。

注意：不要在螺纹上涂抹任何润滑脂或润滑剂；涂抹乐泰 620 胶后的 30min 内，应完成上扭矩操作，以免胶液逐渐失效。

（17）将下部本体（部件 4）缓慢套入密封心轴（28）与释放套筒（部件 3）连接。

注意：连接时应保持水平与居中，避免损伤螺纹；禁止在悬挂器本体胶皮附近打管钳；确认工具在组装过程中没有提前脱手。

（18）确认悬挂器本体（部件 2）和下部本体（部件 4）的螺纹已清理干净。

（19）在悬挂器本体（部件 2）和下部本体（部件 4）的螺纹上涂抹足量乐泰 620 固持胶。

注意：不要在螺纹上涂抹任何润滑脂或润滑剂；涂抹乐泰 620 胶后的 30min 内，应完成上扭矩操作，以免胶液逐渐失效。

（20）将悬挂器本体（部件 2）缓慢套入密封心轴（28）与下部本体（部件 4）连接。

注意：连接时应保持水平与居中，避免损伤螺纹；禁止在悬挂器本体胶皮附近打管钳；确认工具在组装过程中没有提前脱手。

（21）在膨胀锥推筒组件外壁涂抹润滑脂，将膨胀锥推筒套入密封心轴（28）并推进悬挂器本体（部件2）内部，直到膨胀锥与悬挂器本体（部件2）内壁接触。

注意：保持密封心轴与悬挂器本体居中，以便顺利插入膨胀锥推筒组件。

（22）在支撑环（29）内壁涂抹润滑脂，将其套入密封心轴（28）并推至膨胀锥推筒组件的顶部。

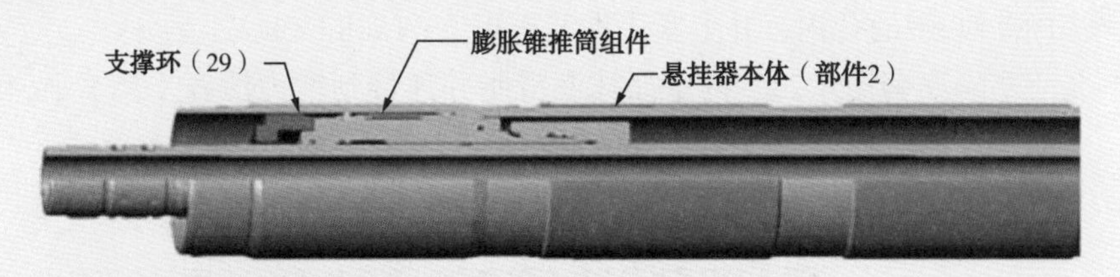

注意：支撑环顶部至悬挂器本体上端距离应为4.8in。

（23）通过中部接箍（27）连接增力密封心轴（24）和密封心轴（28）。

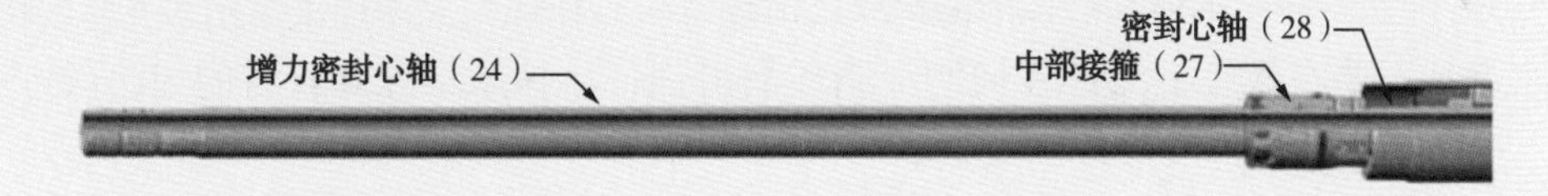

注意：使增力密封心轴、密封心轴的孔与中部接箍的孔在纵向和圆周方向上对齐。

（24）依次安装12颗扭矩销钉（65）：在其螺纹上涂抹乐泰胶242（蓝色），将其穿过中部接箍拧入密封心轴的孔内，并上紧（推荐扭矩值：150lbf·ft）。

依次安装8颗扭矩销钉（65）：在其螺纹上涂抹乐泰胶242（蓝色），将其穿过中部接箍拧入增力密封心轴的孔内，并上紧（推荐扭矩值：150lbf·ft）。

（25）将增力套筒（26）套入增力密封心轴（24）直到增力套筒（26）下端接触支撑环（29）的台阶面。

注意：增力密封心轴在增力活塞（25）顶端外露的长度应为10.8in。

（26）在接箍（22）内壁涂抹润滑脂并安装两道O形圈（52）。

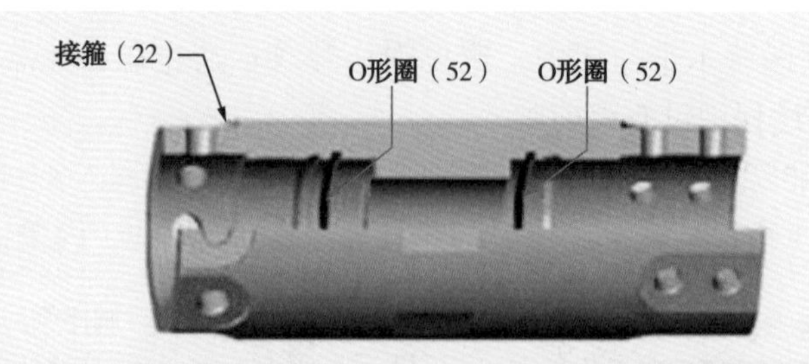

（27）将接箍（22）连接至增力密封心轴（24）的上端，对齐销钉孔。

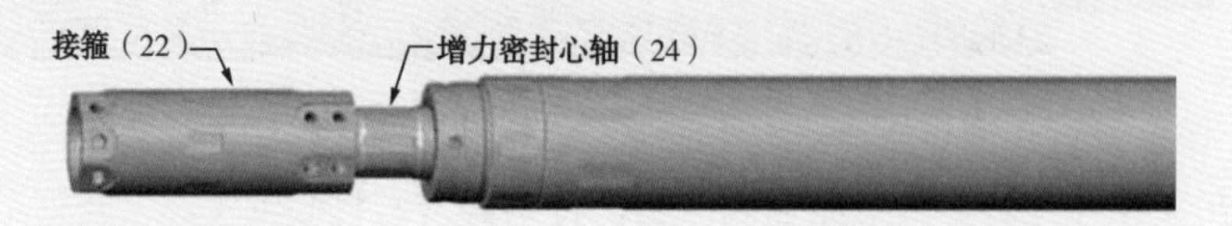

（28）依次安装12颗扭矩销钉（65）：在其螺纹上涂抹乐泰胶242（蓝色），将其穿过接箍拧入增力密封心轴的孔内，并上紧（推荐扭矩值：150lbf · ft）。

（29）在活塞隔离套筒（23）内壁涂抹润滑脂并连接到增力活塞（25）上，使用48in链钳打紧。

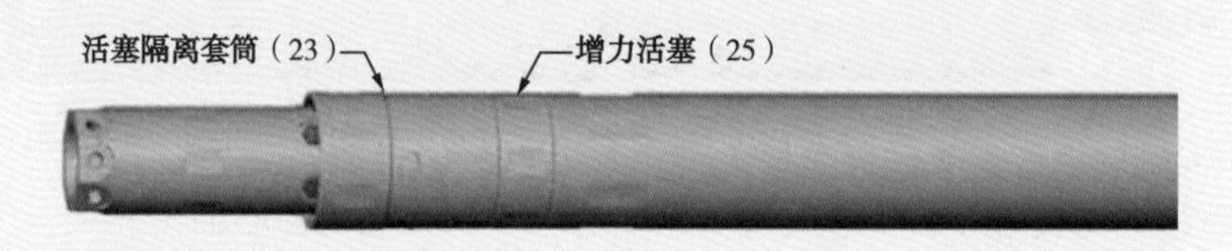

（30）确认悬挂器本体和回接筒的螺纹已清理干净，在螺纹上涂抹足量乐泰620固持胶。

注意：不要在螺纹上涂抹任何润滑脂或润滑剂；涂抹乐泰620胶后的30分钟内，应完成上扭矩操作，以免胶液逐渐失效。

（31）将回接筒（部件1）套入活塞隔离套筒（23）、增力活塞（25）和增力套筒（26）组件，与悬挂器本体（部件2）连接。

（32）将变扣本体（19）置于地钳并夹紧。

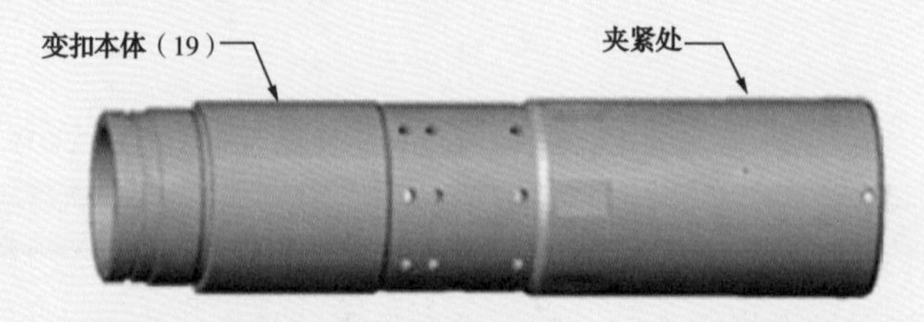

（33）在变扣本体（19）内壁涂抹润滑脂并安装两道O形圈（59），在变扣本体（19）外部上端涂抹润滑脂并安装O形圈（58）。

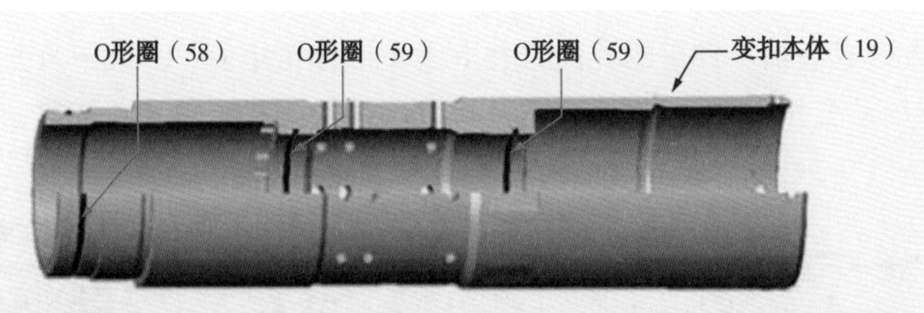

（34）在阀套心轴（18）外壁涂抹润滑脂。

（35）将阀套心轴（18）从变扣本体（19）上端插入，直到台阶面接触。

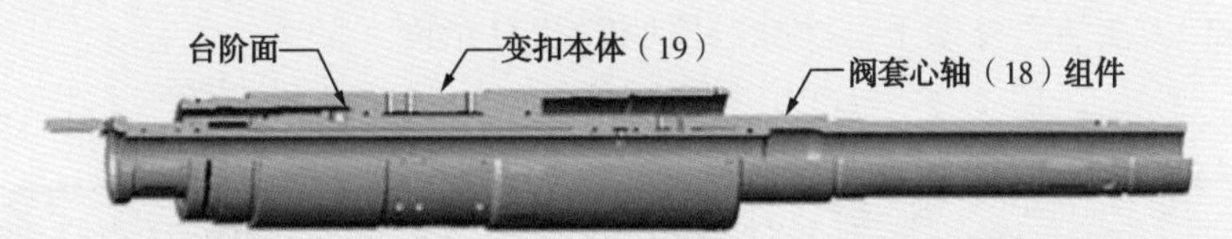

（36）将变扣限位环（20）连接至阀套心轴（18），使用48in链钳打紧。

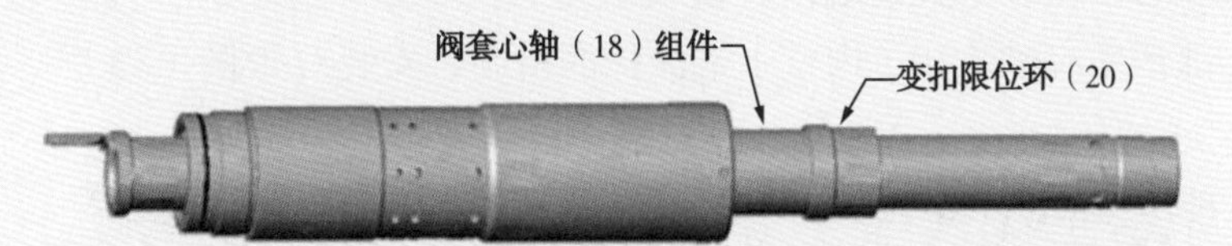

（37）在调节套筒（21）外壁的上端和下端涂抹润滑脂并安装O形圈（61）和O形圈（64）。

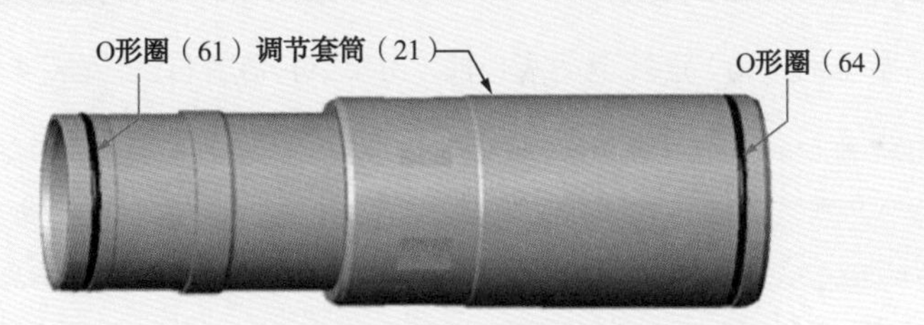

注意：58.4# 和 43.5#~53.5# 悬挂器的调节套筒型号不同。

（38）在调节套筒（21）外壁的上端和下端涂抹润滑脂。

（39）将调节套筒（21）连接至变扣本体（19）下端。

（40）将阀套心轴（18）的下端连接至接箍（22）的上端，对齐扭矩销钉孔。

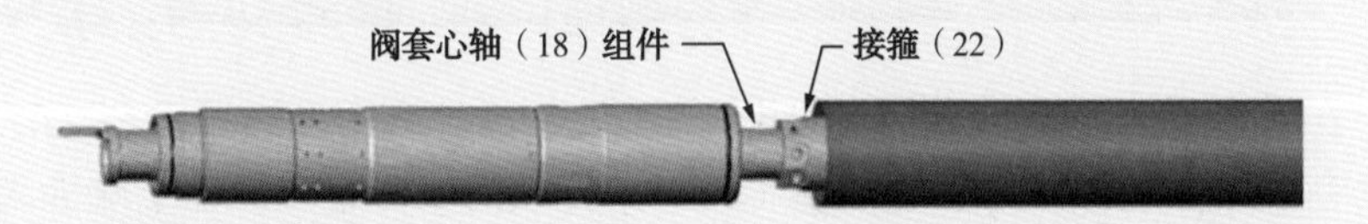

（41）依次安装8颗扭矩销钉（65）：在其螺纹上涂抹乐泰胶242（蓝色），将其穿过

接箍（22）拧入阀套心轴（18）的孔内，并上紧（推荐扭矩值：150lbf · ft）。

（42）向下推动变扣本体（19），直到其台阶面接触变扣限位环（20）。

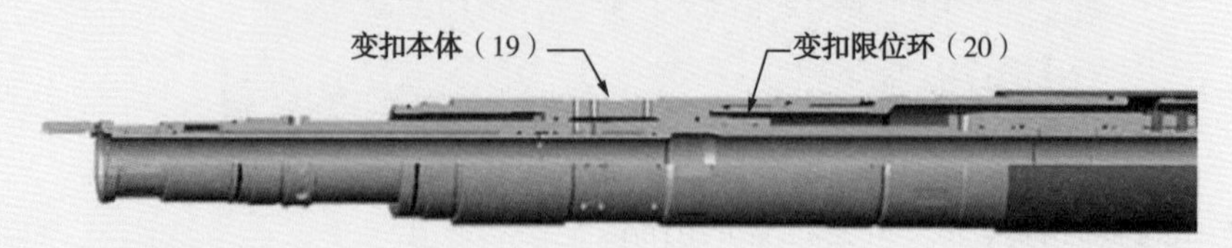

（43）在活塞内壁上端涂抹润滑脂安装 O 形圈（43）、在活塞外壁中部涂抹润滑脂安装 O 形圈（52）、在活塞外壁下部涂抹润滑脂安装 O 形圈（53）。

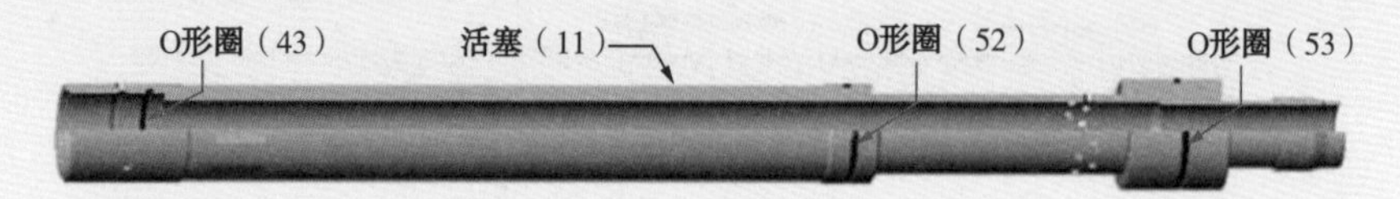

（44）将活塞心轴（31）置于地钳，在底端夹紧。

（45）在上部活塞心轴（10）内壁下端涂抹润滑脂，安装 O 形圈（83）。

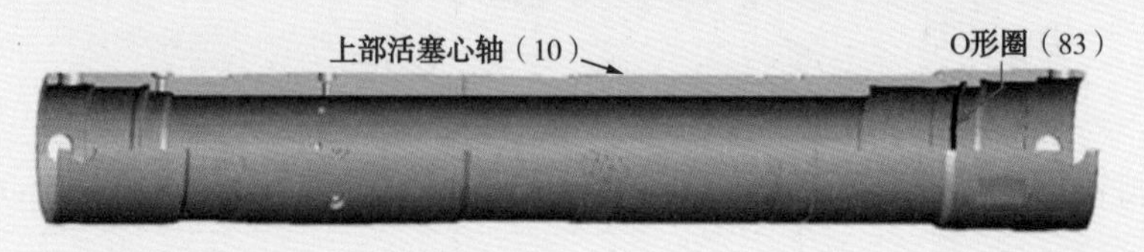

（46）将上部活塞心轴（10）连接至活塞心轴（31），对齐销钉孔，安装 4 颗扭矩销钉（44）。

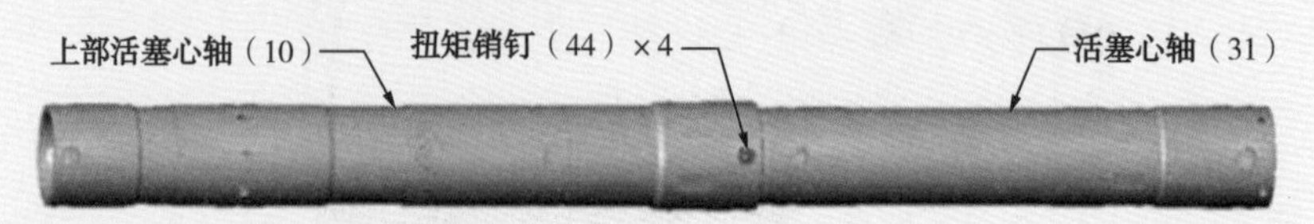

（47）在活塞（11）内螺纹端和 O 形圈面涂抹润滑脂。

（48）将阀体释放套筒（3）连接至活塞（11）上端，使用 48in 链钳打紧。

（49）在阀体释放套筒（3）与活塞（11）组件外壁涂抹润滑脂。

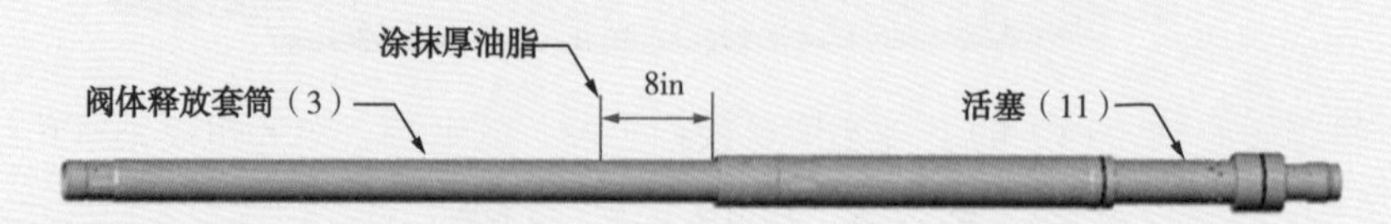

注意：在活塞顶部以上 8in 的释放阀套筒外壁，涂抹高密度润滑脂。

（50）将阀体释放套筒（3）与活塞（11）组件从活塞心轴（31）上端插入，直到活塞底端与活塞心轴底端齐平。

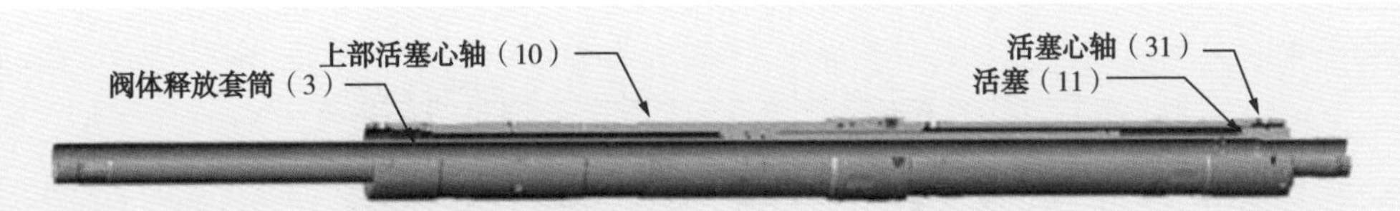

（51）打开阀板，将活塞（11）插入阀座（87），使阀板处于心轴内径和活塞外径之间的位置。

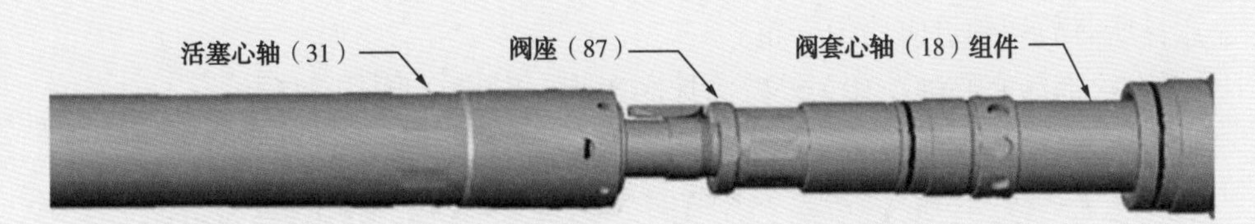

注意：插入阀板时务必小心，防止损伤密封面。

（52）在阀板下端（阀座和活塞之间）插入承载轴肩（34）。

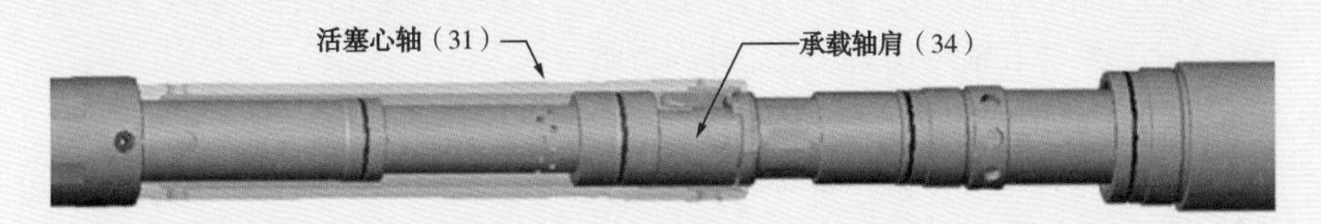

（53）将活塞心轴（31）组件连接至阀套心轴（18）组件，对齐销钉孔。

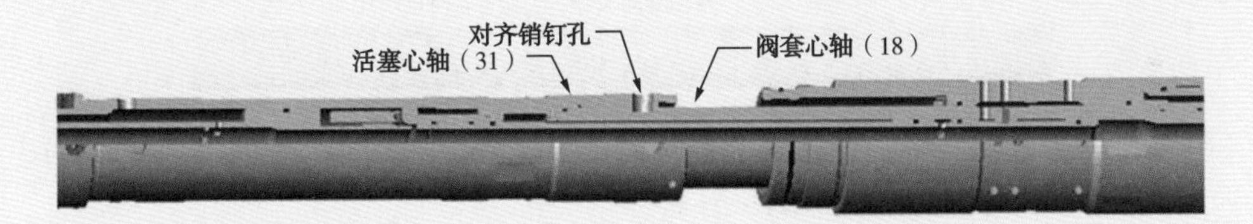

（54）在活塞心轴（31）与阀套心轴（18）的孔内安装4颗扭矩销钉（44）。

（55）向上移动或旋转阀体释放套筒（3）进行微调，对齐上部活塞心轴（10）与活塞（11）的剪切销钉（49）孔。

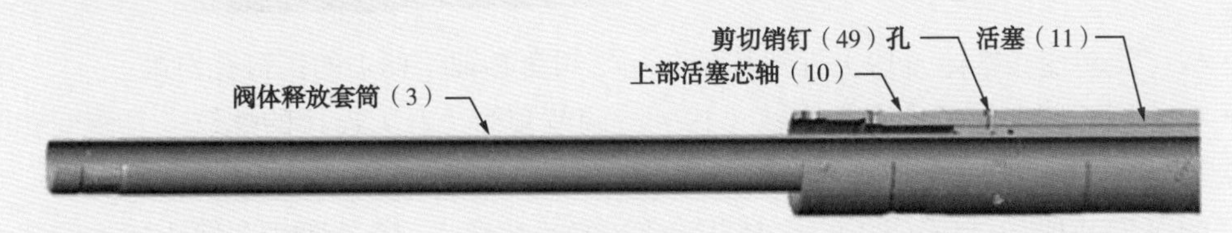

注意：对齐剪切销钉孔后，上部活塞心轴（10）以上的阀体释放套筒（3）部分长度约为44³/₈in。

（56）安装设定数量的剪切销钉（49），涂抹乐泰胶242（蓝色），穿过上部活塞心轴（10）安装至活塞（11）的孔眼内，安装到位后回转1/4圈，此时，剪切销钉的顶部应在活塞心轴内沉孔的底部，销钉顶部至活塞外壁的距离约为0.381in。

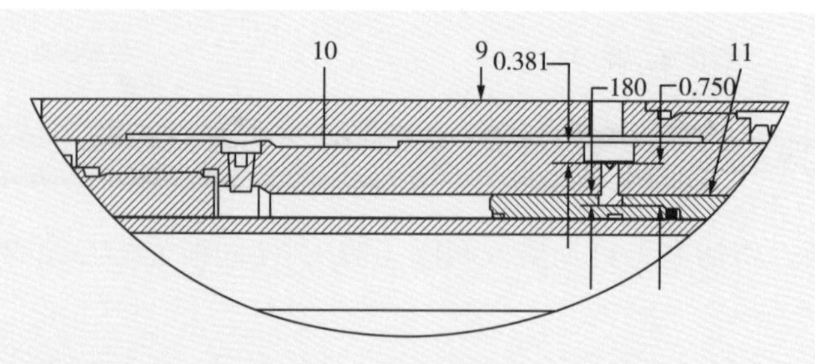

注意：所有剪切销钉应均匀分布。

（57）在上部活塞心轴（10）外壁涂抹润滑脂，安装 O 形圈（45）。

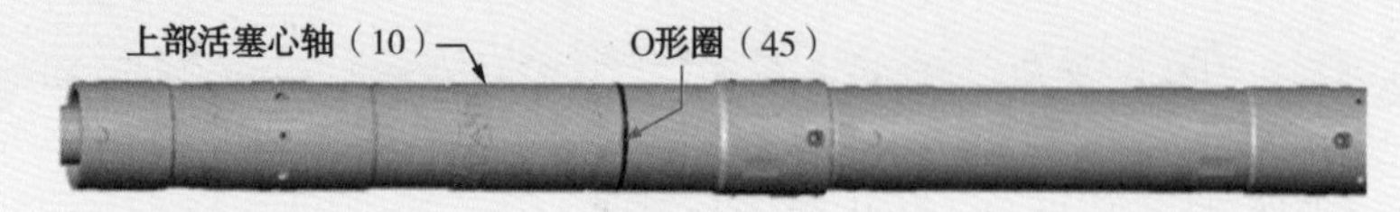

注意：如果 O 形圈（45）因拉伸过多导致变扣套筒（15）无法装入活塞心轴，可使用软管夹压缩 O 形圈使其恢复至合适尺寸后进行安装，禁止切削 O 形圈（45）来进行安装。

（58）在上部活塞心轴（10）外壁涂抹润滑脂。

（59）在变扣本体（19）的外螺纹端和 O 形圈表面涂抹润滑脂。

（60）将变扣套筒（15）套入上部活塞心轴（10），连接至变扣本体（19），使用 48in 链钳打紧。

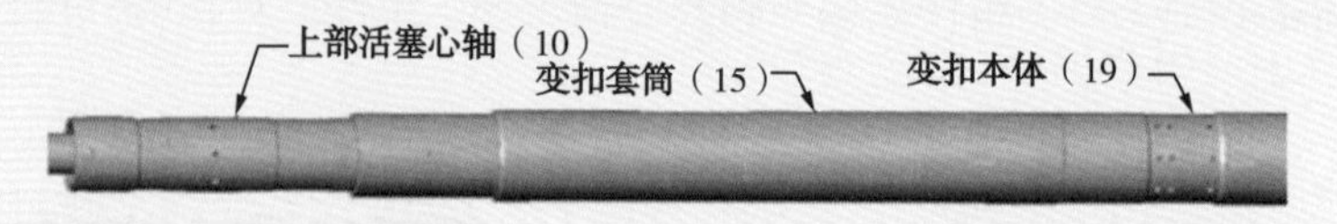

（61）将脱手锁块（14）安装至上部活塞心轴（10）外壁的凹槽内［变扣套筒（15）顶端］，在脱手锁块外侧安装 O 形圈（51）。

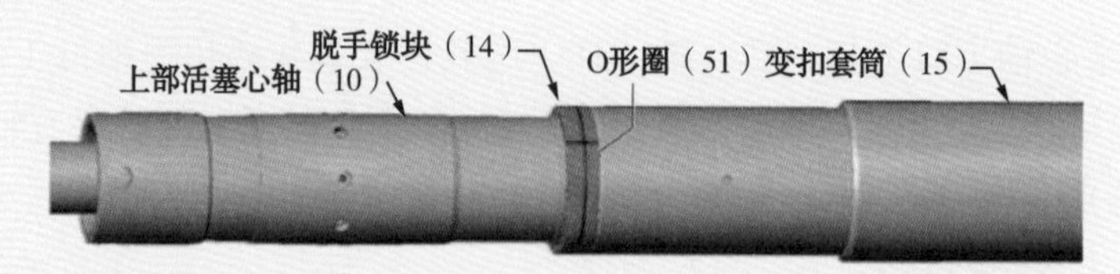

（62）旋转变扣本体（19）直到其径向孔与阀套心轴（18）的销钉孔对准。

（63）倒开调节螺纹［变扣本体（19）与调节套筒（21）连接的螺纹］直到变扣套筒（15）顶到脱手锁块（14）。

（64）安装剪切销钉（82），涂抹乐泰胶 242（蓝色），穿过变扣套筒（15）安装至上部活塞心轴（10）的孔眼内，安装到位后回转 1/4 圈。

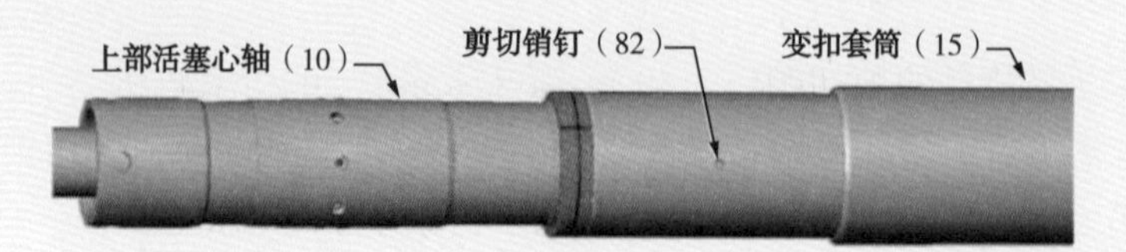

（65）在变扣本体（19）底端安装 4 颗止动螺钉（62），上紧顶到调节套筒（21）。

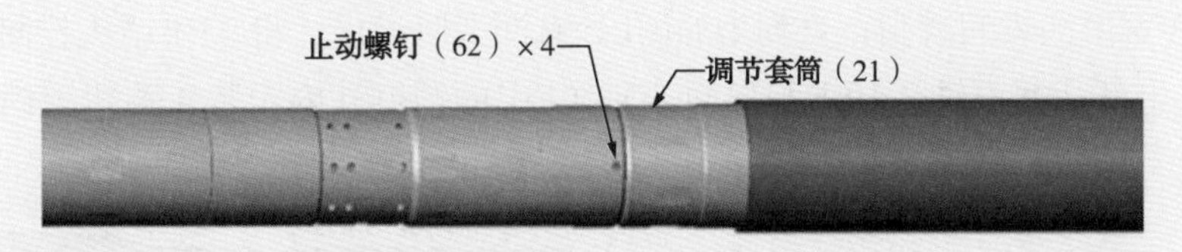

（66）在锁块护罩（13）内壁涂抹润滑脂，套过上部活塞心轴（10），脱手锁块（14），直至顶到变扣套筒（15）的变径处。

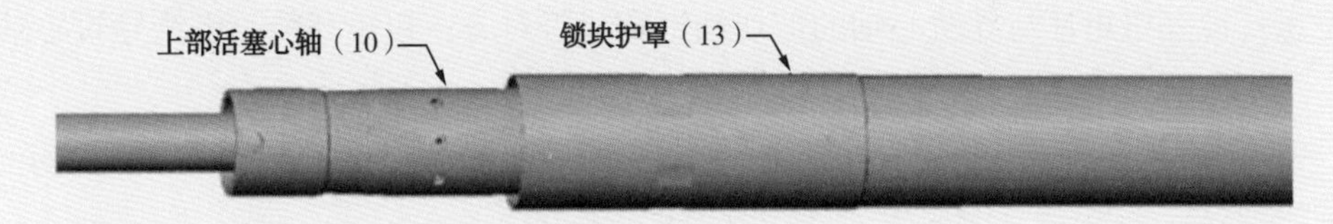

（67）在锁块（12）上涂抹润滑脂。

（68）将锁块（12）安装至上部活塞心轴（10）外壁，在锁块（12）外侧凹槽安装弹簧圈（50）。

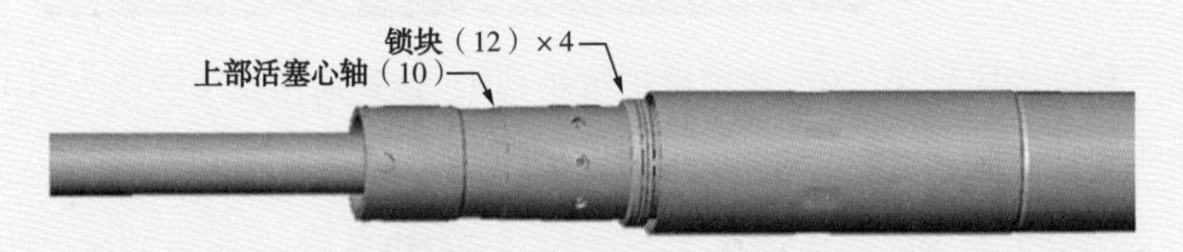

（69）在阀体释放套筒（3）外壁涂抹润滑脂。

（70）在导轨心轴（7）内壁、外壁和槽内涂抹润滑脂。

（71）将扭矩环（8）沿槽口套入导轨心轴（7）末端。

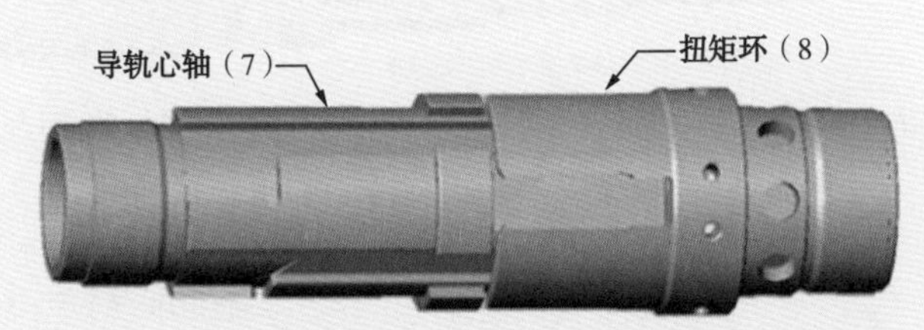

（72）将导轨心轴（7）套入阀体释放套筒（3）与上部活塞心轴（10）连接，对齐销钉孔。

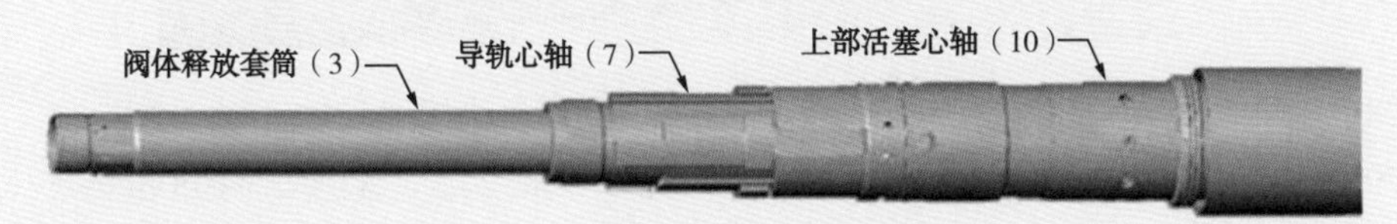

注意：连接前涂抹润滑脂应超出上部活塞心轴顶端 1/8in 孔的位置，擦除多余的润滑脂，在 1/4inNPT 孔上安装堵头（48），堵头不能超出活塞心轴（10）的外径，也不能低于内孔的底部。

连接后如果润滑脂未能从 1/8in 孔挤出，拆除 1/4inNPT 堵头，使用带 1/4inNPT 外螺纹的黄油枪向腔室里注入润滑脂，直到 1/8in 孔处有润滑脂溢出，将 NPT 堵头拧回活塞心轴。

（73）在上部活塞心轴（10）与导轨心轴（7）的销钉孔内安装 4 颗扭矩销钉（44）。

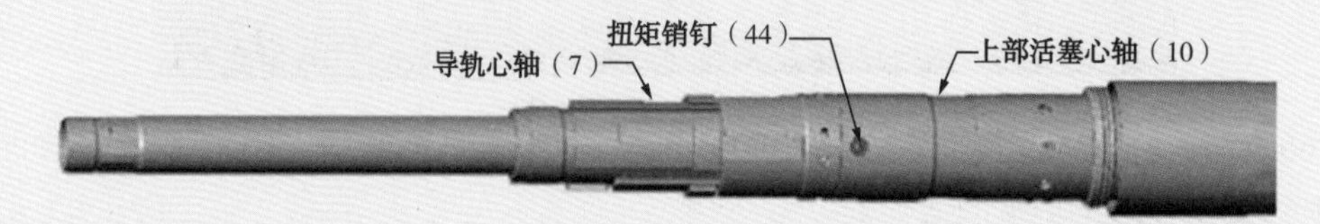

注意：检查扭矩环与导轨心轴的剪切销钉孔能否对齐；扭矩环能否围绕导轨心轴自由转动。

（74）将锁块套筒（9）套入导轨心轴（7）与锁块护罩（13）连接，使用 48in 链钳打紧。

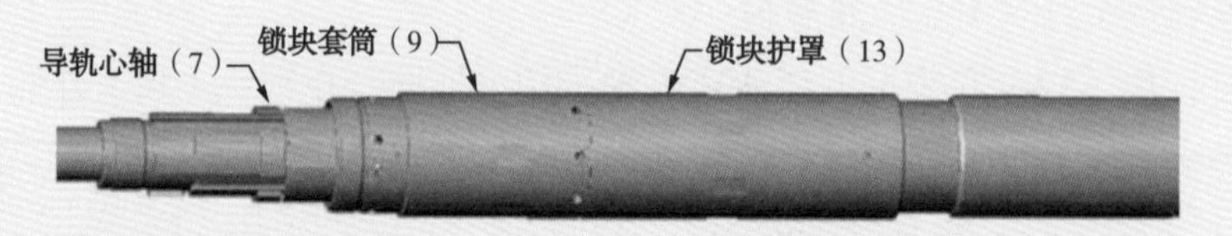

（75）向后移动锁块套筒（9）和锁块护罩（13），直到顶住脱手锁块（14）。

（76）将扭矩环（8）的槽口与导轨心轴（7）的长槽（宽：1.125in）对齐。

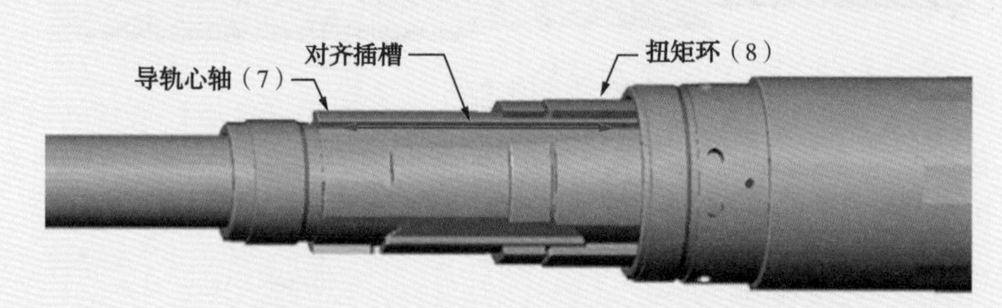

（77）在凸耳套筒（6）内涂抹润滑脂，套入导轨心轴（7），直到凸块顶到扭矩环（8）槽的末端。

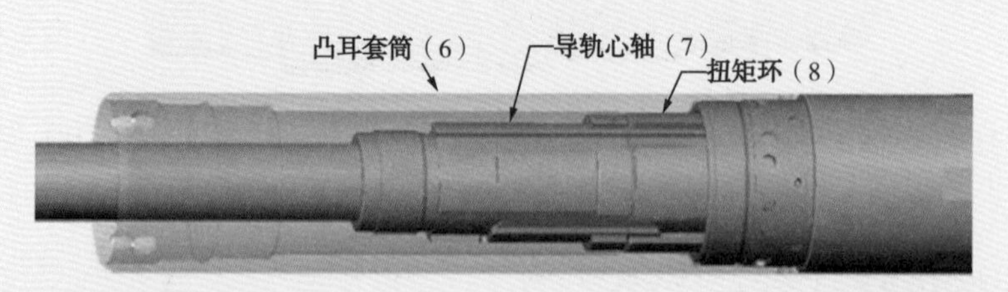

（78）右转凸耳套筒（6）1/8 圈，然后上提，直到凸块接触导轨心轴（7）。

（79）安装设定数量的剪切销钉（46），涂抹乐泰胶 242（蓝色），穿过扭矩环（8）安装至导轨心轴（7）的销钉孔内，安装到位后回转 1/4 圈，剪切销钉的顶部不能超出扭矩环的外径。

注意：所有剪切销钉应均匀分布。

（80）记录剪切销钉（46）数量与左旋脱手所需扭矩值。

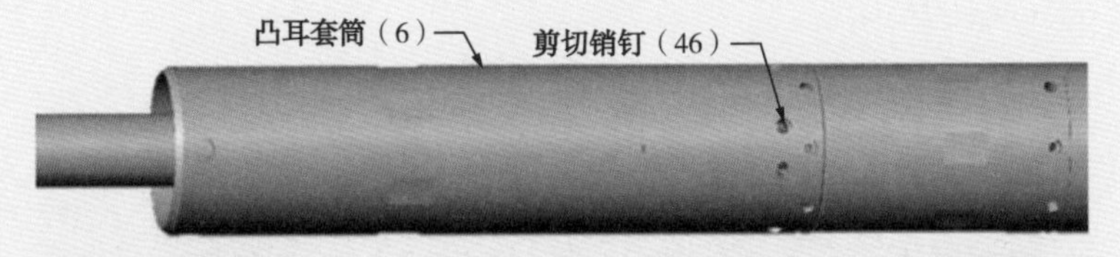

（81）向上滑动锁块套筒（9），与凸耳套筒（6）下端连接，对齐销钉孔。

（82）安装4颗圆头螺钉（47），涂抹乐泰胶242（蓝色），穿过凸耳套筒（6）安装至锁块套筒（9）的销钉孔内。

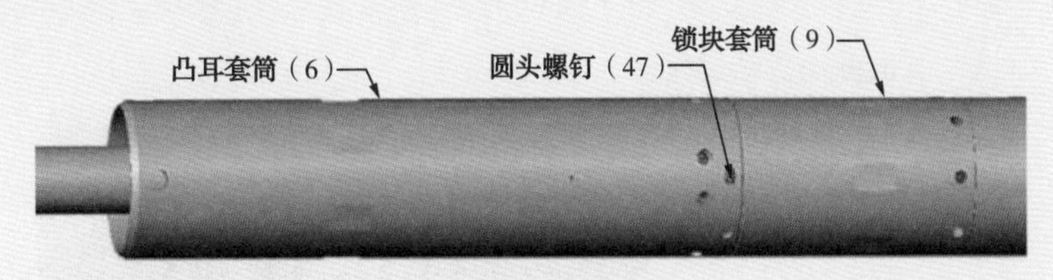

（83）涂抹润滑脂，在导鞋（5）的内壁安装O形圈（43）、外壁安装O形圈（45）。

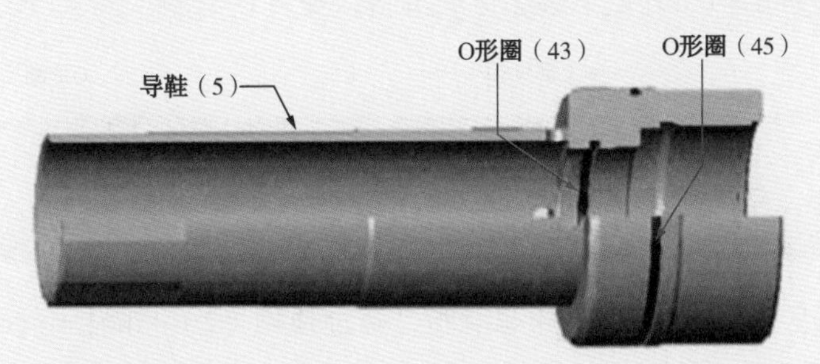

（84）在导鞋（5）外壁涂抹润滑脂，将其套入阀体释放套筒（3），连接至导轨心轴（7）上端，使用48in链钳打紧。

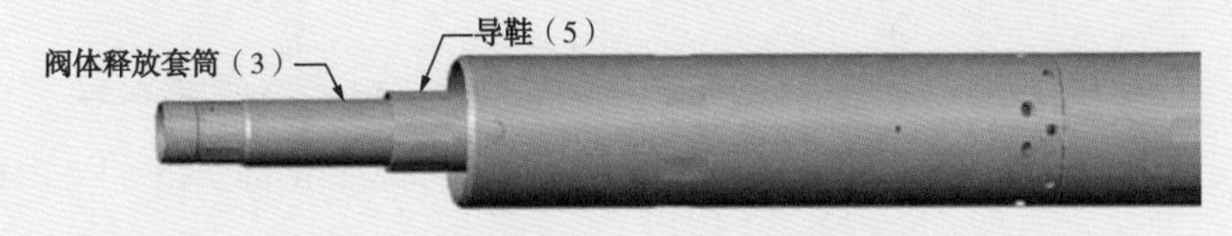

（85）在隔挡套筒（4）内壁涂抹润滑脂，安装O形圈（42）（43）。

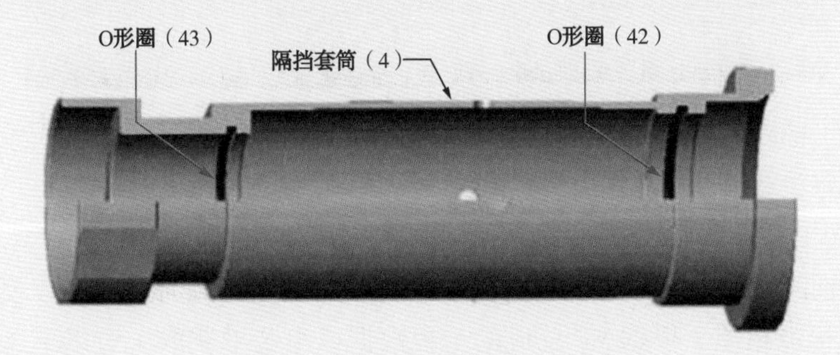

（86）在隔挡套筒（4）内壁和外壁涂抹润滑脂，将其套入阀体释放套筒（3），直至顶到凸耳套筒（6）内壁的台阶。

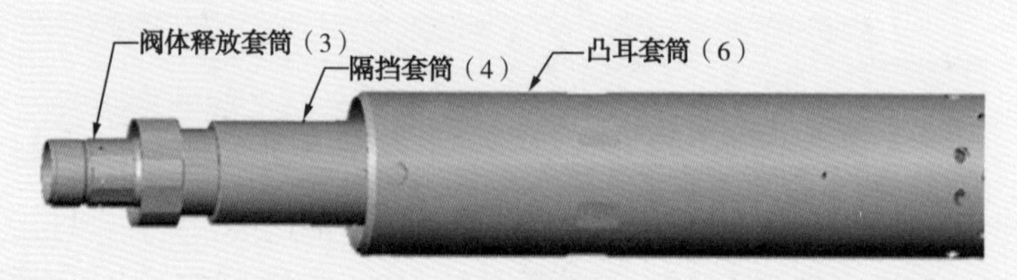

（87）在顶帽（2）内壁涂抹润滑脂，将其连接至阀体释放套筒（3）顶端，使用48in链钳打紧。

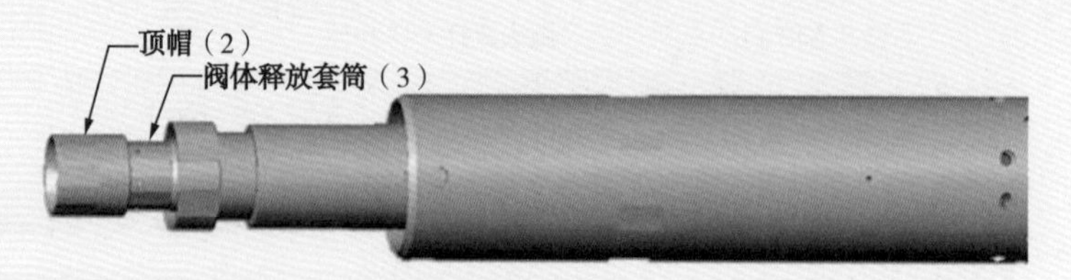

（88）在上部变扣（1）外壁下端涂抹润滑脂，安装O形圈（58）。

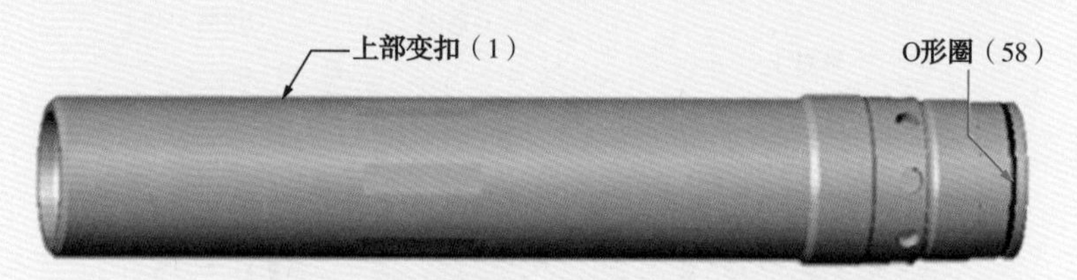

（89）在上部变扣（1）内壁涂抹润滑脂，套过顶帽（2）和隔挡套筒（4），与凸耳套筒（6）连接，直至顶到隔挡套筒，倒扣微调上部变扣对齐销钉孔。

（90）安装4个扭矩销钉（44），穿过凸耳套筒（6）安装到上部变扣（1）的销钉孔内。

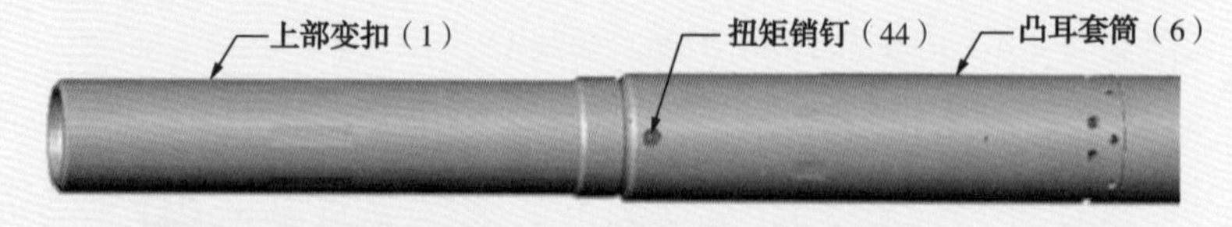

（91）在上部变扣（1）顶端安装一个4½inIF内螺纹护丝。

（92）在释放套筒外螺纹端安装护丝。

（93）在VF总成底端的延伸筒（41）上安装4½in8RD护丝。

（94）用油漆笔在回接筒上标注适用的套管尺寸、磅级、膨胀锥尺寸以及总成编号等。

（95）按标准扭矩（根据VF总成的工程数据或组装单获取）对以下3个位置上扣，

并做好记录。

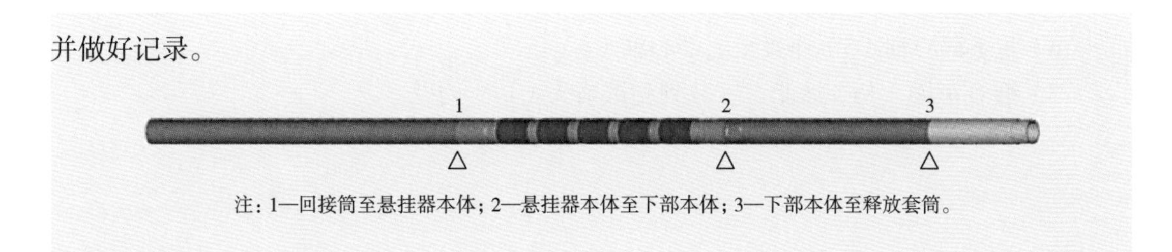

注：1—回接筒至悬挂器本体；2—悬挂器本体至下部本体；3—下部本体至释放套筒。

9. 测试环节

每次组装完成的 VersaFlex 金属膨胀密封式尾管悬挂器，在入井前必须做压力测试。该压力测试通过两组试压项目来测试各部件间及其整体密封性。测试目的在于检查是否存在可能导致作业事故的严重漏点，而不是用来展示绝对的密封，每组测试流程都包含基于测试时间内允许的压降标准。

10. 试压具

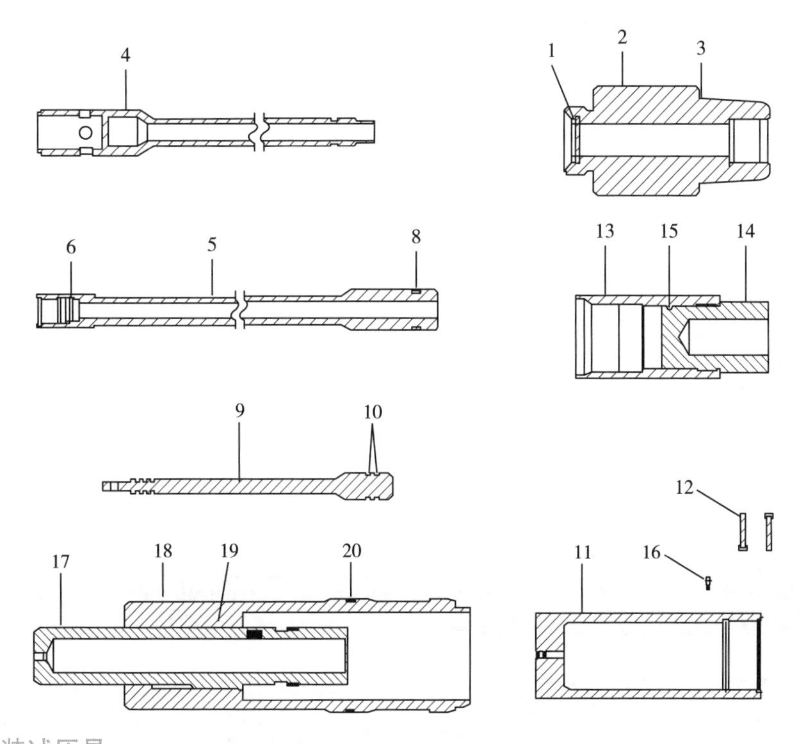

11. 组装试压具

（1）给 O 形圈（3）涂脂，安装到测试堵头（2）外壁。

（2）给密封活接头（1）涂脂，安装到测试堵头（2）内壁。

（3）给两个 O 形圈（10）涂脂，安装到测试堵头（9）外壁。

（4）给 O 形圈（6）（8）涂脂，分别安装到下部心轴（5）的上部内壁及下部外壁。

（5）将上部心轴（4）连接至测试堵头（2）。

（6）将下部心轴（5）连接至上部心轴（4）。

（7）给O形圈（15）涂脂，安装到测试堵头（14）内壁。

12. 压力测试

1）测试项目1

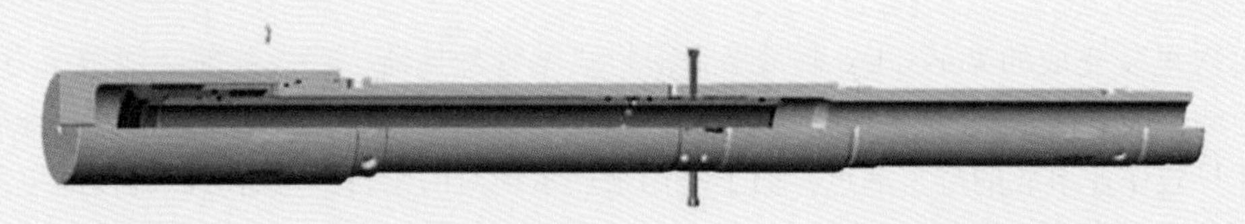

（1）确认阀座（87）、阀套（17）组件和活塞挡环（78）装于阀套心轴（18）的上端。

（2）在阀套心轴（18）上端安装试压帽（11）。

注意：使用保护包装覆盖阀套心轴外壁，以防在试压过程中受损。

（3）对齐阀套（17）与阀套心轴（18）的销钉孔，在阀套心轴的孔内安装4颗钢钉（12），以防试压过程中阀套移动。

（4）在试压帽上连接试压管线。

（5）试压3000 psi，稳压10 min。

（6）泄压，保持泄压阀打开。

（7）拆掉试压管线及试压帽。

（8）从阀套心轴（18）上拆除4个钢销钉（12）。

（9）返回至组装程序：阀座组件 – 步骤（15）。

2）测试项目2

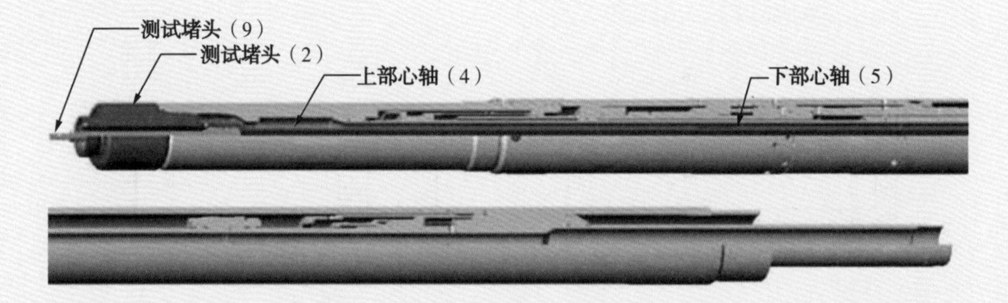

（1）将测试堵头（2）连接至上部心轴（4）上端。

（2）在测试堵头（9）下端外壁涂抹润滑脂，将其穿过测试堵头（2）连接至上部心轴（4）上端。

（3）将组装好的试压具插入送入工具内，将测试堵头（2）接到上部变扣上。

（4）在测试堵头（2）上连接1502试压接头。

（5）连接试压管线。

（6）从送入工具上部灌满并充分排气。

注意：灌液时可能需要将送入工具一端上倾，以便排出工具内圈闭的空气。

（7）对送入工具试压 600psi，稳压 10min，允许的压降为 6%，使用压力记录仪记录稳压压力及时间。

（8）泄压，保持泄压阀打开。

3）测试项目 3

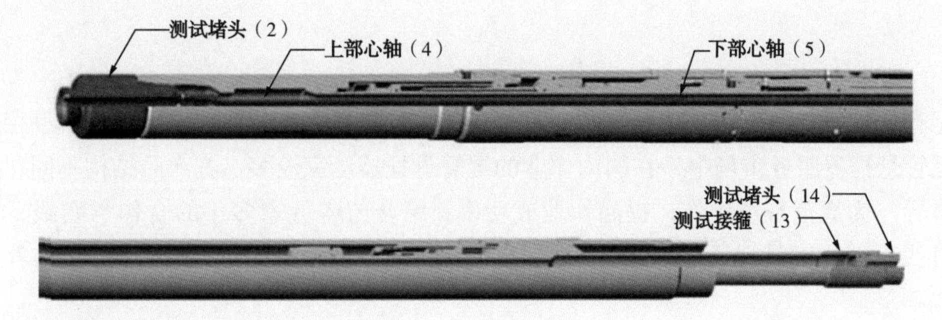

（1）将测试堵头（9）从上部心轴（4）上拆除。

（2）连接 1502 试压接头。

（3）将试压接箍（13）接至工具末端。

（4）将测试堵头（14）接至测试接箍（13）底端。

（5）再次向工具内灌液并排气。

（6）试压 3000psi，稳压 10min。

（7）使用压力记录仪记录稳压压力及时间。

（8）泄压，保持泄压阀打开。

（9）拆除所有试压组件。

（10）排净试压液。

（11）在 VF 总成外露的螺纹安装护丝。

（12）在送入工具上部连接提升短节，并按标准扭矩上扣。

第三章 尾管悬挂器现场操作

尾管悬挂器现场操作是尾管固井的重要环节，是一项高风险作业。目前油气勘探开发作业尾管悬挂器服务市场中，在国内作业的尾管悬挂器厂家较多，其产品结构不同，操作方式各异。为规范现场操作，提高作业成功率，结合与各厂家多年的合作与实践，对几种具有代表性的工具现场操作进行了规范，并对部分现场操作异常情况提出了推荐处理方法。

本章涉及的工具包括斯伦贝谢 RRT/CRT、威德福 R-Tool/HNG、大陆架 STY-CF、哈里伯顿 HTVF 等。

第一节 机械脱手尾管悬挂器

一、斯伦贝谢 RRT 送入工具

×× 井本次作业是对 $8^{1}/_{2}$in 裸眼进行尾管悬挂及固井。该井上层套管为 $9^{5}/_{8}$in×× 磅级 ×× 钢级 ×× 扣型，上层套管管鞋深度为 MD：××m/TVD：××m，对应井斜为 ××°，$8^{1}/_{2}$in 裸眼设计完钻井深 MD：××m/TVD：××m，对应井斜为 ××°，所使用尾管为 7in×× 磅级 ×× 钢级 ×× 螺纹类型，井上钻具为 ××in×× 磅级 ×× 钢级 ×× 螺纹类型，该井所使用钻井液体系为 ××，密度 ××g/cm^3。

斯伦贝谢尾管系统使用 RRT-HM 型送入工具，RCB 密封补心，LWP 胶塞系统，JBT 防砂帽，HPS 型悬挂器，15ft 回接筒，PV-3 型顶部封隔器，BC 型陶瓷球座及浮箍、浮鞋等设备。尾管送入到位之后，首先坐挂悬挂器，脱手送入工具，剪切球座，随后进行固井作业，固井结束之后坐封顶部封隔器。清洗完多余水泥浆之后回收送入工具。

1. 尾管下入顺序

（1）带侧孔双阀浮鞋，7in、×× 磅级、×× 钢级、×× 螺纹类型。

（2）套管，7in、×× 磅级、×× 钢级、×× 螺纹类型。

（3）浮箍，7in、×× 磅级、×× 钢级、×× 螺纹类型。

（4）套管，7in、×× 磅级、×× 钢级、×× 螺纹类型。

（5）浮箍，7in、×× 磅级、×× 钢级、×× 螺纹类型。

（6）套管，7in、× × 磅级、× × 钢级、× × 螺纹类型。

（7）带球座的碰压座，7in、× × 磅级、× × 钢级、× × 螺纹类型。

（8）套管，7in、× × 磅级、× × 钢级、× × 螺纹类型。

（9）斯伦贝谢尾管悬挂器总成：

① HPS 型液压尾管悬挂器，适用于 7in× ×~× × 磅级 ×9.625in× ×~× × 磅级，× × 磅级、× × 钢级、× × 双公螺纹类型。

②双母接箍，7in、× × 磅级、× × 钢级、× × 螺纹类型。

③ PV–3 型顶部封隔器，适用于 7in× ×~× × 磅级 ×9.625in× ×~× × 磅级，× × 磅级、× × 钢级、× × 螺纹类型。

④回接筒，适用于 7in、× ×~× × 磅级，7.74in，15ft，× × 钢级、× × 螺纹类型。

2. 工具参数

1）尾管作业工具汇总表

送入工具	入井工具
水泥头	1.75in 铝球 / 铜球 / 树脂球
钻杆 / 钻杆短节 / 变扣作为送入管串	× × in 钻杆胶塞
悬挂器总成提升短节	15ft 回接筒
JBT 防砂帽	7in 顶部封隔器
RDA 坐封器	7in 双母接箍
RRT 型送入工具	7in 悬挂器
RCB 可回收式密封补心	7in× ×# 尾管胶塞
中心管	7in 碰压座
LWP 尾管胶塞适配器	7in 单阀浮箍 ×2 个
	7in 双阀浮鞋

2）相关数据

RRT 送入工具液锁压力	× × psi（× × 个 × × × psi/ 个）（× × MPa）
RRT 送入工具轴向剪切销钉剪切力	18000lbf（8.2tf）
送入工具最大旋转扭矩	42000lbf · ft（56900N · m）
送入工具最大抗拉强度	800000lbf（362tf）
送入工具最大抗压强度	373000lbf（169.2tf）
悬挂器最大允许的旋转扭矩	17000lbf · ft（23035N · m）
悬挂器总成最大抗拉强度	753000lbf（342tf）
悬挂器总成最大抗压强度	357000lbf（162tf）
确认送入工具脱手最大上提距离（理论值）	× × m
顶部封隔器第一组剪切销钉值	18000lbf/8.2tf（4 个）
顶部封隔器第二组剪切销钉值	54000lbf/24.5tf（18 个）

续表

悬挂器坐挂压力	××psi（××个×××psi/个）（××MPa）
悬挂器最大坐挂能力	251000lbf（114tf）
LWP尾管胶塞剪切压力	1992psi（6ea×332psi/个）（13.7MPa）
尾管胶塞的最大碰压压力	5000psi（34.5MPa）
到达井底前最大循环压力（悬挂器座挂压力与RRT送入工具液锁解除压力两者最小值的70%）	××psi（××MPa）
到达井底后最大循环压力	按照固井要求
球座位置	碰压座
球座剪切值	××psi（××MPa）
开泵送球最大排量	金属球0.6m³/min；树脂球为循环排量

3. 施工前现场检查

（1）与现场甲方代表沟通、确认作业相关信息。

（2）确认上层套管磅级、尾管磅级与螺纹类型，钻杆尺寸、钢级、磅级、螺纹类型与悬挂器总成相符。

（3）工具到达平台后，对照送料单检查所有工具齐全、完好。

（4）检查确认悬挂器总成号与施工前报告相符。

（5）在最后一趟通井作业时，在以下两个位置测量并记录相关数据（推荐在下钻期间完成此项操作）。

①悬挂器设计坐挂深度。

项目	测试值
上提重量	
下放重量	
10r/min扭矩及悬重	
20r/min扭矩及悬重	

② BHA起至井口。

项目	测试值
上提重量	
下放重量	
BHA长度	

（6）丈量并记录管柱图上的所有相关数据：长度、内径和外径等。确认球的外径与球座球孔内径差不少于3mm。

（7）按照《现场检查表》，检查核对并填写相关参数和数据，以确保作业时工作正常。

（8）检查并确认送入工具与钻杆可连接，确认上扣扭矩。确认吊卡与提升短节匹配。

（9）测量尾管与钻杆通径规尺寸。

注：3½in 钻杆通径规直径应不小于 50mm；5in 钻杆通径规直径应不小于 67mm；5½in 及 5⅞in 钻杆通径规直径应不小于 75mm。

（10）检查胶塞适配器（旋转、拉拽测试以及确认顶丝已安装）。

（11）核对、确认并记录销钉的数量与《施工前报告》的数量一致。

（12）检查水泥头工作正常，测量水泥头挡销和内壁之间的距离确保其小于钻杆胶塞铝制本体外径，安装钻杆胶塞，要求尾管工程师、固井工程师、钻井监督三方确认。

（13）检查水泥头、钻杆、钻杆短节、加重钻杆、变扣的内径及台阶面等，确认其内部和连接之后均没有直角台阶，倒角不大于 45°。

（14）在做尾管表之前，要求井队使用标准通径规对尾管进行通径。

（15）制作尾管表时，调方余用的短钻杆，应连接在最后一柱钻具以下。

（16）用斯伦贝谢专用通径规（OD：63.5mm）对悬挂器总成通径。

（17）如果尾管的长度比上层套管鞋深度长，建议下尾管前将悬挂器总成配长后立在井架上。

（18）连接固井附件，上好内螺纹护丝。

（19）如现场条件允许回接筒内提前灌满钻杆螺纹润滑脂。

注：如采用高黏液体代替钻杆螺纹润滑脂，应保证与水泥浆相容性及在循环温度下的流动性、悬浮能力、沉降稳定性良好。

（20）确认钻台各读数表（压力、扭矩、悬重等）正常。固井泵至钻台立管管汇试压（预测的施工最高压力附加 20%），同时校核钻台压力表。

（21）检查确认悬挂器总成划线位置没有错位，确认各部件连接正常（车间组装完后划线）。

（22）收集相关数据按照，按照《尾管悬挂器坐挂脱手计算表》计算并填写尾管浮重，送入钻具上提、下放悬重、回缩距、方余等。

（23）下尾管前，取出防磨套。

4. 下尾管

（1）记录甲板上所有尾管及尾管短节的数量。

（2）下尾管前，召集所有相关作业人员，进行风险评估，开安全会。主要安全议题为防止落物、吊装作业、有效的沟通、防止挤压伤害等。

（3）按照尾管表，连接浮鞋、浮箍以及相应的尾管。检查浮阀工作正常。在浮箍以上的套管上连接碰压座（确认以上附件与套管连接时均已涂抹螺纹胶）。

（4）下尾管，按尾管表加放扶正器，每根灌浆，每 5 根灌满一次，最后一根下完后，将尾管全部灌满。

（5）吊悬挂器总成上钻台，连接尾管胶塞，连接悬挂器并按标准扭矩上扣（确认上扣时，大钩吊卡已经放松）。

（6）不提卡瓦，上提 1m，确认所有送入工具及接头连接正常，确认划线位置没有移位。

（7）再次确认尾管悬挂器、顶部封隔器剪切销钉数量。

（8）下放至合适高度，卸松防砂帽的锁紧螺钉，用两个螺栓正转拧开防砂帽，将防砂帽提离回接筒，拧紧固定螺栓将防砂帽固定在延伸短节上。在回接筒内灌满螺纹润滑脂。松开螺栓，将防砂帽复位，锁紧到回接筒上（如回接筒内已提前灌满螺纹润滑脂，则忽略此步骤）。

注意：禁止在回接筒上坐卡瓦；确保在后续操作过程中，保护好井口，防止井下落物。

（9）扶正悬挂器总成缓慢通过转盘和防喷器，在 ××in 钻杆短节上坐卡瓦。悬挂器过转盘时一定要小心，以免损坏。

（10）打通、循环，循环泵压不超过 ××psi（××MPa）（RRT 液锁解除压力的 70%）。清点并记录井架内所有钻杆的数量。

（11）回接筒内灌满螺纹润滑脂后停止循环，称重，记录上提、下放吨位。

（12）下钻。为防止下钻时井下落物，可将钻杆刮泥器套在钻杆上，保护井口。所有入井钻具必须通径，确认通径规和尾绳出来后方能连接钻具。每柱灌浆，每 5 柱灌满钻井液一次。为避免灌浆时产生激动压力，不允许使用闭路系统灌浆。

注：变扣 / 变径短节应正向通径。

（13）尾管进入裸眼前，打通，循环，最大循环泵压不超过 ××psi（××MPa）（RRT 液锁解除压力的 70%）。钻台坡道备一根解卡单根。

注：常规井打通循环；高温高压井、大斜度井、高压气井等特殊井视具体情况延长循环时间。

（14）停泵，称重。

（15）进入裸眼后，利用接立柱的时间，每柱灌浆并尽可能灌满，每 5 柱灌满钻井液一次。

（16）下放速度控制在 0.2~0.3m/s。

（17）遇阻下压吨位不得超过 10tf，遇阻后首先上提提活管串（最大上提不超过整个管串薄弱点抗拉强度的 80%，需综合考虑钻具、送入工具、尾管悬挂器、尾管的最低抗拉强度）。

注 1：送尾管期间如需旋转，必须汇报基地。

注 2：遇阻下压如需超过 10tf，必须汇报基地。

（18）下放管串至设计深度，校深并灌满钻井液。

（19）称重，并记录钻杆拉伸量。

（20）接顶驱，小排量（0.2m^3/min）打通循环。上提管柱调整方余并做标记，使悬挂器提到拉伸状态（控制大钩悬重不小于送入钻具上提悬重 +30tf；如低于此吨位提活，则上提到设计方余）。

（21）循环排量按固井设计执行，至少循环 2 个环空容积。同时，观察钻井液返出是否干净。确保循环压力低于 RRT 液锁解除压力的 85%，即：××psi（××MPa）。

5. 坐挂悬挂器

（1）循环结束后，卸顶驱，投一个 1.75in×× 球。接顶驱，上提管柱至标记位置（微

调方余误差）。

注：球座位置井斜小于 55° 使用金属球，55° ~70° 宜使用树脂球，超过 70° 应使用树脂球。

（2）开泵送球，控制排量不超过 0.6m^3/min；密切观察泵压表，当泵压突然上升时，停泵。

（3）观察泵压稳定后，缓慢增加压力到悬挂器坐挂压力与 RRT 送入工具液锁压力两者最大值 +400psi，即 × ×psi（× ×MPa），并稳压 2~3min。

（4）带压下放至钻具悬重后继续下压 × ×t（7in 及以上尺寸尾管下压 20~30tf；7in 以下尺寸尾管下压 10~20tf；井斜大于 45° 时，多压 10tf），下放时以每 10cm 或每 10t 回缩距为刻度，在钻杆上做标记，对照计算的钻具伸缩距，确认悬挂器坐挂（下放过程中注意观察送入工具轴向剪切销钉剪切显示）。

注：如无法坐挂则以 200psi 为梯度重复步骤（3）（4）步操作，每次压力高于之前 200psi，最高压力为球座剪切压力的 85%，即 × ×psi（× ×MPa）；如有坐挂显示但打滑，则尝试更换坐挂位置；如仍无法坐挂，则汇报基地，与作业者共同决定以下方案：

①如管串能提活，则尝试探底，探到完钻井深后，上提至提活悬重，继续上提 1m，以 200psi 为梯度提高坐挂压力重复坐挂操作，如坐挂成功则进行脱手操作步骤（1）；如球座憋通仍无法坐挂则坐底，进行脱手操作步骤（2）；

②如无法下放到底，则放掉尾管浮重，继续下压 1.5 倍坐封吨位（若钻杆浮重不足，下压全部送入钻具重量），上提至步骤（4）悬重，进行脱手操作步骤（1）。

6. 送入工具脱手

（1）缓慢放压并保持放压阀打开。

（2）上提悬重 10tf，设定顶驱停转扭矩（悬挂点测量扭矩值 +5kN · m），先缓慢正转 2 圈，密切观察扭矩表，缓慢释放扭矩，观察反转圈数。确认正常后，继续正转，密切观察并记录正转脱手的圈数和扭矩（送入工具正转 4 圈倒扣脱手，第 9 圈则扭矩上升），观察到扭矩上升时，立即停止旋转。缓慢释放扭矩，观察并记录反转圈数。

注 1：若有效圈数达到 10 圈时，仍未观察到扭矩上升，则立即释放扭矩，按 6.3 步骤上提确认脱手，观察悬重。

注 2：若顶驱扭矩达到停转扭矩值，则停止旋转，释放扭矩，上提至钻具悬重（预测的脱手后上提悬重）+10tf。继续提高压力至球座剪切值的 80%（× ×psi/× ×MPa）。稳压 3min 后，按照坐挂步骤（3）（4）重新验挂、试脱手。若仍不能脱手，则汇报基地。

（3）上提确认送入工具脱手（上提至预测钻具重量范围内，同时比较上提距离与计算钻具拉伸距，避免将坐封工具提出回接筒），提活后继续缓慢上提 0.5m，如果钻具悬重不增加，说明脱手成功（最大上提悬重：钻具计算上提悬重＋ 10tf）。

（4）确认送入工具脱手后，再次下放到坐挂步骤（4）时的悬重，核对方余一致。

（5）打压，憋通球座，记录球座剪切压力。

（6）重新建立循环，记录循环泵压和循环排量并与投球之前的记录对比。

注 1：正常坐挂、脱手、憋通球座后循环 2 个裸眼环空容积。

注 2：坐挂、脱手操作没有顺利完成，钻井液静止时间较长，球座憋通后循环 2 个环空容积。

7. 固井和顶替

（1）接水泥头、固井管线。

（2）按照固井设计泵注隔离液、冲洗液、水泥浆。

（3）清洗固井管线，释放钻杆胶塞，按固井设计顶替。

（4）在大小胶塞啮合之前 $2m^3$，降低泵速到 $0.6\sim0.8m^3/min$，观察大小胶塞啮合压力（设定值是 1992psi/13.7MPa）。记录啮合压力值及顶替量，校核泵效、计量误差。在大小胶塞释放后，恢复正常泵速继续顶替。如未观察到大小胶塞啮合显示，在设计大小胶塞啮合泵效之后 $2m^3$，恢复正常泵速继续顶替。

（5）慢替量和排量按固井设计执行，碰压，记录碰压压力。

注 1：顶替使用一个泵注系统，以减少计量误差。

注 2：用固井泵顶替到设计量没有碰压最多再替球座以下套管内容积的一半。

注 3：用钻井泵顶替，如果能观察到大小胶塞啮合，且啮合时泵效高于 95% 则碰压；如果观察不到大小胶塞啮合或者啮合时泵效特别低，则按施工前测试过的经验泵效并综合流量计、钻井液池等多种计量方式进行顶替，过替不超过球座以下套管内容积的一半；同时要综合考虑管内外压差，不漏的情况下至少要替到设计压差。

注 4：固井碰压时，用小排量碰压，压力上升 3~5MPa 即可。

（6）稳压 3~5min，放回流，并记录回流量。

8. 坐封顶部封隔器

（1）拆固井管线、水泥头，接顶驱。

（2）上提至钻具悬重后，继续上提 ××m（胀封挡块到回接筒顶部距离 ××m+0.5m）。

（3）下放管柱，灵敏表调零，下压 40tf 坐封封隔器。期间注意观察悬重表，确认封隔器剪切销钉剪断。销钉剪切后保持下压至少 3min。

注 1：如下放至坐封前悬重后，方余与坐封前一致，则重复步骤（2）（3），并将步骤（2）上提距离增加，不超过最大上提距离（密封补芯失去密封距离 ××m 至 0.5m）××m 即可。

注 2：如果上提至钻具悬重后，悬重继续上升，最大过提不超过尾管送入到位时上提悬重，上下活动并汇报基地。

9. 回收送入工具

（1）打压（悬挂器处管柱内外压差 +3MPa），上提管柱 ××m（密封补芯失去密封距离 ××m 至胀封挡块到回接筒顶部距离 ××m）。压力下降，迅速开泵，小排量循环。继续上提 8.5m（中心管提出回接筒），大排量循环（推荐 $2.5m^3/min$ 左右），以确保将回接筒顶部水泥浆清洗干净，不允许旋转钻具。

（2）继续上提 3~5m。在钻杆上沿转盘面划线，在划线位置以上活动钻具，活动距离不少于一个单根。

（3）循环 1.5 个环空容积，期间注意观察返出，确认水泥浆循环干净。

（4）循环结束后，记录上提下放悬重。起钻。

（5）送入工具起出井口，检查送入工具。

二、威德福 R–Tool 送入工具

××井本次作业是对 $8^{1}/_{2}$in 裸眼进行尾管悬挂及固井。该井上层套管为 $9^{5}/_{8}$in、××磅级、××钢级、××螺纹类型，上层套管管鞋深度为，MD：××m/TVD：××m，对应井斜为××°，$8^{1}/_{2}$in 裸眼设计完钻井深，MD：××m/TVD：××m，对应井斜为××°，所使用尾管为 7in、××磅级、××钢级、××螺纹类型，井上钻具为××in、××磅级、××钢级、××螺纹类型，该井所使用钻井液体系为××，密度××g/cm^{3}。

威德福尾管系统使用 R–Tool 送入工具，RSM 密封补心，LWP 胶塞系统，FJB 浮式防砂帽，WCTH 型悬挂器，15ft 回接筒，WTSP5 型顶部封隔器，WLCL 型球座及浮箍、浮鞋等设备。尾管送入到位之后，首先坐挂悬挂器，脱手送入工具，剪切球座，随后进行固井作业，固井结束之后坐封顶部封隔器。清洗完多余水泥浆之后回收送入工具。

1. 尾管下入顺序

（1）带侧孔双阀浮鞋，7in、××磅级、××钢级、××螺纹类型。

（2）套管，7in、××磅级、××钢级、××螺纹类型。

（3）浮箍，7in、××磅级、××钢级、××螺纹类型。

（4）套管，7in、××磅级、××钢级、××螺纹类型。

（5）浮箍，7in、××磅级、××钢级、××螺纹类型。

（6）套管，7in、××磅级、××钢级、××螺纹类型。

（7）带球座的碰压座，7in、××磅级、××钢级、××螺纹类型。

（8）套管，7in、××磅级、××钢级、××螺纹类型。

（9）威德福尾管悬挂器总成：

① WCTH 型液压尾管悬挂器，适用于 7in××~××磅级×9.625in××~××磅级，××磅级、××钢级、××双公螺纹类型。

②双母接箍，7in、××磅级、××钢级、××螺纹类型。

③ WTSP5 型顶部封隔器，适用于 7in××~××磅级×9.625in××~××磅级，××磅级、××钢级、××螺纹类型。

④ WTSP5 型回接筒，适用于 7in××~××磅级，7.913in，15ft，××钢级、××螺纹类型。

2. 工具参数

1）尾管作业工具汇总表

送入工具	入井工具
水泥头	1.75in 铝球 / 铜球 / 树脂球
钻杆 / 钻杆短节 / 变扣作为送入管串	××in 钻杆胶塞
悬挂器总成提升短节	15ft 回接筒

续表

送入工具	入井工具
FJB 浮式防砂帽	7in 顶部封隔器
RPA 坐封器	7in 双母接箍
R-Tool 送入工具	7in 悬挂器
可回收式密封补芯	7in××# 尾管胶塞
上部中心管	7in 碰压座
下部中心管	7in 浮箍 ×2 个
LWP 尾管胶塞适配器	7in 浮鞋

2）相关数据

R-Tool 送入工具液锁解除压力	××psi（×× 个 ××× psi/ 个）（××MPa）
送入工具最大旋转扭矩（R-Tool）	25000lbf·ft（33950N·m）
送入工具最大抗拉强度（R-Tool）	714.2klbf（324tf）
送入工具最大抗压强度	下入过程 90tf（R-Tool），防砂帽释放后 53tf（FJB）
悬挂器最大允许的旋转扭矩（双母接箍）	8300lbf·ft（11000N·m）
悬挂器最大抗拉强度（倒扣螺母位置）	414.4klbf（188tf）
确认送入工具脱手最大上提距离（理论值）	××m
顶部封隔器第一组剪切销钉值	8 个 =13.3tf（24 个分 3 组依次剪切，每组 8 个）
顶部封隔器第二组剪切销钉值	××tf
悬挂器坐挂压力	××psi（×× 个 ×××psi/ 个）（××MPa）
LWP 尾管胶塞剪切压力	2504psi（8 个 × 313psi/ 个）（17MPa）
尾管胶塞最大碰压压力	4360psi（30MPa）
到达井底前最大循环压力（悬挂器坐挂压力与 R-Tool 送入工具液锁解除压力两者最小值的 70%）	××psi（××MPa）
到达井底后最大循环压力	按照固井要求
球座位置	HLC 碰压座
球座剪切值	3150psi（21.72MPa）
开泵送球最大排量	金属球 0.6m^3/min；树脂球为循环排量

3. 施工前现场检查

（1）与现场甲方代表沟通、确认作业相关信息。

（2）确认上层套管磅级、尾管磅级与螺纹类型、钻杆尺寸、钢级、磅级、螺纹类型与悬挂器总成相符。

（3）工具到达平台后，对照送料单检查所有工具，确认齐全、完好。

（4）检查确认悬挂器总成号与《施工前报告》一致。

（5）在最后一趟通井作业时，在以下两个位置测量并记录相关数据（推荐在下钻期间完成此项操作）。

①悬挂器设计坐挂深度。

项目	测试值
上提重量	
下放重量	
10r/min 扭矩及悬重	
20r/min 扭矩及悬重	

② BHA 起至井口。

项目	测试值
上提重量	
下放重量	
BHA 长度	

（6）核对尾管悬挂器总成图上的所有现场可实测相关数据（长度、内径和外径等）实测值与标定值一致。

（7）确认球的外径与球孔内径差不少于 3mm。

（8）按照《现场检查表》，检查核对并填写相关参数和数据，以确保作业时工作正常。

（9）确认浮式防砂帽在运输途中没有移位。

（10）核对、确认并记录销钉的数量与《施工前报告》的数量一致。

（11）检查水泥头工作正常，测量水泥头挡销和内壁之间的距离，确保其小于钻杆胶塞铝制本体外径，安装钻杆胶塞，要求尾管工程师、固井工程师、钻井监督三方确认。

（12）检查水泥头、钻杆、钻杆短节、加重钻杆、变扣的内径及台阶面等，确认其内部和连接之后均没有直角台阶，倒角不大于 45°。

（13）在做尾管表之前，要求井队使用标准通径规对尾管进行通径。

（14）悬挂器卡瓦、封隔器胶皮应避开上层套管接箍。

（15）制作尾管表时，调方余用的短钻杆，应连接在最后一柱钻具以下。

（16）连接浮鞋 / 引鞋、浮箍、球座 / 碰压（胶塞）座之前，应对套管进行内部检查，确保无杂物，并在连接有浮鞋 / 引鞋、浮箍、球座 / 碰压（胶塞）座的套管内螺纹端戴上端面封闭的护丝。

（17）下套管前应通井，调整钻井液性能，确认井内无井涌、井漏、垮塌、阻卡等复杂情况。相关技术指标按照 SY/T 5374 的规定执行。

（18）下尾管前，安装底部中心管和胶塞适配器，并用威德福专用 63.5mm（2.5in）通径规对悬挂器总成通径。

（19）如果尾管的长度比上层套管鞋深度长，建议下尾管前将悬挂器总成配长后立在井架上。

（20）钻具入井前应使用通径规通径。

注：$3^{1}/_{2}$in 钻杆通径规直径应不小于 50mm；5in 钻杆通径规直径应不小于 67mm；$5^{1}/_{2}$in 及 $5^{7}/_{8}$in 钻杆通径规直径应不小于 75mm。

（21）带有浮式防砂帽的悬挂器总成上井后可提前向回接筒内灌入淡水，下入时检查液面并补满。

（22）收集相关数据，按照《尾管悬挂器坐挂脱手计算表》进行计算并填写尾管浮重，送入钻具上提、下放悬重，回缩距、方余等。

（23）确认钻台各读数表（压力、扭矩、悬重等）正常。固井泵至钻台立管管汇试压（预测的施工最高压力附加 20%），同时校核钻台压力表。

（24）检查确认悬挂器总成划线位置没有错位（车间组装完后划线）。

（25）下尾管前，取出防磨套。

4. 下尾管

（1）记录甲板上所有尾管及尾管短节的数量。

（2）下尾管按 SY/T 5412 的规定执行。

（3）下尾管前，召集所有相关作业人员，进行风险评估，开安全会。主要安全议题为防止落物、吊装作业、有效的沟通、防止挤压伤害等。

（4）按照尾管表，连接浮鞋、浮箍以及相应的尾管，灌浆并确认浮阀工作正常。在浮箍以上的套管连接球座或碰压（胶塞）座。

（5）尾管串球座或碰压（胶塞）座以下的螺纹连接均应涂抹螺纹胶。

（6）悬挂器总成以下的两根套管，应各加放一个套管扶正器，悬挂位置在井斜 30° 以上井段时应选用非弹性扶正器。

（7）下尾管，按尾管表加放扶正器，每根灌浆，每 5 根灌满一次，最后一根下完后，将尾管全部灌满。

（8）吊悬挂器总成上钻台，连接尾管胶塞，连接悬挂器并按标准扭矩上扣（确认上扣时，大钩吊卡已经放松）。

（9）不提卡瓦，上提 1m，确认所有送入工具及接头连接正常，确认划线位置没有移位。

（10）再次确认尾管悬挂器、顶部封隔器剪切销钉数量。

（11）下放尾管悬挂器总成，在提升短节上坐卡瓦，严禁将卡瓦坐在回接筒上，以免损坏工具。

（12）如果转盘补芯可能对悬挂器造成损坏，应将其提出。扶正悬挂器缓慢通过转盘和防喷器，小心避免磕碰。

（13）清点并记录井架内所有钻杆的数量并复核入井管串数据。

（14）上提尾管悬挂器总成，将防砂帽提到转盘面以上，回接筒顶部提出转盘面过程应防止磕碰。

（15）打通、循环（确认防砂帽排气孔保持打开状态），循环泵压不超过 ××psi（××MPa）（悬挂器坐挂压力与 R-Tool 送入工具液锁压力两者最小值的 70%）。

（16）循环期间，在浮式防砂帽尾管悬挂器的回接筒内灌满淡水；并在循环结束前，确认回接筒内已灌满。

（17）下放，在 5in 提升短节上坐卡瓦（不要将卡瓦坐在回接筒上，以免损坏悬挂器总成）。

（18）循环结束后，安装防砂帽灌水与排气孔堵头，拆除定位螺栓。

（19）接一柱钻杆，下放至悬挂器通过防喷器后称重。

（20）扶正尾管悬挂器总成缓慢通过防喷器、四通等井口装置，观察指重表变化，注意保护液压缸、卡瓦和封隔器。

（21）送尾管时，应边通径边下送入钻具，且只使用一个通径规；所有入井钻具必须通径，确认通径规和尾绳出来后方能连接钻具。

注：变扣 / 变径短节应正向通径。

（22）尾管悬挂器总成入井后，接送入钻具时打紧背钳，控制尾管下放速度。

（23）每柱钻具均应灌浆，每 5 柱灌满一次。不允许使用闭路系统灌浆，避免产生激动压力。

（24）尾管进入裸眼前，打通，循环，最大循环泵压不超过 ××psi（××MPa）（悬挂器坐挂压力与 R-Tool 送入工具液锁压力两者最小值的 70%）。钻台坡道备一根解卡单根。

注：常规井打通循环；高温高压井、大斜度井、高压气井等特殊井视具体情况延长循环时间。

（25）停泵，称重。

（26）尾管进入裸眼后，应充分利用接立柱的时间进行灌浆并尽可能灌满，每 5 柱灌满一次；控制下放速度不超过 0.3m/s。

（27）遇阻下压吨位不得超过 10tf，遇阻后首先上提提活管串（最大上提不超过整个管串薄弱点抗拉强度的 80%，需综合考虑钻具、送入工具、尾管悬挂器、尾管的最低抗拉强度）。

注 1：送尾管期间如需旋转，必须汇报基地。

注 2：遇阻下压如需超过 10tf，必须汇报基地。

（28）下放管串至设计深度，校深并灌满钻井液。

（29）称重，并记录钻杆拉伸量。

（30）接顶驱，以 0.1~0.2m^3/min 排量打通循环。上提管柱，控制大钩悬重不小于送入钻具上提悬重加 30tf；如低于 30tf 提活，则上提至设计方余，使悬挂器总成处于拉伸状态，调整方余并做标记。

（31）固井前至少循环 2 个环空容积，循环排量按固井设计执行，控制最高循环压力低于悬挂器坐挂压力的 85%。确认井口钻井液返出干净。

5. 坐挂悬挂器

（1）循环结束后，卸顶驱，投球。

注：球座位置井斜小于 55° 使用金属球，55°~70° 宜使用树脂球，超过 70° 应使用树脂球。

（2）接顶驱，上提管柱至标记位置，微调方余误差。

（3）以转盘面为基准面，以 10cm 或 10tf 回缩距为刻度，在钻杆上做位置标记。

（4）开泵送球（金属球：控制排量不超过 $0.6m^3/min$；树脂球：按正常循环排量送球，入座前调整到 $0.6m^3/min$，如无法入座则逐步提高排量），密切观察泵压表，当泵压突然上升时，停泵。

（5）观察泵压稳定后，缓慢增加压力到设定坐挂压力 +400psi（××MPa），并稳压 2~3min。

（6）带压下放至钻具悬重后继续下压 ××tf（7in 及以上尺寸尾管下压 20~30tf；7in 以下尺寸尾管下压 10~20tf；井斜大于 45° 时，多压 10tf），下放时以每 10cm 或每 10tf 回缩距为刻度，在钻杆上做标记，对照计算的钻具伸缩距，确认悬挂器坐挂。

注：如无法坐挂则以 200psi 为梯度重复步骤（5）（6）操作，每次压力高于之前 200psi，最高压力为球座剪切压力的 85%；如有坐挂显示但打滑，则尝试更换坐挂位置；如仍无法坐挂，则汇报基地，与作业者共同决定以下方案：

①如管串能提活，则尝试探底，探到完钻井深后，上提至提活悬重，继续上提 1m，以 200psi 为梯度提高坐挂压力重复坐挂操作，如坐挂成功则进行脱手操作步骤（1）；如球座憋通仍无法坐挂则坐底，进行脱手操作步骤（2）；

②如无法下放到底，则放掉尾管浮重，继续下压 1.5 倍坐封吨位（若钻杆浮重不足，下压全部送入钻具重量），上提至步骤（6）悬重，进行脱手操作步骤（1）。

6. 送入工具脱手

（1）缓慢放压并保持放压阀打开。

（2）上提悬重 10tf，设定顶驱停转扭矩（悬挂点测量扭矩值 +5kN·m），先缓慢正转 2 圈，密切观察扭矩表，缓慢释放扭矩，观察反转圈数。确认正常后，继续正转，密切观察并记录正转脱手的圈数和扭矩（送入工具正转 3.5 圈倒扣脱手，第 8 圈则扭矩上升），观察到扭矩上升时，立即停止旋转。缓慢释放扭矩，观察并记录反转圈数。

注 1：若有效圈数达到 10 圈时，仍未观察到扭矩上升，则立即释放扭矩，按步骤（3）上提确认脱手，观察悬重。

注 2：若顶驱扭矩达到停转扭矩值，则停止旋转，上提至钻具悬重（预测的脱手后上提悬重）+10tf。继续提高压力至球座剪切值的 80%。稳压 3min 后，按照坐挂操作步骤（5）（6）及脱手操作步骤（1）（2）重新验挂、试脱手。若仍不能脱手，则汇报基地。

（3）上提确认送入工具脱手，上提至钻具悬重后继续缓慢上提，如果钻具悬重不增加，说明脱手成功，上提距离不超过浮式防砂帽泄压槽与防砂帽底部之间距离的一半，即 ××m（最大上提悬重：钻具上提悬重＋ 10tf）。

（4）确认送入工具脱手后，再次下放到坐挂操作步骤（6）时的悬重，核对方余一致。

（5）打压，憋通球座，记录球座剪切压力。

（6）重新建立循环，记录循环泵压和循环排量并与投球之前的记录对比。

注 1：正常坐挂、脱手、憋通球座后循环 2 个裸眼环空容积。

注 2：坐挂、脱手操作没有顺利完成，钻井液静止时间较长，球座憋通后循环 2 个环空容积。

7. 固井和顶替

（1）接水泥头、固井管线。

（2）按照固井设计泵注隔离液、冲洗液、水泥浆。

（3）清洗固井管线，释放钻杆胶塞，按固井设计顶替。

（4）在大小胶塞啮合之前 2m^3，控制泵速，钻杆内流速为 1~1.7m/s，观察大小胶塞啮合压力（设定值为 ××psi/××MPa）。记录啮合压力值及顶替量，校核泵效、计量误差。在大胶塞释放后，恢复正常泵速继续顶替。如果未观察到大小胶塞啮合压力，在设计大小胶塞啮合泵效之后 1m^3，恢复正常泵速继续顶替。

（5）慢替量和排量按固井设计执行。碰压，记录碰压压力。

注 1：顶替使用一个泵注系统，以减少计量误差。

注 2：碰压控制（基本原则：确保不替空）。

①现场应根据泵效试验确定最大顶替冲数，顶替至预计冲数，若压力明显上升，且压力稳住，则结束顶替；

②如果大小胶塞啮合剪切明显，且啮合时泵效高于 95%，则追求碰压，如果碰压时压力不能稳住或者压力不能上升到设计压力，则结束顶替；

③啮合时泵效低于 95% 时，则按施工前测试过的经验泵效进行顶替；

④大小胶塞啮合无剪切显示或剪切不明显，则按 100% 泵效进行顶替；

⑤固井碰压时，用小排量碰压，压力上升 3~5MPa 即可。

（6）稳压 3~5min，放回流，并记录回流量。

8. 解封密封补芯、循环

（1）迅速拆固井管线、水泥头。

（2）上提提活管柱后，做标记，继续上提 ××m（防砂帽至滑套顶部距离的一半）。接顶驱（如需上提则按试脱手距离要求进行操作），打压 ××MPa（悬挂器处管柱内外压差 +3MPa），继续上提 ××m（防砂帽至滑套顶部距离的一半），注意观察悬重表及泵压表，如果未出现过提，继续上提 ××m（密封补芯解封距离 – 防砂帽与滑套复合距离）解封密封补芯，注意观察悬重表及泵压表，回收密封补芯时剪切销钉的剪切力约为 6062lbf（2.8tf），观察到压力下降，迅速开泵建立循环。继续上提将中心管提出回接筒，大排量循环，推荐环空返速不低于 1.6m/s，确保将回接筒顶部水泥浆清洗干净。继续上提 3~5m，在钻杆上沿转盘面划线，在划线位置以上活动钻具，活动距离不少于一个单根。循环 10~20m^3，确保回接筒以上 200m 无沉砂掉块。

注 1：如果上提至钻具悬重后，继续上提悬重上升，最大过提不超过 50tf，上下活动并汇报基地。

注 2：如果上提至钻具悬重后，继续上提悬重保持不变，上提距离达到（防砂帽至滑套顶部距离）××m 时出现遇阻，继续上提，过提 20tf，保持该悬重，开泵小排量试打通。

①如果能够打通，边开泵（泵压不超过 7MPa）边上提（累计最大上提高度解封密封补芯后 +1.1m）。在上提过程中观察泵压表，当出现憋压，立即停泵，放压，按步骤（2）解封密封补芯循环程序进行操作。

②如果试打通时出现憋压，最高憋压压力为碰压压力的 80%，保持该压力尝试旋转（最高扭矩 15kN・m）。

a. 如果能够缓慢旋转保持该转速观察泵压表，当压力下降，停止旋转，按步骤①操作。

b. 如果扭矩达到设定最高扭矩而无法实现旋转，停止旋转，释放扭矩，上提，最大过提 50tf（上提过程中如出现压力下降按步骤①操作）；如果无法提活，则停止操作，汇报基地。

9. 坐顶部封隔器、循环、起钻和回收送入工具

（1）保持循环排量 10 冲 /min，并上下活动管柱（清洗回接筒顶部附近未清洗干净的沉砂、岩屑等），上下活动距离不得超过 2m。下放管柱 ××m，使胀封挡块坐在回接筒顶部，坐封尾管顶部封隔器。注意观察悬重表，以确认封隔器剪切销钉剪断，销钉剪切后继续下放钻具重量共 40tf 并保持至少 3min（坐封其间保持小排量循环，以控制循环压力）。

（2）缓慢上提并逐渐增大排量，上提 ××m 中心管出回接筒顶，大排量循环（推荐 $2.5m^3/min$），以确保将回接筒顶部水泥浆清洗干净。不允许旋转钻具。

（3）继续上提 3~5m。在钻杆上沿转盘面划线，在划线位置以上活动钻具，活动距离不少于一个单根。

（4）循环 1.5 个环空容积，期间注意观察返出，确认水泥浆循环干净。

（5）循环结束后，记录上提下放悬重。起钻。

（6）送入工具起出井口后，检查送入工具出井状态。

三、大陆架 ST–CF 型送入工具

×× 井本次作业是对 8½in 裸眼进行尾管悬挂及固井。该井上层套管为 9⅝in、×× 磅级、×× 钢级、×× 螺纹类型，上层套管管鞋深度为，MD：××m/TVD：××m，对应井斜为 ××°，8½in 裸眼设计完钻井深 MD：××m/TVD：××m，对应井斜为 ××°，所使用尾管为 7in、×× 磅级、×× 钢级、×× 螺纹类型，井上钻具为 ××in、×× 磅级、×× 钢级、×× 螺纹类型，该井所使用钻井液体系为 ××，密度 ×× g/cm^3。

大陆架尾管系统使用 ST–CF 型送入工具，DLJ–D 密封补芯，DLJ–A 胶塞系统，FS–A 防砂帽，NSSX–C 型悬挂器，HJT 型回接筒，CFB 型顶部封隔器，QZ–C 型球座及浮箍、浮鞋等部件。尾管送入到位之后，首先坐挂悬挂器，脱手送入工具，剪切球座，随后进行

固井作业，固井结束之后坐封顶部封隔器。清洗完多余水泥浆之后回收送入工具。

1. 尾管下入顺序

（1）带侧孔双阀浮鞋，7in、××磅级、××钢级、××螺纹类型。

（2）套管，7in、××磅级、××钢级、××螺纹类型。

（3）浮箍，7in、××磅级、××钢级、××螺纹类型。

（4）套管，7in、××磅级、××钢级、××螺纹类型。

（5）浮箍，7in、××磅级、××钢级、××螺纹类型。

（6）套管，7in、××磅级、××钢级、××螺纹类型。

（7）带球座的碰压座，7in、××磅级、××钢级、××螺纹类型。

（8）套管，7in、××磅级、××钢级、××螺纹类型。

（9）尾管悬挂器总成：

① NSSX-CFBC 型液压尾管悬挂器，适用于 7in ××~××磅级 ×9.625in ××~××磅级，××磅级、××钢级、××双公螺纹类型。

②双母接箍，7in、××磅级、××钢级、××螺纹类型。

③ DFB 型顶部封隔器，适用于 7in ××~××磅级 ×9.625in ××~××磅级、××磅级、××钢级、××螺纹类型。

④回接筒，适用于 7in ××~××磅级，8.27in、××钢级、××螺纹类型。

2. 工具参数

1）尾管作业工具汇总表

送入工具	入井工具
水泥头	1.85in 铝球 / 铜球 / 树脂球
钻杆 / 钻杆短节 / 变扣作为送入管串	××in 钻杆胶塞
悬挂器总成提升短节	回接筒
FS-A 防砂帽	7in 顶部封隔器
防封隔器提前坐封套筒	7in 双母接箍
ZF-A 坐封器	7in 悬挂器
ST-CF 送入工具	7in××# 尾管胶塞
可回收式密封补芯	7in 碰压座
中心管	7in 浮箍 ×2 个
尾管胶塞连接管	7in 浮鞋

2）相关数据

工具名称	性能参数
反扣螺母螺纹有效螺纹圈数	16 圈
送入工具最大抗拉强度	616000lbf（280tf）
送入工具最大抗压强度	264000lbf（120tf）

续表

工具名称	性能参数
悬挂器最大抗拉强度	396000lbf（180tf）
悬挂器最大抗压强度	264000lbf（120tf）
确认送入工具脱手最大上提距离（理论值）	2.2m
顶部封隔器第一组剪切销钉值	26000lbf（12tf）
顶部封隔器第二组剪切销钉值	66000lbf（30tf）
悬挂器坐挂压力	1450psi（2 个 × 725psi/ 个）（10MPa）
DJS–A 型尾管胶塞正常剪切压力	1740psi（3 个 × 580psi/ 个）（12MPa）
尾管胶塞的最大碰压压力	5000psi（35MPa）
到达井底前最大循环压力（悬挂器坐挂压力的 70%）	1000psi（7MPa）
到达井底后最大循环压力	按照固井设计要求
球座位置	球座
球座剪切值	2610psi（18MPa）
开泵送球最大排量	金属球 0.6m^3/min；胶木球为循环排量

3. 施工前现场检查

（1）与现场甲方代表沟通、确认作业相关信息。

（2）确认上层套管磅级、尾管磅级和螺纹类型以及钻杆尺寸、钢级、磅级和螺纹类型与悬挂器总成相符。

（3）工具到达平台后，对照送料单检查所有工具齐全、完好。

（4）检查确认悬挂器总成号与施工前报告相符。

（5）在最后一趟通井作业时，在以下两个位置测量并记录相关数据（推荐在下钻期间完成此项操作）。

①悬挂器设计坐挂深度。

项目	测试值
上提重量	
下放重量	
10r/min 扭矩及悬重	
20r/min 扭矩及悬重	

② BHA 起至井口。

项目	测试值
上提重量	
下放重量	
BHA 长度	

（6）丈量并记录管柱图上的所有相关数据：长度，内径和外径等。确认球的外径与球座球孔内径差不少于 3mm（铜球 OD：47mm- 球座 ID：38mm=9mm）。

（7）按照《现场检查表》，检查核对并填写相关参数和数据，以确保作业时工作正常。

（8）检查并确认送入工具与钻杆可连接，确认上扣扭矩。确认吊卡与提升短节匹配。

（9）测量尾管与钻杆通径规尺寸。

注：$3^1/_2$in 钻杆通径规直径应不小于 50mm；5in 钻杆通径规直径应不小于 67mm；$5^1/_2$in 及 $5^7/_8$in 钻杆通径规直径应不小于 75mm。

（10）检查胶塞适配器（旋转、拉拽测试以及确认顶丝已安装）。

（11）核对、确认并记录销钉的数量与《施工前报告》的数量一致。

（12）检查水泥头工作正常，测量水泥头挡销和内壁之间的距离确保其小于钻杆胶塞铝制本体外径，安装钻杆胶塞，要求尾管工程师、固井工程师、钻井监督三方确认。

（13）检查水泥头、钻杆、钻杆短节、加重钻杆、变扣的内径及台阶面等，确认其内部和连接之后均没有直角台阶，倒角不大于 45°。

（14）在做尾管表之前，要求井队使用标准通径规对尾管进行通径。

（15）制作尾管表时，调方余用的短钻杆，应连接在最后一柱钻具以下。

（16）用大陆架提供的通径规（OD：65mm）对悬挂器总成通径。

（17）如果尾管的长度比上层套管鞋深度长，建议下尾管前将悬挂器总成配长后立在井架上。

（18）连接固井附件，上好内螺纹护丝。

（19）如现场条件允许，回接筒内提前灌满钻杆螺纹润滑脂。

注：如采用高黏液体代替钻杆螺纹润滑脂，应保证与水泥浆相容性及其在循环温度下的流动性、悬浮能力、沉降稳定性良好。

（20）确认钻台各读数表（压力、扭矩、悬重等）正常。固井泵至钻台立管管汇试压（预测的施工最高压力附加 20%），同时校核钻台压力表。

（21）检查确认悬挂器总成划线位置没有错位，确认各部件连接正常（车间组装完后划线）。

（22）收集相关数据按照，按照《尾管悬挂器坐挂脱手计算表》计算并填写尾管浮重，送入钻具上提、下放悬重，回缩距、方余等。

（23）下尾管前，取出防磨套。

4. 下尾管

（1）记录甲板上所有尾管及尾管短节的数量。

（2）下尾管前，召集所有相关作业人员，进行风险评估，开安全会。主要安全议题为防止落物、吊装作业、有效的沟通、防止挤压伤害等。

（3）按照管柱表，连接浮鞋、浮箍以及相应的尾管。检查浮阀工作正常。在浮箍以上的套管上连接碰压座。（确认以上附件与套管连接时均已涂抹螺纹胶）。

（4）下尾管，按尾管表加放扶正器，每根灌浆，每 5 根灌满一次，最后一根下完后，将尾管全部灌满。

（5）吊悬挂器总成上钻台，连接尾管胶塞，连接悬挂器并按标准扭矩上扣（确认上扣时，大钩吊卡已经放松）。

（6）不提卡瓦，上提 1m，确认所有送入工具及接头连接正常，确认划线位置没有移位。

（7）再次确认尾管悬挂器、顶部封隔器剪切销钉数量。

（8）下放至合适高度，卸松防砂帽锁紧螺钉，用内六角扳手正转拧开防砂帽，将防砂帽提离回接筒。拧紧固定螺栓将防砂帽固定在提升短节上。将回接筒内灌满螺纹润滑脂。然后松开螺栓，将防砂帽复位，锁紧到回接筒上（如回接筒内已提前灌满螺纹润滑脂，则忽略此步骤）。

注意：禁止在回接筒上坐卡瓦；确保在以下操作过程中，保护好井口，防止井下落物。

（9）扶正悬挂器总成缓慢通过转盘和防喷器，在 5in 钻杆短节上坐卡瓦。悬挂器过转盘时一定要小心，以免损坏，控制速度不大于 0.1m/s。

（10）打通、循环，循环泵压不超过 985psi（6.8MPa）（悬挂器坐挂剪钉设定压力值的 70%）。清点并记录井架内所有钻杆的数量。

（11）回接筒内灌满螺纹润滑脂后停止循环，称重，记录上提、下放吨位。

（12）下钻。为防止下钻时井下落物，可将钻杆刮泥器套在钻杆上，保护井口。所有入井钻具必须通径，确认通径规和尾绳出来后方能连接钻具。每柱灌浆，每 5 柱灌满钻井液一次。为避免灌浆时产生激动压力，不允许使用闭路系统灌浆。

注：变扣 / 变径短节应正向通径。

（13）尾管进入裸眼前，打通，循环，最大循环泵压不超过 985psi（6.8MPa）（悬挂器坐挂剪钉设定压力值的 70%）。钻台坡道备一根解卡单根。

注：常规井打通循环；高温高压井、大斜度井、高压气井等特殊井视具体情况延长循环时间。

（14）停泵，称重。

（15）进入裸眼后，利用接立柱的时间，每柱灌浆并尽可能灌满，每 5 柱灌满钻井液一次。

（16）下放速度控制在 0.2~0.3m/s。

（17）遇阻下压吨位不得超过 10tf，遇阻后首先上提提活管串（最大上提不超过整个管串薄弱点抗拉强度的 80%，需综合考虑钻具、送入工具、尾管挂、尾管的最低抗拉强度）。

注 1：送尾管期间如需旋转，必须汇报基地。

注 2：遇阻下压如需超过 10tf，必须汇报基地。

（18）下放管串至设计深度，校深并灌满钻井液。

（19）称重，并记录钻杆拉伸量。

（20）接顶驱，小排量（$0.2m^3/min$）打通循环。上提管柱调整方余并做标记，使悬挂

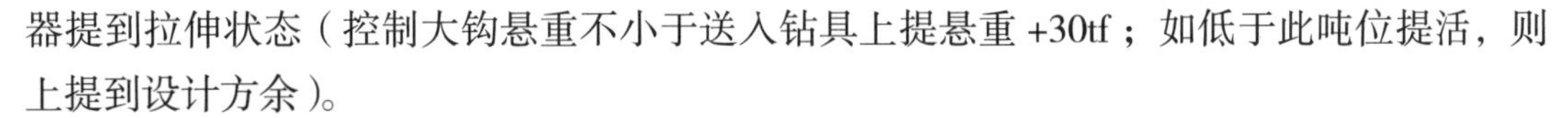

器提到拉伸状态（控制大钩悬重不小于送入钻具上提悬重 +30tf；如低于此吨位提活，则上提到设计方余）。

（21）循环排量按固井设计执行，至少循环 2 个环空容积。同时，观察钻井液返出是否干净。确保循环压力低于悬挂器坐挂剪钉设定压力值的 85%，即：1197psi（8.25MPa）。

5. 坐挂悬挂器

（1）循环结束后，卸顶驱，投球。接顶驱，上提管柱至标记位置（微调方余误差）。

注：球座位置井斜小于 55° 使用金属球，55° ~70° 宜使用树脂球，超过 70° 应使用树脂球。

（2）开泵送球（金属球：控制排量不超过 $0.6m^3/min$；胶木球：按正常循环排量送球，入座前调整到 $0.6m^3/min$，如无法入座则逐步提高排量），密切观察泵压表，当泵压突然上升时，停泵。

（3）观察泵压稳定后，缓慢增加压力到悬挂器坐挂压力与悬挂器坐挂剪钉设定压力值 +400psi，即 1884psi（13.0MPa），并稳压 2~3min。

（4）带压下放至钻具悬重后继续下压 ××tf（7in 及以上尺寸尾管下压 20~30tf；7in 以下尺寸尾管下压 10~20tf；井斜大于 45° 时，多压 10tf），下放时以每 10cm 或每 10tf 回缩距为刻度，在钻杆上做标记，对照计算的钻具伸缩距，确认悬挂器坐挂。

注：如无法坐挂则以 200psi 为梯度重复步骤（3）（4）操作，每次压力高于之前 200psi，最高压力为球座剪切压力的 85%，即 2380psi（16.7MPa）；如有坐挂显示但打滑，则尝试更换坐挂位置；如仍无法坐挂，则汇报基地，与作业者共同决定以下方案：

①如管串能提活，则尝试探底，探到完钻井深后，上提至提活悬重，继续上提 1m，以 200psi 为梯度提高坐挂压力重复坐挂操作，如坐挂成功则进行脱手操作步骤（1）；如球座憋通仍无法坐挂则坐底，进行脱手操作步骤（2）。

②如无法下放到底，则放掉尾管浮重，继续下压 1.5 倍坐封吨位（若钻杆浮重不足，下压全部送入钻具重量），上提至步骤（4）悬重，进行脱手操作步骤（1）。

6. 送入工具脱手

（1）确认坐挂成功后，上提钻具，并确保在悬挂器上下压 10tf，开泵憋通球座。球座憋通瞬间，需要小排量跟进（$0.1 \sim 0.2m^3/min$），直至返出口正常，泵压正常。

（2）使用顶驱正转管柱（10r/min），先转 5 圈，观察扭矩变化，刹住 2min，然后释放扭矩，观察钻具回转情况，如果回转严重（2 圈以上），则可能是悬挂器上压多了或者悬挂器处于上提状态，需要重新调整下压吨位。如果回转在 2 圈以内，则继续正转 10 圈，观察扭矩变化，刹住 2min，然后释放扭矩，观察钻具回转情况。再重复操作两遍，直至正转有效圈数达到 30 圈，然后释放完扭矩。

（3）上提钻具至钻具实际重量后继续缓慢上提 0.6m（确保坐封挡块不被提出回接筒），如果钻具悬重不增加，说明脱手成功（最大上提悬重：钻具计算上提悬重 +10tf）。

（4）重新建立循环，记录循环泵压和循环排量并与投球之前的记录对比。

注 1：正常坐挂、脱手、憋通球座后循环 2 个裸眼环空容积。

注 2：坐挂、脱手操作没有顺利完成，钻井液静止时间较长，球座憋通后循环 2 个环空容积。

7. 固井和顶替

（1）接水泥头、固井管线。

（2）按照固井设计泵注隔离液、冲洗液、水泥浆。

（3）清洗固井管线，释放钻杆胶塞，按固井设计顶替。

（4）在大小胶塞啮合之前 2m^3，降低泵速到 0.6~0.8m^3/min，观察大小胶塞啮合压力（设定值是 1740psi/12MPa）。记录啮合压力值及顶替量，校核泵效、计量误差。在大胶塞释放后，恢复正常泵速继续顶替。如未观察到大小胶塞啮合显示，在设计大小胶塞啮合泵效之后 2m^3，恢复正常泵速继续顶替。

（5）慢替量和排量按固井设计执行，碰压，记录碰压压力。

注 1：顶替使用一个泵注系统，以减少计量误差。

注 2：用固井泵顶替到设计量没有碰压最多再替球座以下套管内容积的一半。

注 3：用钻井泵顶替，如果能观察到大小胶塞啮合，且啮合时泵效高于 95% 则碰压；如果观察不到大小胶塞啮合或者啮合时泵效特别低，则按施工前测试过的经验泵效并综合流量计、钻井液池等多种计量方式进行顶替，过替不超过球座以下套管内容积的一半；同时，要综合考虑管内外压差，不漏的情况至少要替到设计压差。

注 4：固井碰压时，用小排量碰压，压力上升 3~5MPa 即可。

（6）稳压 3~5min，放回流，并记录回流量。

8. 坐封顶部封隔器

（1）拆固井管线、水泥头，接顶驱。使用顶驱水泥头固井时，可直接上提坐封，但需要提前考虑循环管线的长度以及水泥头上的接头等不会影响顶驱自带的管线、轨道等。

（2）上提至钻具悬重后，继续上提 2.5m（胀封挡块到回接筒顶部距离 2m+0.5m）。

（3）下放管柱，灵敏表调零，下压 40tf 坐封封隔器。期间注意观察悬重表，确认封隔器剪切销钉剪断。销钉剪切后保持下压至少 3min。

注 1：如下放至坐封前悬重后，方余与坐封前一致，则重复步骤（2）（3），并将步骤（2）上提距离增加，不超过最大上提距离（密封补心失去密封距离 ××m–0.5m）××m 即可。

注 2：如果上提至钻具悬重后，悬重继续上升，最大上提重量不超过送入钻具上提悬重 +50tf，上下活动并汇报基地。

9. 回收送入工具

（1）打压（悬挂器处管柱内外压差 +3MPa），上提管柱 2.7m（密封补心失去密封距离 – 胀封挡块到回接筒顶部距离）。压力下降，迅速开泵，先小排量（0.5m^3/min），泵压及返出稳定后，以不小于 1.5m^3/min 排量循环 10min，不停泵，然后继续上提 3.5m（中心管至回接筒口），大排量循环（推荐 2.5m^3/min 左右），以确保将回接筒顶部水泥浆清洗干净。

（2）继续上提 3~5m。在钻杆上沿转盘面划线，在划线位置以上活动钻具，活动距离不少于一个单根，可以 5r/min 旋转钻具，但不可将送入工具重新插入回接筒内部。

（3）循环 1.5 个环空容积，期间注意观察返出，确认水泥浆循环干净。

（4）循环结束后，记录上提下放悬重。起钻。

（5）送入工具起出井口，检查送入工具。

四、NOV-HRS 送入工具

××井为新井生产井，本施工前报告主要针对 8 $^1/_2$in 裸眼进行尾管悬挂作业及尾管固井。该井上层套管为 9 $^5/_8$in ××$^\#$ ××× 套管，套管鞋位置：××m⊥××m，井斜：××°。8 $^1/_2$in 裸眼设计完钻井深 ××m⊥××m，对应井斜 ××°，对应温度 ××℃；所使用的尾管为 7in ××$^\#$ ×× 扣尾管，悬挂点位置 ××m⊥××m，对应井斜 ××°，对应温度 ××℃。

井上钻具为 ××in ××$^\#$ ×× 钻杆，该井所使用的钻井液体系为 ×× 体系，密度为 ××g/cm^3。

深圳 NOV 尾管系统使用 HRS 送入工具、POB 密封补芯、SWP 胶塞系统、防砂帽、15FT 回接筒、VXP-IS 顶部封隔器、双母接箍、GSP II 内嵌式双卡瓦防提前坐挂悬挂器、双密封球座及浮箍、浮鞋等设备。尾管送入到位之后，首先坐挂悬挂器，验挂后脱手送入工具，剪切球座，随后依据甲方设计完成固井作业。固井结束后上提管串释放坐封器，下压机械剪切销钉，坐封顶部封隔器，上提管柱清洗多余水泥浆，最后回收送入工具。

1. 尾管下入顺序

（1）侧孔浮鞋，7in 29$^\#$ BTC Box Up（NOV 提供）。

（2）客户提供的 7in 29$^\#$ BTC 尾管。

（3）普通浮箍，7in 29$^\#$ BTC Box×Pin（NOV 提供）。

（4）导流浮箍，7in 29$^\#$ BTC Box×Pin（NOV 提供）。

（5）客户提供的 7in 29$^\#$ BTC 尾管。

（6）双球座碰压接箍，7in 29$^\#$ BTC Box×Pin（NOV 提供）。

（7）客户提供的 7in 29$^\#$ BTC 尾管。

（8）尾管悬挂器总成，×× Box Up×7in BTC Pin Down（NOV 提供），包括：

①液压尾管悬挂器；

②双内螺纹接箍；

③顶部封隔器；

④抛光回接筒 4.7m；

⑤送入工具总成，顶部提升短节到 ×× Box Up。

2. 工具参数及结构图

1）尾管作业工具汇总表

送入工具	入井工具
COSL 水泥头（油化提供）	抛光回接筒
客户提供的钻杆 / 钻杆短节 / 变扣作为送入管串	顶部封隔器
悬挂器总成提升短节 DSHT55 Box Up	双内螺纹接箍
防砂帽	悬挂器
坐封器	双球座碰压接箍
配长短节	导流浮箍 / 普通浮箍
HRS 送入工具	侧孔浮鞋
可回收式密封补芯	钻杆胶塞
中心插管	尾管胶塞
尾管胶塞适配器	坐挂球

2）相关数据

HRS 型送入工具液锁解除压力	+/– ×× psi（×× ea* ×× psi/ 个）（××MPa）
送入工具最大旋转扭矩（HRS）	25000lbf · ft（33950N · m）
送入工具最大抗拉强度（HRS）	540klbf（245tf）
送入工具最大抗压强度	132klbf（60tf）
悬挂器最大允许的旋转扭矩	25000lbf · ft（33950N · m）
悬挂器最大抗拉强度（本体）	810klbf（368tf）
悬挂器最大悬挂能力	438klbf（199tf）
确认送入工具脱手最大上提距离	×× m（理论值提活防砂帽）
顶部封隔器第一组剪切销钉值（胶皮）	计划设置 ×× tf（×× ea * ×× tf）/ 最多安装 8 颗
顶部封隔器第二组剪切销钉值（卡瓦）	计划设置 ×× tf（×× ea * ×× tf）/ 最多安装 20 颗
悬挂器坐挂压力	+/– ×× psi（×× ea 铜销钉 ××× psi/ 个）（××MPa）
尾管胶塞剪切压力	+/– ×× psi（×× ea 铜销钉 ××× psi/ 个）（××MPa）
尾管胶塞的最大碰压压力	+/– 5000psi（34.5MPa）
到达井底前最大循环压力	×× psi（×× MPa）（悬挂器座挂压力、送入工具液锁解除压力二者最小值的 70%）
到达井底后最大循环压力	按照固井要求
球座位置	碰压接箍
一级球座剪切值	×× psi（×× MPa）
二级球座剪切值	×× psi（×× MPa）
开泵送球最大排量	本井采用 ×× mm ×× 球，按 ×× m^3/min 排量送球

注：ea 表示每个。

3）结构图

尾管悬挂器系统总成如图 3–1–1 所示。

送入工具总成				销售工具		
最大外径（mm/in）		最小内径（mm/in）	通径（mm/in）	最大外径（mm/in）	最小内径（mm/in）	外管柱最小内径（mm/in）
脱手前	脱手后	HRS送入工具 62.00/2.440	60.00/2.362	GSP Ⅱ型悬挂器 215.70/8.492	SWP尾管胶塞 51.00/2.000	157.10/6.185
防砂帽 208.00/8.189	坐封器 210.00/8.267					

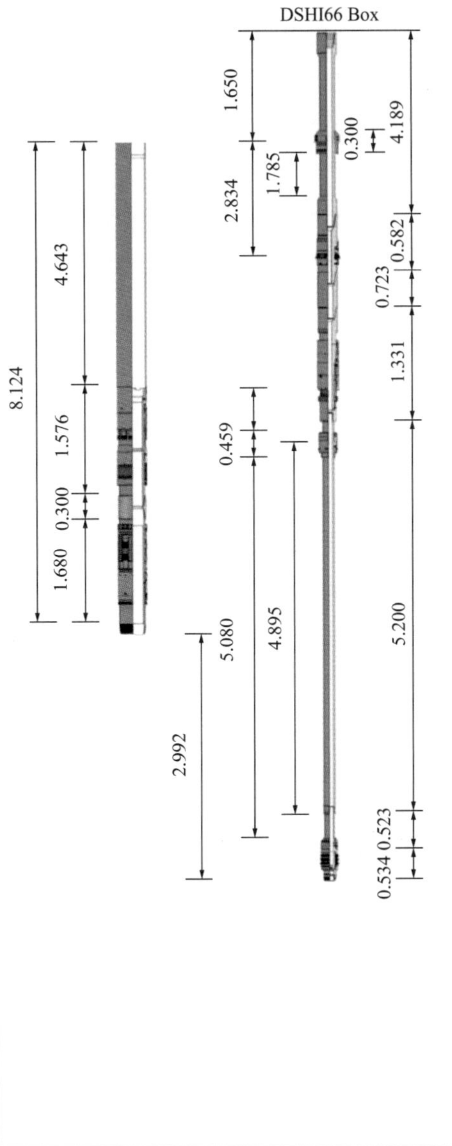

设置参数

项目	工具名称	（销钉/剪切环）材质	规格	销钉数量	剪切值/个	总剪切值
A	防砂帽	铝	M8	3	0.65tf	1.95tf
B	HRS液压缸	铝	M6	10	159.2psi	1592psi
C	密封补芯	铜	M10	2	1.58tf	3.16tf
D	VXP-IS封隔器胶筒	铜	M14	8	2.929tf	23.42tf
E	VXP-IS封隔器卡瓦	铜	M14	10	2.929tf	29.29tf
F	GSP Ⅱ型悬挂器液压缸	铜	M5	6	274.8psi	1649psi
H	SWP尾管胶塞	铜	M10	16	125psi	2000psi
I	碰压球座	铝	一级球座（37.50mm）	/	/	3756psi
		铝	二级球座（41.50mm）	/	/	5221psi
J	扭矩环设置圈数	3.625				
K	倒扣螺母设置圈数	3.5				

性能参数

名称	项目		相关值	
悬挂器总成	抗拉强度		245tf	
	抗内压强度		12120psi	
	抗外挤强度		11049psi	
	抗扭强度		25000lbf·ft	
	悬挂载荷	$9\,^5/_8$in 0# L80	172tf	
		$9\,^5/_8$in 47# L80	199tf	
	过流面积	$9\,^5/_8$in 40#	坐挂前（mm^2/in^2）	坐挂后（mm^2/in^2）
			5.081/7.876	3.839/5.951
		$9\,^5/_8$in 47#	坐挂前（mm^2/in^2）	坐挂后（mm^2/in^2）
			3.715/5.758	3.179/4.928
VXP-IS封隔器	密封等级		10000psi	
	坐封力		25tf	
HRS送入工具	抗压强度		60tf	
中心管	抗拉强度		115tf	
悬挂器总成	温度等级		160℃	
悬挂器总成	试压等级		5000psi	

球

名称	尺寸	材质	许可温度	密度
一级球	40.50mm	铝	200℃	2.70g/cm³
二级备用球	44.45mm	铝	200℃	2.70g/cm³

总成关键数据

1	提活密封补芯：5.080	m
2	解封密封补芯：4.895	m
3	提活防砂帽：　1.785	m
4	坐封封隔器：　2.834	m

图 3–1–1　尾管悬挂器系统总成图

3. 施工前现场检查

（1）与现场甲方代表沟通、确认作业相关信息。

（2）确认上层套管磅级；尾管磅级与扣型；钻杆尺寸、扣型、钢级与悬挂器总成相符。

（3）工具到达平台后，对照送料单检查所有工具，确认齐全、完好。

（4）检查确认悬挂器总成号与《施工前报告》相符。

（5）在最后一趟通井作业时，在以下两个位置测量并记录相关数据（推荐在下钻期间完成此项操作）：

①悬挂器设计坐挂深度：

项目	测试值
上提重量	
下放重量	
转速 10r/min 扭矩及悬重	
转速 20r/min 扭矩及悬重	

② BHA 起至井口。

项目	测试值
上提重量	
下放重量	
BHA 长度	

（6）核对尾管悬挂器总成图上的所有现场可实测相关数据（长度、内径和外径等）实测值与标定值一致。确认球的外径与球孔内径差不少于 3mm（一级 ×× 球 OD：××mm，球座内径 37.5mm）。

（7）按照《现场检查表》，检查核对并填写相关参数和数据，以确保作业时工作正常。

（8）确认垃圾帽在运输途中没有移位。

（9）检查并确认送入工具提升短节与吊卡相配。

（10）核对、确认并记录销钉的数量与《施工前报告》的数量一致。

注：封隔器卡瓦、胶皮销钉最终安装数量经模拟和测试后，反馈给 ×× 工具项目组，以确认并同意后的结果为准。

（11）检查水泥头工作正常，测量水泥头挡销和内壁之间的距离确保其小于钻杆胶塞刚体外径 57mm，安装钻杆胶塞，要求尾管工程师、固井工程师、钻井监督三方确认。

（12）检查钻杆及钻杆短节的内径及台阶面等，确认没有直角台阶面，倒角不大于 45°。

注：所有入井变扣均需测绘并画草图并汇报给 ×× 项目组。

（13）在做尾管表之前，要求井队按照标准通径规对尾管进行通径（××# 尾管通径规 OD：××in）。

（14）制作尾管表时，调方余用的短钻杆，应连接在最后一柱钻具以下。悬挂器卡瓦、封隔器胶皮应避开上层套管接箍。

（15）连接浮鞋 / 引鞋、浮箍、球座 / 碰压（胶塞）座之前应对套管进行内部检查，确保无杂物，并在连接有浮鞋 / 引鞋、浮箍、球座 / 碰压（胶塞）座的套管内螺纹端戴上端面封闭的护丝。

（16）下套管前应通井，调整钻井液性能，确认井内无井涌、井漏、垮塌、阻卡等复杂情况。

（17）下尾管前，在甲板上提前安装胶塞适配器，并用深圳 NOV 专用 60mm（2.362 in）通径规对悬挂器总成通径。

（18）× ×in 钻杆使用通径规直径应不小于 × × mm，其他变扣 / 变径短节应使用不小于 60.00mm 的通径规且正向通径。

（19）悬挂器总成车间已提前向回接筒内灌入螺纹油，下入时检查并继续灌满螺纹油。

（20）收集相关数据按照《尾管悬挂器坐挂脱手计算表》进行计算并填写尾管浮重，送入钻具上提、下放悬重，回缩距、方余等。

（21）确认钻台各读数表（压力、扭矩、悬重等）正常。固井泵至钻台立管管汇试压（预测的施工最高压力附加 20%），同时校核钻台压力表。

（22）检查确认悬挂器总成各连接处划线位置没有错位（车间组装完后划线）。

（23）下尾管前，取出防磨套。

（24）确认管柱下入过程中所灌钻井液是过滤后的，不含有易沉淀固相（如：堵漏剂及岩屑等杂质）。

4. 下尾管

（1）记录甲板上所有尾管及尾管短节的数量。

（2）下尾管前，召集所有相关作业人员，进行风险评估，开安全会。主要安全议题为防止落物、吊装作业、有效的沟通、防止挤压伤害等。

（3）按照尾管表，连接浮鞋、浮箍，以及相应的尾管，灌浆并确认浮阀工作正常。在浮箍以上的套管连接球座或碰压（胶塞）座。

（4）尾管串球座或碰压（胶塞）座以下的螺纹连接均应涂抹锁扣胶。

（5）悬挂器总成以下的前两根套管上，应各加放一个套管扶正器，悬挂位置位于井斜在 30° 以上井段时应选用非弹性扶正器。

（6）下尾管，每根灌浆，每 5 根灌满钻井液一次，并在最后一根套管下完后，将尾管全部灌满。

（7）吊悬挂器总成上钻台，连接尾管胶塞（尾管胶塞安装 × × 颗铜销钉），连接悬挂器总成并按照标准扭矩上扣（确保上扣时，大钩吊卡已经放松）。

（8）不提卡瓦，上提 1m，确认所有送入工具及接头连接状况正常，确认划线位置没有移位。

（9）再次确认尾管悬挂器、封隔器剪切销钉安装数量。

（10）下放尾管悬挂器总成，在提升短节上坐卡瓦，同时严禁将卡瓦坐在回接筒上，以免损坏工具。扶正悬挂器缓慢通过转盘和防喷器。悬挂器过转盘时一定要小心，以免损坏。

注：如果转盘补芯可能对悬挂器造成损坏的话，将其提出。

（11）清点并记录钻台上所有钻杆的数量并复核入井管串数据。

（12）上提尾管悬挂器总成，将防砂帽提到转盘面以上，回接筒顶部提出转盘面过程应防止磕碰。

（13）打通、循环，循环泵压不超过 ××psi（××MPa）（悬挂器坐挂压力及送入工具液锁压力二者最小值的 70%）。

（14）在循环期间，将防砂帽提起，检查回接筒内螺纹油灌注情况，并在循环结束前，确认回接筒内已灌满。防砂帽复位，安装 3 颗销钉固定在回接筒上。

（15）停止循环，下放，在 ××in 提升短节上坐卡瓦（不要将卡瓦坐在回接筒上，以免损坏悬挂器总成）。

（16）接一柱钻杆，扶正尾管悬挂器总成缓慢通过防喷器、四通等井口装置，观察指重表变化，注意保护液压缸、卡瓦和封隔器。下放至悬挂器通过防喷器后称重。

（17）按照尾管送入钻具表下入送入钻具，为防止下钻时井下落物，可将钻杆刮泥器套在钻杆上，保护井口。所有入井钻具必须使用要求的通径规（不小于 ××mm）。应边通径边下送入钻具，且只使用一个通径规，确认通径规和尾绳出来后方能连接钻具。

（18）套管内下入遇阻不超过 5tf，遇阻后首先上提提活管串（最大上提不超过整个管串薄弱点抗拉强度的 80%，需综合考虑钻具、尾管挂、送入工具、尾管的最低抗拉强度）。

注 1：遇阻下压如需超过 5tf，必须汇报基地。

注 2：送尾管期间如需旋转，必须汇报基地，由 NOV、油化项目部、钻井部三方讨论决定。

（19）每柱钻具均应灌浆，每 5 柱灌满一次。不允许使用闭路系统灌浆，避免产生激动压力。下入过程中每 500m 或不超过 2h 打通一次，确认管柱通畅。

（20）尾管进入裸眼前，打通，循环，最大循环泵压不超过 ××psi（××MPa）（悬挂器坐挂压力及送入工具液锁压力二者最小值的 70%）。常规井打通循环，高温高压井、大斜度井、高压气井等特殊井视具体情况延长循环时间。

注：钻台坡道备一根解卡单根。

（21）停泵，称重。

（22）尾管进入裸眼后，应充分利用接立柱的时间进行灌浆并尽可能灌满，每 5 柱灌满一次。控制下放速度 0.2~0.3 m/s。

注：进入裸眼后，如果球座位置井斜小于 70° 则建议每 500m 或不超过 2h 顶通一次，每次顶通观察到返出即可，同时观察循环压力是否正常。

（23）遇阻下压吨位不得超过 10tf，遇阻后首先上提提活管串（最大上提不超过整个管串薄弱点抗拉强度的 80%，需综合考虑钻具、尾管挂、送入工具、尾管的最低抗拉强度）。

注 1：遇阻下压如需超过 10tf，必须汇报基地。

注 2：送尾管期间如需旋转，必须汇报基地，由 NOV、油化项目部、钻井部三方讨论决定。

（24）下放管串至设计深度，校深并灌满钻井液。

（25）称重，并记录钻杆拉伸量。

（26）接顶驱，以 0.1~0.2m^3/min 排量打通循环。观察循环压力，上提管柱调整方余并做标记，使悬挂器总成处于拉伸状态。控制大钩悬重不小于送入钻具上提悬重 +30tf；如低于 30tf 提活，则上提至设计方余。

（27）固井前至少循环 2 个环空容积，循环排量按固井设计执行，控制最高循环压力低于 ××psi（××MPa）（悬挂器坐挂压力及送入工具液锁压力二者最小值的 85%）。确认井口钻井液返出是否干净。

5. 坐挂悬挂器

（1）循环结束后，卸顶驱，投入 ××mm×× 球（球座位置井斜小于 55° 使用金属球，55°~70° 宜使用树脂球，超过 70° 应使用树脂球）。

注：投球前确认好球尺寸，一级 ×× 球尺寸为 ××mm，二级 ×× 球尺寸 ××mm。

（2）接顶驱，微调方余误差。

（3）以 10cm 或 10tf 拉力钻杆回缩距为刻度，以转盘面为基准面，在钻杆上做位置标记。

（4）缓慢开泵以 ××m^3/min 排量开泵送球，密切注意观察泵压表，当泵压突然上升时，停泵。

（5）观察泵压稳定后，缓慢增加压力到悬挂器设定坐挂压力、HRS 送入工具液锁剪切压力二者最大值 +400psi，即 ×× psi（×× MPa），并稳压 2~3min。

（6）带压下放至送入钻具下放悬重后继续下压 ×× tf 钻具重量。对比理论计算与实际回缩距，确认悬挂器坐挂。

注 1：带压下放过程中注意观察压力变化，最高压力值不能高于球座理论剪切值的 80%，即 ×× psi（×× MPa）。如有必要适当泄压。

注 2：如无法坐挂则以 200psi 为梯度重复“4. 下尾管”第（5）~ 第（6）步操作，每次压力高于之前 200psi，最高压力为球座剪切压力的 85%，即 ×× psi（×× MPa）。如有坐挂显示但打滑，则尝试更换坐挂位置。

6. 送入工具脱手

（1）缓慢放压并保持放压阀打开。

（2）上提钻具重量，保持悬挂器受压 20tf 钻具重量，设定顶驱停转扭矩（悬挂点测量扭矩值 +5kN · m），先缓慢正转 2 圈，密切观察扭矩表，缓慢释放扭矩，观察反转圈数。确认正常后，继续正转，密切观察并记录正转脱手的圈数和扭矩（送入工具正转 ×× 圈倒扣脱手，第 ×× 圈则扭矩上升），观察到扭矩上升时，立即停止旋转。缓慢释放扭矩，观察并记录反转圈数。

注 1：若有效圈数达到 10 圈时，仍未观察到扭矩上升，则立即释放扭矩，按（3）步骤上提确认脱手，观察悬重。

注 2：若顶驱扭矩上升并达到停转扭矩无法脱手，则停止旋转，释放扭矩后上提至钻具上提悬重（预测的脱手后悬重）+10tf。继续提高压力至球座剪切值的85%，即××psi（××MPa）。稳压3min后，按照相关步骤重新验挂、试脱手。若仍不能脱手，则汇报基地。

（3）上提确认送入工具脱手，上提至计算的送入钻具悬重后缓慢继续上提0.5m。如果钻具悬重不增加，说明脱手成功，并记录钻具自由上提悬重。

注：严禁提活防砂帽（最大上提悬重：钻具上提悬重+10tf；最大上提距离：××m，参考工具总装图。实际上提悬重和距离均不能超过此上限）。

（4）确认送入工具脱手后，再次下放到验挂下压时的悬重，核对方余一致。并记录钻具自由下放悬重。

（5）打压，憋通球座（设计标称压力××psi，即××MPa），并记录球座剪切压力。

（6）重新建立循环，记录循环泵压和循环排量，并与投球之前的记录对比。

注1：正常坐挂、脱手、憋通球座后循环2个裸眼环空容积。

注2：坐挂、脱手操作没有顺利完成，泥浆静止时间较长球座憋通后循环2个环空容积。

7. 固井和顶替

（1）接水泥头、固井管线。

（2）按照固井设计固井。打完水泥浆后，冲洗固井管线，释放钻杆胶塞，按固井设计顶替。

（3）在大小胶塞啮合之前2m^3，控制排量为0.6~0.8m^3/min，观察大小胶塞啮合压力，设定值是××psi（××MPa）。记录啮合压力值及顶替量，校核泵效、计量误差。在大胶塞释放后，恢复正常排量继续顶替。如果未观察到大小胶塞啮合压力，在设计大小胶塞啮合泵效之后2m^3，恢复正常排量继续顶替。

（4）慢替量和排量按固井设计执行。碰压，记录碰压压力。

注1：顶替使用一个系统，以消除系统误差。

注2：顶替到设计量没有碰压，则最多再顶替球座以下套管内容积的一半（按照3根标准套管计算378L，以现场管串为准）。

注3：碰压控制：

①现场应根据泵效试验确定最大顶替冲数，顶替至预计冲数，若压力明显上升，且压力稳住，则结束顶替。

②如果大小胶塞啮合剪切明显，且啮合时泵效高于95%则追求碰压，如果碰压时压力不能稳住或者压力不能上升到设计压力则结束顶替，立即放压检查回流。

③如果啮合时泵效低于95%，则按施工前测试过的经验泵效进行顶替。

④如果大小胶塞啮合无剪切显示或者剪切显示不明显，则按照100%泵效进行顶替。

⑤基本原则是：确保不替空。如果出现未碰压情况，则汇报监督与陆地人员，经讨论后决定下步操作。

⑥固井碰压时，用小排量碰压，压力上升3~5MPa即可。

（5）稳压 3~5min，然后放压，记录回流体积并确认有无回流。

8. 坐封顶部封隔器

（1）迅速拆固井管线、水泥头，接顶驱。

（2）上提至钻具自由悬重后，继续上提 ×× m（坐封器到回接筒顶部的距离 ×× m+0.5m）。

（3）下放管柱，灵敏表调零，下压剪切第一组销钉（×× tf）涨封胶皮。期间注意观察悬重表，确认封隔器剪切销钉剪断。悬重稳定后，继续下压剪切第二组销钉（×× tf），启动封隔器卡瓦。悬重重量稳定后，继续下压钻具重量 ×× tf，并保持下压力 3min。如有必要重复一次下压。

注 1：如下放过程悬重一直不变，且最终悬重下降时方余与坐封前一致，则重复“7. 固井和顶替”第（2）~ 第（3）步骤，并将第（2）步骤上提距离增加，不超过最大上提距离 ×× m（密封补心失去密封距离 ×× m−0.50m）。

注 2：如果上提至钻具悬重后，悬重继续上升，最大过提不超过尾管送入到位时上提悬重，上下活动并汇报基地。

9. 回收送入工具

（1）上提提活管柱后，做标记，打压 5MPa（悬挂器处管柱内外压差 +3MPa），继续上提至少 2.246m（密封盒释放距离 5.080m− 坐封器到回接筒顶的距离 2.834m）解封密封补芯，注意观察悬重表及泵压表，回收密封补芯时剪切销钉的剪切力 6952lbf（3.16tf），观察到压力下降，迅速开钻井泵建立循环并继续上提钻具，在上提过程中逐渐提高排量（推荐排量 2.5m^3/min）。继续上提 6.0m 将中心管提出回接筒后顶部，在钻杆上划线标记。

注：如果上提悬重至钻具悬重后，悬重继续上升，最大过提不超过 50tf，上下活动并汇报基地。

（2）循环期间在划线标记位置以上活动管柱，活动距离不少于一个单根，禁止旋转及下放超过标记位置。

（3）大排量循环 1.5 倍环空容积洗井，期间注意观察返出，确认水泥浆循环干净。

（4）循环结束后，记录上提、下放悬重。起钻。

（5）送入工具起出井口后，检查送入工具出井状态。并清理，包装保护好工具中心管、液压缸、倒扣螺母等部位。

第二节　液压脱手尾管悬挂器

一、斯伦贝谢 CRT 送入工具

×× 井本次作业是对 8$^1/_2$in 裸眼进行尾管悬挂及固井。该井上层套管为 9$^5/_8$in ×× 磅级、×× 钢级、×× 螺纹类型，上层套管管鞋深度为 MD：××m/TVD：××m，对应井斜为 ××°，8$^1/_2$in 裸眼设计完钻井深 MD：××m/TVD：××m，对应井斜为 ××°，所使用尾管为7in、××磅级、××钢级、××螺纹类型，井上钻具为××in××磅级、××钢级、××螺纹类型，该井所使用钻井液体系为××，密度××g/cm^3。

斯伦贝谢尾管悬挂系统使用CRT型送入工具，RCB密封补心，LWP胶塞系统，JBT防砂帽，HPS型悬挂器，15ft回接筒，PV-3型顶部封隔器，BC型球座及浮箍、浮鞋等设备。尾管送入到位之后，首先坐挂悬挂器，脱手送入工具，剪切球座，随后进行固井作业，固井结束之后坐封顶部封隔器。清洗完多余水泥浆之后回收送入工具。

1. 尾管下入顺序

（1）带侧孔双阀浮鞋，7in、××磅级、××钢级、××螺纹类型。

（2）套管，7in、××磅级、××钢级、××螺纹类型。

（3）浮箍，7in、××磅级、××钢级、××螺纹类型。

（4）套管，7in、××磅级、××钢级、××螺纹类型。

（5）浮箍，7in、××磅级、××钢级、××螺纹类型。

（6）套管，7in、××磅级、××钢级、××螺纹类型。

（7）带球座的碰压座，7in、××磅级、××钢级、××螺纹类型。

（8）套管，7in、××磅级、××钢级、××螺纹类型。

（9）斯伦贝谢尾管悬挂器总成：

① HPS型液压尾管悬挂器，适用于7in××~××磅级×9.625in××~××磅级，××磅级、××钢级、××双公螺纹类型。

②双母接箍，7in××磅级、××钢级、××螺纹类型。

③ PV-3型顶部封隔器，适用于7in××~××磅级×9.625in××~××磅级，××磅级、××钢级、××螺纹类型。

④回接筒，适用于7in××~××磅级，7.74in，15ft，××钢级、××螺纹类型。

2. 工具参数

1）尾管作业工具汇总表

送入工具	入井工具
水泥头	1.75in 铝球 / 铜球 / 树脂球
钻杆 / 钻杆短节 / 变扣作为送入管串	××in 钻杆胶塞
悬挂器总成提升短节	15ft 回接筒
JBT 防砂帽	7in 顶部封隔
RDA 坐封器	7in 双母接箍
CRT 型送入工具	7in 悬挂器
RCB 可回收式密封补芯	7in××# 尾管胶塞
中心管	7in 碰压座
LWP 尾管胶塞适配器	7in 单阀浮箍 ×2 个
	7in 双阀浮鞋

2）相关数据

<table>
<tr><td colspan="2">CRT 送入工具脱手压力</td><td>××psi（××个×××psi/个）（××MPa）</td></tr>
<tr><td colspan="2">CRT 送入工具应急脱手左转剪切销钉扭矩</td><td>4863lbf·ft（3个×1621lbf·ft）（6589Nm）</td></tr>
<tr><td colspan="2">CRT 送入工具应急脱手轴向剪切销钉力</td><td>52000lbf（8个×6500lbf）（23.5tf）</td></tr>
<tr><td colspan="2">送入工具最大旋转扭矩——WT40 扣</td><td>42000lbf·ft（56900N·m）</td></tr>
<tr><td colspan="2">送入工具最大抗拉强度——送入工具 CRT</td><td>750000lbf（340tf）</td></tr>
<tr><td colspan="2">送入工具最大抗压强度——送入工具 CRT</td><td>357000lbf（162tf）</td></tr>
<tr><td rowspan="3">悬挂器薄弱点</td><td>最大旋转扭矩——P110，BTC 扣</td><td>17000lbf·ft（23035N·m）</td></tr>
<tr><td>最大抗拉强度——PV-3 封隔器</td><td>753000lbf（342tf）</td></tr>
<tr><td>最大抗压强度——PV-3 封隔器</td><td>357000lbf（162tf）</td></tr>
<tr><td colspan="2">确认送入工具脱手最大上提距离（理论值）</td><td>××m</td></tr>
<tr><td colspan="2">顶部封隔器第一组剪切销钉值</td><td>18000lbf（4个×4500lbf/个）（8.2tf）</td></tr>
<tr><td colspan="2">顶部封隔器第二组剪切销钉值</td><td>54000lbf（18个×3000lbf/个）（24.5tf）</td></tr>
<tr><td colspan="2">悬挂器坐挂压力</td><td>××psi（××个×××psi/个）（××MPa）</td></tr>
<tr><td colspan="2">悬挂器最大坐挂能力</td><td>251000lbf（114tf）</td></tr>
<tr><td colspan="2">LWP 尾管胶塞正常剪切压力</td><td>1992psi（6个×332psi/个）（13.7MPa）</td></tr>
<tr><td colspan="2">尾管胶塞的最大碰压压力</td><td>5000psi（34.4MPa）</td></tr>
<tr><td colspan="2">到达井底前最大循环压力（悬挂器坐挂压力的 70%）</td><td>××psi（××MPa）</td></tr>
<tr><td colspan="2">到达井底后最大循环压力</td><td>按照固井要求</td></tr>
<tr><td colspan="2">球座位置</td><td>BC 碰压座</td></tr>
<tr><td colspan="2">球座剪切值</td><td>3500psi（5个×700psi/个）（24.2MPa）</td></tr>
<tr><td colspan="2">开泵送球最大排量</td><td>金属球 0.6m^3/min；树脂球为循环排量</td></tr>
</table>

3. 施工前现场检查

（1）与现场甲方代表沟通、确认作业相关信息。

（2）确认上层套管磅级、尾管磅级和螺纹类型以及钻杆尺寸、钢级、磅级和螺纹类型与悬挂器总成相符。

（3）工具到达平台后，对照送料单检查所有工具齐全、完好。

（4）检查确认悬挂器总成号与施工前报告相符。

（5）在最后一趟通井作业时，在以下两个位置测量并记录相关数据（推荐在下钻期间完成此项操作）。

①悬挂器设计坐挂深度。

项目	测试值
上提重量	
下放重量	
10r/min 扭矩及悬重	
20r/min 扭矩及悬重	

② BHA 起至井口。

项目	测试值
上提重量	
下放重量	
BHA 长度	

（6）丈量并记录管柱图上的所有相关数据：长度、径和外径等。确认球的外径与球座球孔内径差不少于 3mm（ × × 球 OD44.45mm– 球座 ID35mm=9.45mm）。

（7）按照《现场检查表》，检查核对并填写相关参数和数据，以确保作业时工作正常。

（8）检查并确认送入工具与钻杆可连接，确认上扣扭矩。确认吊卡与提升短节匹配。

（9）测量尾管与钻杆通径规尺寸。

注：$3^1/_2$in 钻杆通径规直径应不小于 50mm；5in 钻杆通径规直径应不小于 67mm；$5^1/_2$in 及 $5^7/_8$in 钻杆通径规直径应不小于 75mm。

（10）检查胶塞适配器（旋转、拉拽测试以及确认顶丝已安装）。

（11）核对、确认并记录销钉的数量与《施工前报告》的数量一致。

（12）检查水泥头工作正常，测量水泥头挡销和内壁之间的距离确保其小于钻杆胶塞铝制本体外径，安装钻杆胶塞，要求尾管工程师、固井工程师、钻井监督三方确认。

（13）检查水泥头、钻杆、钻杆短节、加重钻杆、变扣的内径及台阶面等，确认其内部和连接之后均没有直角台阶，倒角不大于 45°。

（14）在做尾管表之前，要求井队按照标准使用通径规对尾管进行通径。

（15）制作尾管表时，调方余用的短钻杆，应连接在最后一柱钻具以下。

（16）用斯伦贝谢专用通径规（OD：63.5mm）对悬挂器总成通径。

（17）连接固井附件，上好内螺纹护丝。

（18）如现场条件允许回接筒内提前灌满钻杆螺纹润滑脂。

注：如采用高黏液体代替钻杆螺纹润滑脂，应保证与水泥浆相容性及在循环温度下的流动性、悬浮能力、沉降稳定性良好。

（19）确认钻台各读数表（压力、扭矩、悬重等）正常。固井泵至钻台立管管汇试压（预测的施工最高压力附加 20%），同时校核钻台压力表。

（20）检查确认悬挂器总成划线位置没有错位，确认各部件连接正常（车间组装完后划线）。

（21）收集相关数据，按照《尾管悬挂器坐挂脱手计算表》计算并填写尾管浮重，送入钻具上提、下放悬重，回缩距、方余等。

（22）下尾管前，取出防磨套。

4. 下尾管

（1）记录甲板上所有尾管及尾管短节的数量。

（2）下尾管前，召集所有相关作业人员，进行风险评估，开安全会。主要安全议题为防止落物、吊装作业、有效的沟通、防止挤压伤害等。

（3）按照尾管表，连接浮鞋、浮箍以及相应的尾管。检查浮阀工作正常。在浮箍以上的套管上连接碰压座。（确认以上附件与套管连接时均已涂抹螺纹胶）。

（4）下尾管，按尾管表加放扶正器，每根灌浆，每5根灌满一次，最后一根下完后，将尾管全部灌满。

（5）吊悬挂器总成上钻台，连接尾管胶塞，连接悬挂器并按标准扭矩上扣（确认上扣时，大钩吊卡已经放松）。

（6）不提卡瓦，上提1m，确认所有送入工具及接头连接正常，确认划线位置没有移位。

（7）再次确认尾管悬挂器、顶部封隔器剪切销钉数量。

（8）下放至合适高度，卸松防砂帽的锁紧螺钉，用两个螺栓正转拧开防砂帽，将防砂帽提离回接筒，拧紧固定螺栓将防砂帽固定在延伸短节上。在回接筒内灌满螺纹润滑脂。松开螺栓，将防砂帽复位，锁紧到回接筒上（如回接筒内已提前灌满螺纹润滑脂，则忽略此步骤）。

注意：禁止在回接筒上坐卡瓦；确保在后续操作过程中，保护好井口，防止井下落物。

（9）扶正悬挂器总成缓慢通过转盘和防喷器，在5in钻杆短节上坐卡瓦。悬挂器过转盘时一定要小心，以免损坏。

（10）接顶驱，低排量打通、循环，循环泵压不超过××psi（××MPa）（悬挂器坐挂压力的70%）。清点并记录井架内所有钻杆的数量。

（11）回接筒内灌满螺纹润滑脂后停止循环，称重，记录上提、下放吨位。

（12）下钻。为防止下钻时井下落物，可将钻杆刮泥器套在钻杆上，保护井口。所有入井钻具必须通径，确认通径规和尾绳出来后方能连接钻具。每柱灌浆，每5柱灌满钻井液一次。为避免灌浆时产生激动压力，不允许使用闭路系统灌浆。

注：变扣/变径短节应正向通径。

（13）尾管进入裸眼前，灌满打通，循环，最大循环泵压不超过坐挂压力的70%，即××psi（××MPa）。钻台坡道备一根解卡单根。

注：常规井打通循环；高温高压井、大斜度井、高压气井等特殊井视具体情况延长循环时间。

（14）停泵，称重。

（15）进入裸眼后，利用接立柱的时间，每柱灌浆并尽可能灌满，每5柱灌满钻井液一次。

（16）下放速度控制在0.2~0.3m/s。

（17）遇阻下压吨位不得超过10tf，遇阻后首先上提提活管串（最大上提不超过整个管串薄弱点抗拉强度的80%，需综合考虑钻具、送入工具、尾管悬挂器、尾管的最低抗拉强度）。

注 1：送尾管期间如需旋转，必须汇报基地。

注 2：遇阻下压如需超过 10tf，必须汇报基地。

（18）下放管串至设计深度，校深并灌满钻井液。

（19）称重，并记录钻杆拉伸量。

（20）接顶驱，小排量（$0.2m^3/min$）打通循环。上提管柱调整方余并做标记，使悬挂器提到拉伸状态（控制大钩悬重不小于送入钻具上提悬重 +30tf；如低于此吨位提活，则上提到设计方余）。

（21）循环排量按固井设计执行，至少循环 2 个环空容积。同时，观察钻井液返出是否干净。确保循环压力低于悬挂器坐挂压力的 85%，即：× × psi（× × MPa）。

5. 坐挂悬挂器

（1）循环结束后，卸顶驱，投球。接顶驱，上提管柱至标记位置（微调方余误差）。

注：球座位置井斜小于 55° 使用金属球，55° ~70° 宜使用树脂球，超过 70° 应使用树脂球。

（2）开泵送球，控制排量不超过 $0.6m^3/min$，密切观察泵压表，当泵压突然上升时，停泵。

（3）观察泵压稳定后，缓慢增加压力到设定坐挂压力值 +400psi，即 × × psi（× × MPa），并稳压 2~3min。

（4）带压下放至钻具悬重后继续下压 × × tf（7in 及以上尺寸尾管下压 20~30tf；7in 以下尺寸尾管下压 10~20tf；井斜大于 45° 时，多压 10tf），下放时以每 10cm 或每 10tf 回缩距为刻度，在钻杆上做标记，对照计算的钻具伸缩距，确认悬挂器坐挂。

注：如无法坐挂则以 200psi 为梯度重复步骤（3）（4）操作，每次压力高于之前 200psi，最高压力为 CRT 剪切压力的 85%，即 × × psi（× × MPa）；如有坐挂显示但打滑，则尝试更换坐挂位置；如仍无法坐挂，则汇报基地，与甲方共同决定以下方案：

①直接坐底，进行脱手操作步骤（6）。

②如管串能提活，则尝试探底，探底后上提至提活悬重继续上提 1m，以 200psi 为梯度重复步骤（3）（4）步操作，每次压力高于之前 200psi。如坐挂成功则进行脱手操作步骤（6）；如球座憋通仍无法坐挂则进入步骤（3）应急脱手。

③如管串不能提活，则进行步骤①操作。

6. 送入工具脱手

（1）坐挂成功后保持原下压吨位，打压至 CRT 脱手压力 +300psi，即 × × psi（× × MPa）。保持压力 3min。

（2）释放压力到零，上提确认送入工具脱手（同时比较上提距离与计算钻具拉伸距，避免将坐封工具提出回接筒），上提至钻具上提悬重后继续缓慢上提 0.5m，如果钻具悬重不增加，说明脱手成功（最大上提悬重：钻具计算上提悬重 +10tf）。记录脱手后上提悬重及下放悬重。

（3）确认脱手成功后再次下压至坐挂步骤（4）悬重，核对方余。

注意：如未脱手，重新下放坐挂步骤（4）悬重，在原有的压力基础上以200psi阶梯继续提高压力，保持3min，重复步骤（2），每次压力高于先前200psi，直到球座憋通。如脱手成功，则进行步骤（3）操作。如未能脱手按以下步骤进行应急脱手。

应急脱手步骤：

①下压30tf钻压，上提25tf，使工具处于5tf下压状态，设置顶驱扭矩：通井起钻到坐挂点测试扭矩（转速10r/min的测试值）+尾管扣上扣扭矩，缓慢右转（10r/min）管柱至顶驱设定扭矩值，记录旋转圈数，供左转参考。

②使工具处于5tf下压状态，设置顶驱扭矩：通井起钻到坐挂点测试扭矩（转速10r/min的测试值）+1.2倍CRT剪切销钉扭矩设定值（小于尾管扣上扣扭矩）。左转管柱（参考上步右转时达到规定扭矩需要圈数），缓慢释放扭矩，再次反转管柱到通井起钻到坐挂点测试扭矩，保持扭矩缓慢下压40tf钻具重量，观察轴向剪切销钉剪切显示。缓慢释放扭矩，上提管串重复步骤（2）脱手过程。打压测试工具是否短路。

③如果未脱手，重复步骤①②③，最大反转扭矩增加到通井起钻到坐挂点测试扭矩（转速10r/min的测试值）+尾管扣上扣扭矩。重复步骤（2）脱手操作。打压测试工具是否短路。

注：如仍不能脱手，汇报基地，如果反转圈数过多，则丢手后需要正转钻具，上紧扭矩。

（4）打压，憋通球座，记录球座剪切压力。

（5）重新建立循环，记录循环泵压和循环排量并与投球之前的记录对比。

注1：正常坐挂、脱手、憋通球座后循环2个裸眼环空容积。

注2：坐挂、脱手操作没有顺利完成，钻井液静止时间较长，球座憋通后循环2个环空容积。

7. 固井和顶替

（1）接水泥头、固井管线。

（2）按照固井设计泵注隔离液、冲洗液、水泥浆。

（3）清洗固井管线，释放钻杆胶塞，按固井设计顶替。

（4）在大小胶塞啮合之前2m^3，降低泵速到0.6~0.8m^3/min，观察大小胶塞啮合压力（设定值是1992psi/13.7MPa）。记录啮合压力值及顶替量，校核泵效、计量误差。在大小胶塞释放后，恢复正常泵速继续顶替。如果未观察到大小胶塞啮合压力，在设计大小胶塞啮合泵效之后2m^3，恢复正常泵速继续顶替。

（5）慢替量和排量按固井设计执行，碰压。记录碰压压力。

注1：顶替使用一个泵注系统，以减少计量误差。

注2：用固井泵顶替到设计量没有碰压最多再替球座以下套管内容积的一半。

注3：用钻井泵顶替如果能观察到大小胶塞啮合，且啮合时泵效高于95%则碰压；如果观察不到大小胶塞啮合或者啮合时泵效特别低，则按施工前测试过的经验泵效并综合流量计、钻井液池等多种计量方式进行顶替，过替不超过球座以下套管内容积的一半；同

时，要综合考虑管内外压差，不漏的情况至少要替到设计压差。

注 4：固井碰压时，用小排量碰压，压力上升 3~5MPa 即可。

（6）稳压 3~5min，放回流，并记录回流量。

8. 坐封顶部封隔器

（1）拆固井管线、水泥头，接顶驱。

（2）上提至钻具悬重后，继续上提 ××m（涨封挡块到回接筒顶部距离 ××m+0.5m）。

（3）下放管柱，灵敏表调零，下压 40tf 坐封封隔器。期间注意观察悬重表，确认封隔器剪切销钉剪断。销钉剪切后保持下压至少 3min。

注 1：如下放至坐封前悬重后，方余与坐封前一致，则重复步骤（2）（3），并将步骤（2）上提距离增加，不超过最大上提距离（密封补芯失去密封距离 ××m 至 0.5m）××m 即可。

注 2：如果上提至钻具悬重后，悬重继续上升，最大上提重量不超过送入钻具上提悬重 +50tf，上下活动并汇报基地。

9. 回收送入工具

（1）打压（悬挂器处管柱内外压差 +3MPa），上提管柱 ××m（密封补芯失去密封距离 ××m– 胀封挡块到回接筒顶部距离 ××m）。压力下降，迅速开泵，小排量循环。继续上提 8.5m（中心管提出回接筒），大排量循环（推荐 2.5m^3/min 左右），以确保将回接筒顶部水泥浆清洗干净。不允许旋转钻具。

（2）继续上提 3~5m。在钻杆上沿转盘面划线，在划线位置以上活动钻具，活动距离不少于一个单根。

（3）循环 1.5 个环空容积，期间注意观察返出，确认水泥浆循环干净。

（4）循环结束后，记录上提下放悬重。起钻。

（5）送入工具起出井口，检查送入工具。

二、威德福 HNG 送入工具

×× 井本次作业是对 8$^1/_2$in 裸眼进行尾管悬挂及固井。该井上层套管为 9$^5/_8$in ×× 磅级、×× 钢级、×× 螺纹类型，上层套管管鞋深度为 MD：××m/TVD：××m，对应井斜为 ××°，8$^1/_2$in 裸眼设计完钻井深 MD：××m/TVD：××m，对应井斜为 ××°，所使用尾管为 7in ×× 磅级、×× 钢级、×× 螺纹类型，井上钻具为 ××in×× 磅级、×× 钢级、×× 螺纹类型，该井所使用钻井液体系为 ××，密度 ××g/cm^3。

威德福尾管系统使用 HNG 型送入工具，密封补芯，LWP 胶塞系统，FJB 浮式防砂帽，×× 型悬挂器，15ft 回接筒，WCTSP4 型顶部封隔器，WLCL 型球座及浮箍、浮鞋等设备。尾管送入到位之后，首先坐挂悬挂器，脱手送入工具，剪切球座，随后进行固井作业，固井结束之后坐封顶部封隔器。清洗完多余水泥浆之后回收送入工具。

1. 尾管下入顺序

（1）带侧孔双阀浮鞋，7in、×× 磅级、×× 钢级、×× 螺纹类型。

（2）套管，7in、×× 磅级、×× 钢级、×× 螺纹类型。

（3）浮箍，7in、×× 磅级、×× 钢级、×× 螺纹类型。

（4）套管，7in、×× 磅级、×× 钢级、×× 螺纹类型。

（5）浮箍，7in、×× 磅级、×× 钢级、×× 螺纹类型。

（6）套管，7in、×× 磅级、×× 钢级、×× 螺纹类型。

（7）带球座的碰压座，7in、×× 磅级、×× 钢级、×× 螺纹类型。

（8）套管，7in、×× 磅级、×× 钢级、×× 螺纹类型。

（9）威德福尾管悬挂器总成：

① WCTH 型液压尾管悬挂器，适用于 7in ××~×× 磅级 ×9.625in ××~×× 磅级，×× 磅级、×× 钢级、×× 双公螺纹类型。

②双母接箍，7in、×× 磅级、×× 钢级、×× 螺纹类型。

③ WTSP5 型顶部封隔器，适用于 7in ××~×× 磅级 ×9.625in××~×× 磅级，×× 磅级、×× 钢级、×× 螺纹类型。

④ WTSP5 型回接筒，适用于 7in ××~×× 磅级，7.913in，15ft，×× 钢级、×× 螺纹类型。

2. 工具参数

1）尾管作业工具汇总表

送入工具	入井工具
水泥头	1.75in 铝球 / 铜球 / 树脂球
钻杆 / 钻杆短节 / 变扣作为送入管串	××in 钻杆胶塞
悬挂器总成提升短节	15ft 回接筒
FJB 浮式防砂帽	7in 顶部封隔器
RPA 坐封器	7in 双母接箍
HNG 送入工具	7in 悬挂器
可回收式密封补芯	7in××# 尾管胶塞
上部中心管	7in 碰压座
下部中心管	7in 浮箍 ×2 个
LWP 尾管胶塞适配器	7in 浮鞋

2）相关数据

HNG 送入工具丢手压力	××psi（×× 个 ×××psi/ 个）（××MPa）
HNG 送入工具应急脱手左转剪切销钉扭矩	4548lbf·ft（6 个 ×758lbf·ft）（6162N·m）
送入工具最大旋转扭矩（HNG）	37000lbf·ft（50000N·m）
送入工具最大抗拉强度（HNG）	562klbf（250tf）
送入工具最大抗压强度	下入过程 135tf（FJB），防砂帽释放后 53tf（FJB）
悬挂器最大允许的旋转扭矩（双母接箍）	××lbf·ft（××N·m）
悬挂器最大抗拉强度	××klbf（××tf）

续表

确认送入工具脱手最大上提距离（理论值）	××m
顶部封隔器第一组剪切销钉值	8个=13.3tf（24个分3组依次剪切，每组8个）
顶部封隔器第二组剪切销钉值	××tf
悬挂器坐挂压力	××psi（××个×××psi/个）（××MPa）
LWP 尾管胶塞剪切压力	2504psi（8个×313psi/个）（17MPa）
尾管胶塞最大碰压压力	4360psi（30MPa）
到达井底前最大循环压力（悬挂器座挂压力的70%）	××psi（××MPa）
到达井底后最大循环压力	按照固井要求
球座位置	WLCL 碰压座
球座剪切值	3500psi（24.10MPa）
开泵送球最大排量	金属球 0.6m³/min；树脂球为循环排量

3. 施工前现场检查

（1）与现场甲方代表沟通、确认作业相关信息。

（2）确认上层套管磅级、尾管磅级与扣型、钻杆尺寸、钢级、磅级、螺纹类型与悬挂器总成相符。

（3）工具到达平台后，对照送料单检查所有工具，确认齐全、完好。

（4）检查确认悬挂器总成号与《施工前报告》一致。

（5）在最后一趟通井作业时，在以下两个位置测量并记录相关数据（推荐在下钻期间完成此项操作）。

①悬挂器设计坐挂深度。

项目	测试值
上提重量	
下放重量	
10r/min 扭矩及悬重	
20r/min 扭矩及悬重	

② BHA 起至井口。

项目	测试值
上提重量	
下放重量	
BHA 长度	

（6）核对尾管悬挂器总成图上的所有现场可实测相关数据（长度、内径和外径等）实测值与标定值一致。

（7）确认球的外径与球孔内径差不少于 3mm。

（8）按照《现场检查表》，检查核对并填写相关参数和数据，以确保作业时工作正常。

（9）确认浮式防砂帽在运输途中没有移位。

（10）核对、确认并记录销钉的数量与《施工前报告》的数量一致。

（11）检查水泥头工作正常，测量水泥头挡销和内壁之间的距离确保其小于钻杆胶塞铝制本体外径，安装钻杆胶塞，要求尾管工程师、固井工程师、钻井监督三方确认。

（12）检查水泥头、钻杆、钻杆短节、加重钻杆、变扣的内径及台阶面等，确认其内部和连接之后均没有直角台阶，倒角不大于 45°。

（13）在做尾管表之前，要求井队使用标准通径规对尾管进行通径。

（14）悬挂器卡瓦、封隔器胶皮应避开上层套管接箍。

（15）制作尾管表时，调方余用的短钻杆，应连接在最后一柱钻具以下。

（16）连接浮鞋 / 引鞋、浮箍、球座 / 碰压（胶塞）座之前应对套管进行内部检查，确保无杂物，并在连接有浮鞋 / 引鞋、浮箍、球座 / 碰压（胶塞）座的套管内螺纹端戴上端面封闭的护丝。

（17）下套管前应通井，调整钻井液性能，确认井内无井涌、井漏、垮塌、阻卡等复杂情况。相关技术指标按照 SY/T 5374 的规定执行。

（18）下尾管前，安装底部中心管和胶塞适配器，并用威德福专用 63.5mm（2.5in）通径规对悬挂器总成通径。

（19）如果尾管的长度比上层套管鞋深度长，建议下尾管前将悬挂器总成配长后立在井架上。

（20）钻具入井前应使用通径规通径。

注：$3^1/_2$in 钻杆通径规直径应不小于 50mm；5in 钻杆通径规直径应不小于 67mm；$5^1/_2$in 及 $5^7/_8$in 钻杆通径规直径应不小于 75mm。

（21）带有浮式防砂帽的悬挂器总成上井后可提前向回接筒内灌入淡水，下入时检查液面并补满。

（22）收集相关数据，按照《尾管悬挂器坐挂脱手计算表》进行计算并填写尾管浮重，送入钻具上提、下放悬重，回缩距、方余等。

（23）确认钻台各读数表（压力、扭矩、悬重等）正常。固井泵至钻台立管管汇试压（预测的施工最高压力附加 20%），同时校核钻台压力表。

（24）检查确认悬挂器总成划线位置没有错位（车间组装完后划线）。

（25）下尾管前，取出防磨套。

4. 下尾管

（1）记录甲板上所有尾管及尾管短节的数量。

（2）下尾管按 SY/T 5412 的规定执行。

（3）下尾管前，召集所有相关作业人员，进行风险评估，开安全会。主要安全议题为防止落物、吊装作业、有效的沟通、防止挤压伤害等。

（4）按照尾管表，连接浮鞋、浮箍以及相应的尾管，灌浆并确认浮阀工作正常。在浮箍以上的套管连接球座或碰压（胶塞）座。

（5）尾管串球座或碰压（胶塞）座以下的螺纹连接均应涂抹螺纹胶。

（6）悬挂器总成以下的两根套管，应各加放一个套管扶正器，悬挂位置在井斜30°以上井段时应选用非弹性扶正器。

（7）下尾管，按尾管表加放扶正器，每根灌浆，每5根灌满一次，最后一根下完后，将尾管全部灌满。

（8）吊悬挂器总成上钻台，连接尾管胶塞，连接悬挂器并按标准扭矩上扣（确认上扣时，大钩吊卡已经放松）。

（9）不提卡瓦，上提1m，确认所有送入工具及接头连接正常，确认划线位置没有移位。

（10）再次确认尾管悬挂器、顶部封隔器剪切销钉数量。

（11）下放尾管悬挂器总成，在提升短节上坐卡瓦，严禁将卡瓦坐在回接筒上，以免损坏工具。

（12）如果转盘补芯可能对悬挂器造成损坏，应将其提出。扶正悬挂器缓慢通过转盘和防喷器，小心避免磕碰。

（13）清点并记录井架内所有钻杆的数量并复核入井管串数据。

（14）上提尾管悬挂器总成，将防砂帽提到转盘面以上，回接筒顶部提出转盘面过程应防止磕碰。

（15）打通、循环（确认防砂帽排气孔保持打开状态），循环泵压不超过××psi（××MPa）（悬挂器坐挂压力的70%）。

（16）循环期间，在浮式防砂帽尾管悬挂器的回接筒内灌满淡水；并在循环结束前，确认回接筒内已灌满。

（17）下放，在5in提升短节上坐卡瓦（不要将卡瓦坐在回接筒上，以免损坏悬挂器总成）。

（18）循环结束后，安装防砂帽灌水与排气孔堵头，拆除定位螺栓。

（19）接一柱钻杆，下放至悬挂器通过防喷器后称重。

（20）扶正尾管悬挂器总成缓慢通过防喷器、四通等井口装置，观察指重表变化，注意保护液压缸、卡瓦和封隔器。

（21）送尾管时，应边通径边下送入钻具，且只使用一个通径规；所有入井钻具必须通径，确认通径规和尾绳出来后方能连接钻具。

注：变扣/变径短节应正向通径。

（22）尾管悬挂器总成入井后，接送入钻具时打紧背钳，控制尾管下放速度。

（23）每柱钻具均应灌浆，每5柱灌满一次。不允许使用闭路系统灌浆，避免产生激动压力。

（24）尾管进入裸眼前，打通，循环，最大循环泵压不超过（悬挂器坐挂压力最小值的70%）××psi（××MPa）。钻台坡道备一根解卡单根。

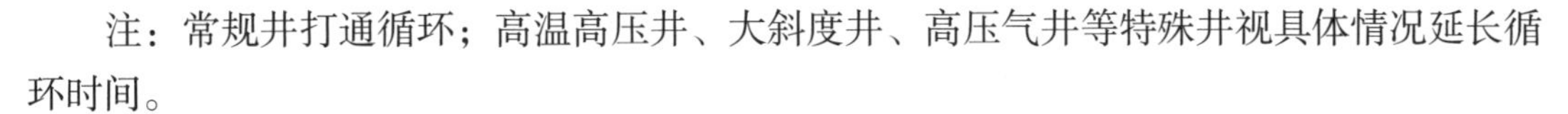

注：常规井打通循环；高温高压井、大斜度井、高压气井等特殊井视具体情况延长循环时间。

（25）停泵，称重。

（26）尾管进入裸眼后，应充分利用接立柱的时间进行灌浆并尽可能灌满，每5柱灌满一次；控制下放速度不超过0.3m/s。

（27）遇阻下压吨位不得超过10tf，遇阻后首先上提提活管串（最大上提不超过整个管串薄弱点抗拉强度的80%，需综合考虑钻具、送入工具、尾管悬挂器、尾管的最低抗拉强度）。

注1：送尾管期间如需旋转，必须汇报基地。

注2：遇阻下压如需超过10tf，必须汇报基地。

（28）下放管串至设计深度，校深并灌满钻井液。

（29）称重，并记录钻杆拉伸量。

（30）接顶驱，以0.1~0.2m^3/min排量打通循环。上提管柱，控制大钩悬重不小于送入钻具上提悬重加30tf；如低于30tf提活，则上提至设计方余，使悬挂器总成处于拉伸状态，调整方余并做标记。

（31）固井前至少循环2个环空容积，循环排量按固井设计执行，控制最高循环压力低于悬挂器坐挂压力的85%。确认井口钻井液返出干净。

5. 坐挂悬挂器

（1）循环结束后，卸顶驱，投球。

注：球座位置井斜小于55° 使用金属球，55° ~70°宜使用树脂球，超过70°应使用树脂球。

（2）接顶驱，上提管柱至标记位置，微调方余误差。

（3）以转盘面为基准面，以10cm或10tf回缩距为刻度，在钻杆上做位置标记。

（4）开泵送球（金属球：控制排量不超过0.6m^3/min；树脂球：按正常循环排量送球，入座前调整到0.6m^3/min，如无法入座则逐步提高排量），密切观察泵压表，当泵压突然上升时，停泵。

（5）观察泵压稳定后，缓慢增加压力到设定坐挂压力+400psi（××MPa），并稳压2~3min。

（6）带压下放至钻具悬重后继续下压××tf（7in及以上尺寸尾管下压20~30tf；7in以下尺寸尾管下压10~20tf；井斜大于45° 时，多压10tf），下放时以每10cm或每10tf回缩距为刻度，在钻杆上做标记，对照计算的钻具伸缩距，确认悬挂器坐挂。

注：如无法坐挂则以200psi为梯度重复步骤（5）（6）操作，每次压力高于之前200psi，最高压力为HNG脱手剪切压力的85%；如有坐挂显示但打滑，则尝试更换坐挂位置；如仍无法坐挂，则汇报基地，与作业者共同决定以下方案：

①直接坐底，进行5.1脱手操作步骤（1）。

②如管串能提活，则尝试探底，探底后上提至提活悬重继续上提1m，以200psi为梯

度重复步骤（5）（6）操作，每次压力高于之前 200psi。如坐挂成功则进行步骤（1）脱手操作；如球座憋通仍无法坐挂则进入应急脱手步骤（3）。

③如管串不能提活，则进行步骤①操作。

6. 送入工具脱手

（1）打压至 HNG 脱手压力 +300psi，即 × × psi（ × × MPa），保持压力 3min。

（2）缓慢释放压力到零并保持放压阀打开，上提确认送入工具脱手，上提至钻具上提悬重后继续缓慢上提 × × m，如果钻具悬重不增加，说明脱手成功（最大上提悬重：钻具计算上提悬重 +10tf）。记录脱手后上提悬重及下放悬重。

（3）确认脱手成功后再次下放到坐挂时的悬重，对比方余一致。

应急脱手程序：

如未脱手，按坐挂操作步骤（6）悬重要求操作，且在上一次丢手压力基础上以 200psi 为梯度继续提高压力，并每次保持 3min，重复步骤（2），直到球座憋通。如脱手成功，则进行步骤（3）操作。

如仍未能脱手，按以下步骤执行：

①下压 30tf，上提 25tf，使工具处于 5tf 下压状态，设置顶驱扭矩：通井起钻至坐挂点测试扭矩（10r/min 的测试值）+ 尾管上扣扭矩，缓慢右转（10r/min）管柱至顶驱设定扭矩值，记录旋转圈数，供左转参考。

②设置顶驱扭矩：通井起钻到坐挂点测试扭矩（10r/min 的测试值）+1.2 倍工具应急脱手扭矩（小于尾管上扣扭矩）。左转管柱（参考上步右转旋转圈数），缓慢释放扭矩，再次反转管柱到通井起钻到坐挂点测试扭矩，（有轴向剪切销钉的工具保持扭矩缓慢下压 1.5 倍设定剪切值，观察轴向剪切销钉剪切显示。）缓慢释放扭矩，进行试脱手操作。

③如未脱手，重复步骤①②，最大反转扭矩增加到通井起钻到坐挂点测试扭矩（10r/min 的测试值）+ 尾管上扣扭矩。重复试脱手操作。如仍不能脱手，向主管领导汇报。

（4）打压，憋通球座，记录球座剪切压力。

（5）重新建立循环，记录循环泵压和循环排量并与投球之前的记录对比。

注 1：正常坐挂、脱手、憋通球座后循环 2 个裸眼环空容积。

注 2：坐挂、脱手操作没有顺利完成，钻井液静止时间较长，球座憋通后循环 2 个环空容积。

7. 固井和顶替

（1）接水泥头、固井管线。

（2）按照固井设计泵注隔离液、冲洗液、水泥浆。

（3）清洗固井管线，释放钻杆胶塞，按固井设计顶替。

（4）在大小胶塞啮合之前 2m^3，控制泵速，钻杆内流速为 1~1.7m/s，观察大小胶塞啮合压力（设定值为 × × psi/ × × MPa）。记录啮合压力值及顶替量，校核泵效、计量误差。在大胶塞释放后，恢复正常泵速继续顶替。如果未观察到大小胶塞啮合压力，在设计大小

胶塞啮合泵效之后 $1m^3$，恢复正常泵速继续顶替。

（5）慢替量和排量按固井设计执行。碰压，记录碰压压力。

注 1：顶替使用一个泵注系统，以减少计量误差。

注 2：碰压控制（基本原则是确保不替空）：

①现场应根据泵效试验确定最大顶替冲数，顶替至预计冲数，若压力明显上升，且压力稳住，则结束顶替；

②如果大小胶塞啮合剪切明显，且啮合时泵效高于 95% 则追求碰压，如果碰压时压力不能稳住或者压力不能上升到设计压力，则结束顶替；

③啮合时泵效低于 95% 时，则按施工前测试过的经验泵效进行顶替；

④大小胶塞啮合无剪切显示或剪切不明显，则按 100% 泵效进行顶替；

⑤固井碰压时，用小排量碰压，压力上升 3~5MPa 即可。

（6）稳压 3~5min，放回流，并记录回流量。

8. 解封密封补芯、循环

（1）迅速拆固井管线、水泥头。

（2）上提提活管柱后，做标记，继续上提 ××m（防砂帽至滑套顶部距离的一半）。接顶驱（如需上提则按试脱手距离要求进行操作），打压 ××MPa（悬挂器处管柱内外压差 +3MPa），继续上提 ××m（防砂帽至滑套顶部距离的一半）。注意观察悬重表及泵压表，如果未出现过提，继续上提 ××m（密封补芯解封距离 – 防砂帽与滑套复合距离）解封密封补芯，注意观察悬重表及泵压表，回收密封补芯时剪切销钉的剪切力约为 6062lbf（2.8tf），观察到压力下降，迅速开泵建立循环，继续上提将中心管提出回接筒，大排量循环，推荐环空返速不低于 1.6m/s，确保将回接筒顶部水泥浆清洗干净。继续上提 3~5m，在钻杆上沿转盘面划线，在划线位置以上活动钻具，活动距离不少于一个单根。循环 $10\sim20m^3$，确保回接筒以上 200m 无沉砂掉块。

注 1：如果上提至钻具悬重后，继续上提悬重上升，最大过提不超过 50tf，上下活动并汇报基地。

注 2：如果上提至钻具悬重后，继续上提悬重保持不变，上提距离达到（防砂帽至滑套顶部距离）××m 时出现遇阻，继续上提，过提 20tf，保持该悬重，开泵小排量试打通。

①如果能够打通，边开泵（泵压不超过 7MPa）边上提（累计最大上提高度解封密封补芯后 +1.1m）。在上提过程中观察泵压表，当出现憋压，立即停泵，放压，按步骤（2）解封密封补芯循环程序进行操作。

②如果试打通时出现憋压，最高憋压压力为碰压压力的 80%，保持该压力尝试旋转（最高扭矩 15kN·m）。

a. 如果能够缓慢旋转保持该转速观察泵压表，当压力下降，停止旋转，按步骤①操作。

b. 如果扭矩达到设定最高扭矩而无法实现旋转，停止旋转，释放扭矩，上提，最大过提 50tf（上提过程中如出现压力下降按步骤①操作）；如果无法提活，则停止操作，汇报基地。

9. 坐顶部封隔器，循环、起钻、回收送入工具

（1）保持循环排量 10 冲 /min，并上下活动管柱（清洗回接筒顶部附近未清洗干净的沉砂、岩屑等），上下活动距离不得超过 2m。下放管柱 ××m，使胀封挡块坐在回接筒顶部，坐封尾管顶部封隔器。注意观察悬重表，以确认封隔器剪切销钉剪断，销钉剪切后继续下放钻具重量共 40tf 并保持至少 3min（坐封其间保持小排量循环，以控制循环压力）。

（2）缓慢上提并逐渐增大排量，上提 ××m 中心管出回接筒顶，大排量循环（推荐 $2.5m^3/min$），以确保将回接筒顶部水泥浆清洗干净。不允许旋转钻具。

（3）继续上提 3~5m。在钻杆上沿转盘面划线，在划线位置以上活动钻具，活动距离不少于一个单根。

（4）循环 1.5 个环空容积，期间注意观察返出，确认水泥浆循环干净。

（5）循环结束后，记录上提下放悬重。起钻。

（6）送入工具起出井口后，检查送入工具出井状态。

三、大陆架 STY-CF 型送入工具

×× 井本次作业是对 $8^1/_2$in 裸眼进行尾管悬挂及固井。该井上层套管为 $9^5/_8$in×× 磅级、×× 钢级、×× 螺纹类型，上层套管管鞋深度为 MD：××m/TVD：××m，对应井斜为 ××°，$8^1/_2$in 裸眼设计完钻井深 MD：××m/TVD：××m，对应井斜为 ××°，所使用尾管为 7in×× 磅级、×× 钢级、×× 螺纹类型，井上钻具为 ××in ×× 磅级、×× 钢级、×× 螺纹类型，该井所使用钻井液体系为 ××，密度 $××g/cm^3$。

大陆架尾管系统使用 STY-CF 型送入工具，DLJ-D 密封补芯，DLJ-A 胶塞系统，FS-A 防砂帽，RNDYX-C 型悬挂器，HJT 型回接筒，DFB 型顶部封隔器，QZ-C 型球座及 FG-H 浮箍、FX-H 浮鞋等设备。尾管送入到位之后，首先坐挂悬挂器，脱手送入工具，剪切球座，随后进行固井作业，固井结束之后坐封顶部封隔器。清洗完多余水泥浆之后回收送入工具。

1. 尾管下入顺序

（1）带侧孔双阀浮鞋，7in、×× 磅级、×× 钢级、×× 螺纹类型。

（2）套管，7in、×× 磅级、×× 钢级、×× 螺纹类型。

（3）浮箍，7in、×× 磅级、×× 钢级、×× 螺纹类型。

（4）套管，7in、×× 磅级、×× 钢级、×× 螺纹类型。

（5）浮箍，7in、×× 磅级、×× 钢级、×× 螺纹类型。

（6）套管，7in、×× 磅级、×× 钢级、×× 螺纹类型。

（7）带球座的碰压座，7in、×× 磅级、×× 钢级、×× 螺纹类型。

（8）套管，7in、×× 磅级、×× 钢级、×× 螺纹类型。

（9）尾管悬挂器总成：

① RNDYX-DKQC 型液压尾管悬挂器，适用于 7in ××~×× 磅级 ×9.625in ××~×× 磅级，×× 磅级、×× 钢级、×× 双公螺纹类型。

②双母接箍，7in× × 磅级、× × 钢级、× × 螺纹类型。

③ DFB 型顶部封隔器，适用于 7in× ×~× × 磅级 ×9.625in× ×~× × 磅级，× × 磅级、× × 钢级、× × 螺纹类型。

④回接筒，适用于 7in × ×~× × 磅级，8.27in × × 钢级、× × 螺纹类型。

2. 工具参数

1）尾管作业工具汇总表

送入工具	入井工具
水泥头	1.85in 铝球 / 铜球 / 树脂球
钻杆 / 钻杆短节 / 变扣作为送入管串	× ×in 钻杆胶塞
悬挂器总成提升短节	回接筒
FS-A 防砂帽	7in 顶部封隔器
ZF-A 坐封工具	7in 双母接箍
防封隔器提前坐封套筒	7in 悬挂器
STY-CF 送入工具	7in× ×# 尾管胶塞
可回收式密封补芯	7in 碰压座
中心管	7in 浮箍 ×2 个
尾管胶塞连接管	7in 浮鞋

2）工具相关数据

工具名称	性能参数
STY-CF 送入工具脱手压力	2030psi（4 个 ×507psi/ 个）(14MPa)
STY-CF 送入工具应急脱手左转剪切销钉扭矩	3000lbf · ft（4000N · m）
送入工具最大旋转扭矩	33000lbf · ft（45000N · m）
送入工具最大抗拉强度	616000lbf（280tf）
送入工具最大抗压强度	264000lbf（120tf）
悬挂器最大允许的旋转扭矩	12700lbf · ft（17320N · m）
悬挂器最大抗拉强度	396000lbf（180tf）
悬挂器最大抗压强度	132000lbf（60tf）
确认送入工具脱手最大上提距离（理论值）	2.9m
顶部封隔器第一组剪切销钉值	30140lbf（13.4tf）
顶部封隔器第二组剪切销钉值	70000lbf（31.2tf）
悬挂器坐挂压力	1624psi（2 个 ×733psi/ 个）(11.2MPa)
DJS-A 型尾管胶塞正常剪切压力	1740psi（3 个 ×580psi/ 个）(12MPa)
尾管胶塞的最大碰压压力	5000psi（35MPa）

续表

工具名称	性能参数
到达井底前最大循环压力（悬挂器坐挂压力的 70%）	1000psi（7MPa）
到达井底后最大循环压力	按照固井要求
球座位置	按照现场设计要求
球座剪切值	3132psi（21.6MPa）
开泵送球最大排量	金属球 0.6m^3/min；胶木球为循环排量

3. 施工前现场检查

（1）与现场甲方代表沟通、确认作业相关信息。

（2）确认上层套管磅级、尾管磅级和螺纹类型以及钻杆尺寸、钢级、磅级和螺纹类型与悬挂器总成相符。

（3）工具到达平台后，对照送料单检查所有工具齐全、完好。

（4）检查确认悬挂器总成号与施工前报告相符。

（5）在最后一趟通井作业时，在以下两个位置测量并记录相关数据（推荐在下钻期间完成此项操作）。

①悬挂器设计坐挂深度。

项目	测试值
上提重量	
下放重量	
10r/min 扭矩及悬重	
20r/min 扭矩及悬重	

② BHA 起至井口。

项目	测试值
上提重量	
下放重量	
BHA 长度	

（6）丈量并记录管柱图上的所有相关数据：长度，内径和外径等。确认球的外径与球座球孔内径差不少于 3mm（ × × 球 OD47mm- 球座 ID38mm=9mm ）。

（7）按照《现场检查表》，检查核对并填写相关参数和数据，以确保作业时工作正常。

（8）检查并确认送入工具与钻杆可连接，确认上扣扭矩。确认吊卡与提升短节匹配。

（9）测量尾管与钻杆通径规尺寸。

注：3½in 钻杆通径规直径应不小于 50mm；5in 钻杆通径规直径应不小于 67mm；5½in

及 5⁷/₈in 钻杆通径规直径应不小于 75mm。

（10）检查尾管胶塞连接部位（旋转、拉拽测试以及确认三颗剪钉已安装）。

（11）检查水泥头工作正常，测量水泥头挡销和内壁之间的距离确保其小于钻杆胶塞铝制本体外径，安装钻杆胶塞，要求尾管工程师、固井工程师、钻井监督三方确认。

（12）检查水泥头、钻杆、钻杆短节、加重钻杆、变扣的内径及台阶面等，确认其内部和连接之后均没有直角台阶，倒角不大于 45°。

（13）在做尾管表之前，要求井队使用标准通径规对尾管进行通径。

（14）制作尾管表时，调方余用的短钻杆，应连接在最后一柱钻具以下。

（15）用大陆架提供的通径规（OD：67mm）对悬挂器总成通径。

（16）连接固井附件，上好套管内螺纹护丝。

（17）如现场条件允许回接筒内提前灌钻杆螺纹润滑脂。

注：如采用高黏液体代替钻杆螺纹润滑脂，应保证与水泥浆相容性及其在循环温度下的流动性、悬浮能力、沉降稳定性良好。

（18）确认钻台各读数表（压力、扭矩、悬重等）正常。固井泵至钻台立管管汇试压（预测的施工最高压力附加 20%），同时校核钻台压力表。

（19）检查确认悬挂器总成划线位置没有错位，确认各部件连接正常（车间组装完后划线）。

（20）收集相关数据，按照《尾管悬挂器坐挂脱手计算表》计算并填写尾管浮重，送入钻具上提、下放悬重，回缩距、方余等。

（21）下尾管前，取出防磨套。

4. 下尾管

（1）记录甲板上所有尾管及尾管短节的数量。

（2）下尾管前，召集所有相关作业人员进行风险评估，开安全会。主要安全议题为防止落物、吊装作业、有效的沟通、防止挤压伤害等。

（3）按照管柱表，连接浮鞋、浮箍以及相应的尾管。检查浮阀工作正常。在浮箍以上的套管上连接碰压座（确认以上附件与套管连接时均已涂抹螺纹胶）。

（4）下尾管，按尾管表加放扶正器，每根灌浆，每 5 根灌满一次，最后一根下完后，将尾管全部灌满。

（5）吊悬挂器总成上钻台，连接尾管胶塞，连接悬挂器并按标准扭矩上扣（确认上扣时，大钩吊卡已经放松）。

（6）不提套管卡瓦，上提 1m，确认所有送入工具及接头连接正常，确认划线位置没有移位，上提下放反复确认两次，然后开始下放工具。

（7）下放之前，确认井口居中，不会对工具造成损伤。

（8）再次确认尾管悬挂器、顶部封隔器剪切销钉数量和安装状态。

（9）下放至合适高度，卸松防砂帽锁紧螺钉，将防砂帽提离回接筒。拧紧固定螺钉将防砂帽固定在提升短节上。将回接筒内灌满螺纹润滑脂。然后松开螺钉，将防砂帽复位，安装防砂帽销钉，并将其固定在回接筒上（如回接筒内已提前灌满螺纹润滑脂，则忽略此步骤）。

注意：禁止在回接筒上坐卡瓦；确保在以下操作过程中，保护好井口，防止井下落物。

（10）扶正悬挂器总成缓慢通过转盘和防喷器，在 5in 钻杆短节上坐卡瓦。

（11）连接一柱钻具，接顶驱，低排量打通、循环，循环泵压不超过 × × psi（× × MPa）（悬挂器坐挂压力的 70%）。清点并记录井架内所有钻杆的数量。

（12）下钻。为防止下钻时井下落物，可将钻杆刮泥器套在钻杆上，保护井口。所有入井钻具必须通径，确认通径规和尾绳出来后方能连接钻具。每柱灌浆，每 5 柱灌满钻井液一次。为避免灌浆时产生激动压力，不允许使用闭路系统灌浆。

注：变扣 / 变径短节应正向通径。

（13）尾管进入裸眼前，灌满打通，循环，最大循环泵压不超过坐挂压力的 70%，即 × × psi（× × MPa）。钻台坡道备一根解卡单根。

注：常规井打通循环；高温高压井、大斜度井、高压气井等特殊井视具体情况延长循环时间。

（14）停泵，称重。

（15）进入裸眼后，利用接立柱的时间，每柱灌浆并尽可能灌满，每 5 柱灌满钻井液一次。

（16）下放速度控制在 0.2~0.3m/s。

（17）遇阻下压吨位不得超过 10tf，遇阻后首先上提提活管串（最大上提不超过整个管串薄弱点抗拉强度的 80%，需综合考虑钻具、送入工具、尾管挂、尾管的最低抗拉强度）。

注 1：送尾管期间如需旋转，必须汇报基地。

注：2：遇阻下压如需超过 10tf，必须汇报基地。

（18）下放管串至设计深度，校深并灌满钻井液。

（19）称重，并记录钻杆拉伸量。

（20）接顶驱，小排量（$0.2m^3/min$）打通循环。上提管柱调整方余并做标记，使悬挂器提到拉伸状态（控制大钩悬重不小于送入钻具上提悬重 +30tf；如低于此吨位提活，则上提到设计方余）。

（21）循环排量按固井设计执行，至少循环 2 个环空容积。同时观察钻井液返出是否干净。确保循环压力低于悬挂器坐挂压力的 85%，即：× × psi（× × MPa）。

5. 坐挂悬挂器

（1）循环结束后，卸顶驱，按照工具配置标准投符合要求的球，接顶驱，上提管柱至标记位置（微调方余误差）。

注：球座位置井斜小于 55° 使用金属球，55° ~ 70° 宜使用树脂球，超过 70° 应使用树脂球。

（2）开泵送球，控制排量不超过 $0.6m^3/min$，密切观察泵压表，当泵压突然上升时，停泵。

（3）观察泵压稳定后，缓慢增加压力到设定坐挂压力值 +400psi，即 × × psi（× × MPa），并稳压 2~3min。

（4）带压下放至钻具悬重后继续下压 × × tf（7in 及以上尺寸尾管下压 20~30tf；7in 以下尺寸尾管下压 10~20tf；井斜大于 45° 时，多压 10t），下放时以每 10cm 或每 10tf 回缩距为刻度，在钻杆上做标记，对照计算的钻具伸缩距，确认悬挂器坐挂。

注：如无法坐挂则以 200psi 为梯度重复步骤（3）（4）操作，每次压力高于之前 200psi，最高压力为 STY–AF 剪切压力的 85%，即 × × psi（× × MPa）；如有坐挂显示但打滑，则尝试向下更换坐挂位置；如仍无法坐挂，则汇报基地，与甲方共同决定以下方案：

①直接坐底，进行脱手操作步骤（1）。

②如管串能提活，则尝试探底，探底后上提至提活悬重继续上提 1m，以 200psi 为梯度重复步骤（3）（4）操作，每次压力高于之前 200psi。如坐挂成功则进行脱手操作步骤（1）；如球座憋通仍无法坐挂则进入应急脱手步骤（3）。

③如管串不能提活，则进行步骤①操作。

6. 送入工具脱手

（1）坐挂成功后保持悬挂器上下压 10~15tf，继续打压至 STY–CF 脱手压力 +400psi，即 × × psi（× × MPa）。保持压力 3min。

（2）释放压力到零，上提确认送入工具脱手（同时比较上提距离与计算钻具拉伸距，避免将坐封工具提出回接筒），上提至钻具上提悬重后继续缓慢上提 0.5m，如果钻具悬重不增加，说明脱手成功（最大上提悬重：钻具计算上提悬重＋ 10tf）。记录脱手后上提悬重及下放悬重。

（3）确认脱手成功后再次下压至坐挂操作步骤（4）悬重，核对方余。

注意：如未脱手，重新下放坐挂操作步骤（4）悬重，在原有的压力基础上以 200psi 阶梯继续提高压力，保持 3min，重复步骤（2），每次压力高于先前 200psi，直到球座憋通。如脱手成功，则进行步骤（3）操作。如未能脱手按以下步骤进行应急脱手，先要向陆地进行汇报，取得同意后再按照指示进行应急脱手操作。

应急脱手步骤：

①下压 30tf 钻压，上提 25tf，使工具处于 5tf 下压状态，设置顶驱扭矩：通井起钻到坐挂点测试扭矩（转速 5r/min 的测试值）+ 尾管扣上扣扭矩，缓慢右转（5r/min）管柱至顶驱设定扭矩值，记录旋转圈数，供左转参考。

②使工具处于 5tf 下压状态，设置顶驱扭矩：通井起钻到坐挂点测试扭矩（转速 5r/min 的测试值）+1.2 倍机械丢手销钉剪切扭矩设定值（小于尾管扣上扣扭矩）。左转管柱（参考上步右转时达到规定扭矩需要圈数），缓慢释放扭矩，再次反转管柱到通井起钻到坐挂点测试扭矩。缓慢释放扭矩，上提管串重复脱手过程步骤（2）。

③如果未脱手，重复步骤①②③，最大反转扭矩增加到通井起钻到坐挂点测试扭矩（转速 5r/min 的测试值）+ 尾管扣上扣扭矩。重复脱手操作步骤（2）。

注：如仍不能脱手，汇报基地。

（4）打压，憋通球座，记录球座剪切压力。

（5）重新建立循环，记录循环泵压和循环排量并与投球之前的记录对比。

注 1：正常坐挂、脱手、憋通球座后循环 2 个裸眼环空容积。

注 2：坐挂、脱手操作没有顺利完成，钻井液静止时间较长，球座憋通后循环 2 个环空容积。

7. 固井和顶替

（1）接水泥头、固井管线。

（2）按照固井设计泵注隔离液、冲洗液、水泥浆。

（3）清洗固井管线，释放钻杆胶塞，按固井设计顶替。

（4）在大小胶塞啮合之前 2m^3，降低排量到 0.6~0.8m^3/min，观察大小胶塞啮合压力（设定值是 1740psi/12MPa）。记录啮合压力值及顶替量，校核泵效、计量误差。在大胶塞释放后，恢复正常泵速继续顶替。如果未观察到大小胶塞啮合压力，在设计大小胶塞啮合泵效之后 2m^3，恢复正常泵速继续顶替。

（5）慢替量和排量按固井设计执行，碰压。记录碰压压力。

注 1：顶替使用一个泵注系统，以减少计量误差。

注 2：用固井泵顶替到设计量没有碰压最多再替球座以下套管内容积的一半。

注 3：用钻井泵顶替如果能观察到大小胶塞啮合，且啮合时泵效高于 95% 则碰压；如果观察不到大小胶塞啮合或者啮合时泵效特别低，则按施工前测试过的经验泵效并综合流量计、钻井液池等多种计量方式进行顶替，过替不超过球座以下套管内容积的一半；同时，要综合考虑管内外压差，不漏的情况至少要替到设计压差。

注 4：固井碰压时，用小排量碰压，压力上升 3~5MPa 即可。

（6）稳压 3~5min，放回流，并记录回流量。

8. 坐封顶部封隔器

（1）拆固井管线、水泥头，接顶驱。

（2）上提至钻具悬重后，继续上提 ××m（涨封挡块到回接筒顶部距离 ××m+0.5m）。

（3）下放管柱，灵敏表调零，下压 40tf 坐封封隔器。期间注意观察悬重表，确认封隔器剪切销钉剪断。销钉剪切后保持下压至少 3min。

注 1：如下放至坐封前悬重后，方余与坐封前一致，则重复步骤（2）（3），并将步骤（2）上提距离增加，不超过最大上提距离（密封补芯失去密封距离 ××m−0.5m）××m 即可。

注 2：如果上提至钻具悬重后，悬重继续上升，最大上提重量不超过送入钻具上提悬重 +50tf，上下活动并汇报基地。

9. 回收送入工具

（1）打压（悬挂器处管柱内外压差 +3MPa），上提管柱 ××m（密封补芯失去密封距离 ××m− 涨封挡块到回接筒顶部距离 ××m）。压力下降，迅速开泵，小排量循环。继续上提 7m（中心管提出回接筒），大排量循环（推荐 2.5m^3/min 左右），以确保将回接筒顶部水泥浆清洗干净。不允许旋转钻具。

（2）继续上提 3~5m。在钻杆上沿转盘面划线，在划线位置以上活动钻具，活动距离不少于一个单根。

（3）循环 1.5 个环空容积，期间注意观察返出，确认水泥浆循环干净。

（4）循环结束后，记录上提下放悬重。起钻。

（5）送入工具起出井口，检查送入工具。

四、NOV-HRC 送入工具

××井是一口调整井，主要对 8 $^{1}/_{2}$in 裸眼进行尾管悬挂及固井。该井技术套管为 9 $^{5}/_{8}$in××$^{\#}$ 套管，管鞋位置：××m ⊥ ××m，对应井斜 ××°；8 $^{1}/_{2}$in 裸眼设计完钻井深：××m ⊥ ××m，对应井斜 ××°，井底静止温度 ××℃；所使用的尾管为 7in ××$^{\#}$ ×× 扣尾管，悬挂点位置 ××m ⊥ ××m，对应井斜 ××°。

井上钻具为 ××in××$^{\#}$ ×× 钻杆，该井所使用的钻井液体系为 ×× 钻井液，密度为 ××g/cm^{3}。

深圳 NOV 尾管挂系统使用 HRC 液压脱手送入工具、POB 密封补芯、SWP 胶塞系统、防砂帽、15FT 回接筒、VXP-IS 顶部封隔器、双母接箍、GSPII 内嵌式双卡瓦防提前坐挂悬挂器、双密封球座及浮箍、浮鞋等设备。尾管送入到位之后，首先坐挂悬挂器，验挂后脱手送入工具，剪切球座，随后依据甲方设计完成固井作业。固井结束后上提管串释放坐封器，下压机械剪切销钉，坐封顶部封隔器，上提管柱循环清洗多余水泥浆，最后回收送入工具。

1. 尾管下入顺序

（1）普通浮鞋 7in 29$^{\#}$ Vam Top Box Up（NOV 提供）。

（2）客户提供的 7in 29$^{\#}$ Vam Top Box×Pin 尾管。

（3）普通浮箍 7in 29$^{\#}$ Vam Top Box×Pin（NOV 提供）。

（4）导流浮箍 7in 29$^{\#}$ Vam Top Box×Pin（NOV 提供）。

（5）客户提供的 7in 29$^{\#}$ Vam Top Box×Pin 尾管。

（6）双球座碰压接箍 7in 29$^{\#}$ Vam Top Box×Pin（NOV 提供）。

（7）客户提供的 7in 29$^{\#}$ TPCQ Box×7in 29$^{\#}$ Vam Top Pin 变扣尾管。

（8）客户提供的 7in 29$^{\#}$ TPCQ Box×Pin 尾管。

（9）客户提供的 7in 29$^{\#}$ Vam Top Box×7in 29$^{\#}$ TPCQ Pin 尾管。

（10）尾管悬挂器总成 ×× Box Up×7in 29$^{\#}$ Vam Top Pin Down（NOV 提供），包括：

①液压尾管悬挂器；

②双母接箍；

③顶部封隔器；

④抛光回接筒 4.7m；

⑤送入工具总成，顶部提升短节到 ×× Box Up。

2. 工具参数及结构图

1）尾管作业工具汇总表

送入工具	入井工具
COSL 水泥头（油化提供）	抛光回接筒
客户提供的钻杆 / 钻杆短节 / 变扣作为送入管串	顶部封隔器
悬挂器总成提升短节 NC50 Box Up	双母接箍
防砂帽	液压尾管悬挂器
坐封器	双球座碰压接箍
配长短节	导流浮箍 & 普通浮箍
HRC 送入工具	侧孔浮鞋
可回收式密封补芯	钻杆胶塞
中心插管	尾管胶塞
尾管胶塞适配器	坐挂球

2）相关数据

HRC 型送入工具脱手压力	+/– × × psi（× × ea * × × psi/ea）（× × MPa）
送入工具最大旋转扭矩（HRC）	34826lbf · ft（47218N · m）
送入工具最大抗拉强度（HRC）	625klbf（285tf）
送入工具最大抗压强度	515klbf（234tf）
HRC 送入工具应急脱手剪切销钉扭矩	× × lbf · ft（× × ea* × × lbf · ft）
HRC 送入工具应急脱手剪切销钉剪切	× × tf（× × ea* × × tf）
悬挂器最大允许的旋转扭矩	32200lbf · ft（43700 N · m）
悬挂器最大抗拉强度（本体）	931klbf（422tf）
悬挂器最大悬挂能力	438klbf（199tf）
确认送入工具脱手最大上提距离	× × m（理论值提活防砂帽）
顶部封隔器第一组剪切销钉值（胶皮）	计划设置 × × tf（× × ea * × × tf）/ 最多安装 8 颗
顶部封隔器第二组剪切销钉值（卡瓦）	计划设置 × × tf（× × ea * × × tf）/ 最多安装 10 颗
悬挂器坐挂压力	+/– × × psi（× × ea 铜销钉 × × × psi/ea）（× × MPa）
尾管胶塞剪切压力	+/– × × psi（× × ea 铜销钉 × × × psi/ea）（× × MPa）
尾管胶塞的最大碰压压力	+/– 5000psi（34.5MPa）
到达井底前最大循环压力	× × psi（× × MPa）（悬挂器坐挂压力的 70%）
到达井底后最大循环压力	按照固井要求
球座位置	碰压接箍
一级球座剪切值	× × psi（× × MPa）
二级球座剪切值	× × psi（× × MPa）
开泵送球最大排量	本井采用 × × mm × × 球，按 × × 排量送球

注：ea 表示每个。

3）结构图

尾管悬挂器系统总成如图 3-2-1 所示。

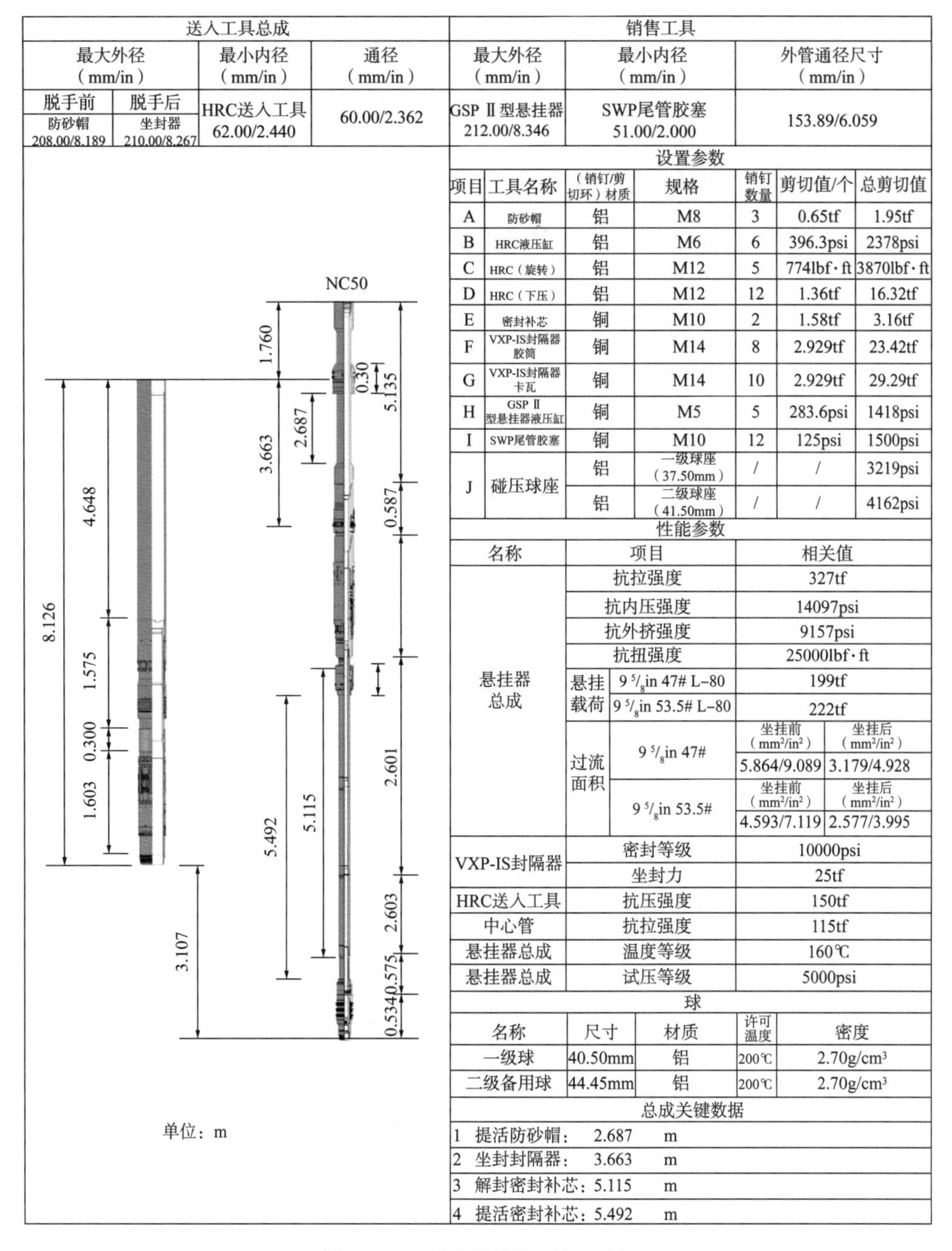

送入工具总成				销售工具		
最大外径（mm/in）		最小内径（mm/in）	通径（mm/in）	最大外径（mm/in）	最小内径（mm/in）	外管通径尺寸（mm/in）
脱手前 防砂帽 208.00/8.189	脱手后 坐封器 210.00/8.267	HRC送入工具 62.00/2.440	60.00/2.362	GSP Ⅱ型悬挂器 212.00/8.346	SWP尾管胶塞 51.00/2.000	153.89/6.059

设置参数

项目	工具名称	（销钉/剪切环）材质	规格	销钉数量	剪切值/个	总剪切值
A	防砂帽	铝	M8	3	0.65tf	1.95tf
B	HRC液压缸	铝	M6	6	396.3psi	2378psi
C	HRC（旋转）	铝	M12	5	774lbf·ft	3870lbf·ft
D	HRC（下压）	铝	M12	12	1.36tf	16.32tf
E	密封补芯	铜	M10	2	1.58tf	3.16tf
F	VXP-IS封隔器胶筒	铜	M14	8	2.929tf	23.42tf
G	VXP-IS封隔器卡瓦	铜	M14	10	2.929tf	29.29tf
H	GSP Ⅱ型悬挂器液压缸	铜	M5	5	283.6psi	1418psi
I	SWP尾管胶塞	铜	M10	12	125psi	1500psi
J	碰压球座	铝	一级球座（37.50mm）	/	/	3219psi
		铝	二级球座（41.50mm）	/	/	4162psi

性能参数

名称	项目		相关值	
悬挂器总成	抗拉强度		327tf	
	抗内压强度		14097psi	
	抗外挤强度		9157psi	
	抗扭强度		25000lbf·ft	
	悬挂载荷	9 $^5/_8$in 47# L-80	199tf	
		9 $^5/_8$in 53.5# L-80	222tf	
	过流面积	9 $^5/_8$in 47#	坐挂前（mm^2/in^2） 5.864/9.089	坐挂后（mm^2/in^2） 3.179/4.928
		9 $^5/_8$in 53.5#	坐挂前（mm^2/in^2） 4.593/7.119	坐挂后（mm^2/in^2） 2.577/3.995
VXP-IS封隔器	密封等级		10000psi	
	坐封力		25tf	
HRC送入工具	抗压强度		150tf	
中心管	抗拉强度		115tf	
悬挂器总成	温度等级		160℃	
悬挂器总成	试压等级		5000psi	

球

名称	尺寸	材质	许可温度	密度
一级球	40.50mm	铝	200℃	2.70g/cm^3
二级备用球	44.45mm	铝	200℃	2.70g/cm^3

总成关键数据

1	提活防砂帽：2.687 m
2	坐封封隔器：3.663 m
3	解封密封补芯：5.115 m
4	提活密封补芯：5.492 m

图 3-2-1　尾管悬挂器系统总成图

3. 施工前现场检查

（1）与现场甲方代表沟通、确认作业相关信息。

（2）确认上层套管、尾管磅级与螺纹类型；钻杆尺寸、螺纹类型、钢级与悬挂器总成相符。

（3）工具到达平台后，对照送料单检查所有工具，确认齐全、完好。

（4）检查确认悬挂器总成号与《施工前报告》相符。

（5）在最后一趟通井作业时，在以下两个位置测量并记录相关数据（推荐在下钻期间完成此项操作）：

①悬挂器设计坐挂深度。

项目	测试值
上提重量	
下放重量	
转速 10r/min 扭矩及悬重	
转速 20r/min 扭矩及悬重	

② BHA 起至井口。

项目	测试值
上提重量	
下放重量	
BHA 长度	

（6）核对尾管悬挂器总成图上的所有现场可实测相关数据（长度、内径和外径等）实测值与标定值一致。确认球的外径与球孔内径差不少于 3mm（一级 ×× 球 OD：××mm，球座内径 37.5mm）。

（7）按照《现场检查表》，检查核对并填写相关参数和数据，以确保作业时工作正常。

（8）确认垃圾帽在运输途中没有移位。

（9）检查并确认送入工具提升短节与吊卡相配。

（10）核对、确认并记录销钉的数量与《施工前报告》的数量一致。

注：封隔器卡瓦、胶皮销钉最终安装数量经模拟和测试后，反馈给 ×× 项目组，以确认并同意后的结果为准。

（11）检查水泥头工作正常，测量水泥头挡销和内壁之间的距离确保其小于钻杆胶塞钢体外径 57mm，安装钻杆胶塞，要求尾管工程师、固井工程师、钻井监督三方确认。

（12）检查钻杆及钻杆短节的内径及台阶面等，确认没有直角台阶面，倒角不大于 45°。

注：所有入井变扣均需测绘并画草图并汇报给油化项目组及 NOV 陆地支持。

（13）在做尾管表之前，要求井队按照标准通径规对尾管进行通径（××# 尾管通径规 OD：××in）。

（14）制作尾管表时，调方余用的短钻杆，应连接在最后一柱钻具以下。悬挂器卡瓦、封隔器胶皮应避开上层套管接箍。

（15）连接浮鞋 / 引鞋、浮箍、球座 / 碰压（胶塞）座之前应对套管进行内部检查，确保无杂物，并在连接有浮鞋 / 引鞋、浮箍、球座 / 碰压（胶塞）座的套管母扣端戴上端面封闭的护丝。

（16）下套管前应通井，调整钻井液性能，确认井内无井涌、井漏、垮塌、阻卡等复杂情况。

（17）下尾管前，在甲板上提前安装胶塞适配器，并用深圳 NOV 专用 60mm（2.362in）通径规对悬挂器总成通径。

（18）如果尾管的长度比上层套管鞋深度长，建议下尾管前将悬挂器总成配长后立在井架上。

（19）× ×in 钻杆通径规直径应不小于 × ×mm，其他变扣 / 变径短节应使用不小于 60.00mm 的通径规且正向通径。

（20）悬挂器总成车间已提前向回接筒内灌入螺纹油，下入时检查并继续灌满螺纹油。

（21）收集相关数据按照《尾管悬挂器坐挂脱手计算表》进行计算并填写尾管浮重，送入钻具上提、下放悬重，回缩距、方余等。

（22）确认钻台各读数表（压力、扭矩、悬重等）正常。固井泵至钻台立管管汇试压（预测的施工最高压力附加 20%），同时校核钻台压力表。

（23）检查确认悬挂器总成各连接处划线位置没有错位（车间组装完后划线）。

（24）下尾管前，取出防磨套，提前将尾管挂配长后立于钻台。立挂程序如下：

①换 7in 套管吊卡，按照套管表将尾管挂下端的套管吊上钻台并入井。

②换 5in 钻杆吊卡，上提悬挂器总成到钻台，吊装防磕碰，连接尾管胶塞，下放尾管悬挂器总成连接到尾管上并按标准扭矩上扣。

③不要提卡瓦，上提 1m 左右，确认送入工具和所有的扣都连接正确后，提起卡瓦。

④缓慢下放尾管悬挂器总成通过转盘，尾管挂工程师检查销钉及工具。

注 1：悬挂器提升短节位置坐 5in 卡瓦；

注 2：回接筒禁止坐卡瓦；

注 3：悬挂器总成缓慢小心通过转盘，防止损伤；

注 4：避免将回接筒顶部下放至钻井液液面以下，防止钻井液进入回接筒。

⑤换 × ×in 钻杆吊卡，接指定的 × × 钻杆变扣，接配长用的钻杆。

⑥将回接筒提出转盘面合适高度，检查回接筒内螺纹油情况，检查无误后将接好尾管挂的立柱立于钻台合适位置。

（25）确认管柱下入过程中所灌钻井液是过滤后的，不含有易沉淀固相（如堵漏剂及岩屑等杂质）。

4. 下尾管

（1）记录甲板上所有尾管及尾管短节的数量。

（2）下尾管前，召集所有相关作业人员，进行风险评估，开安全会。主要安全议题为防止落物、吊装作业、有效的沟通、防止挤压伤害等。

（3）按照尾管表，连接浮鞋、浮箍，以及相应的尾管，灌浆并确认浮阀工作正常。在浮箍以上的套管连接球座或碰压（胶塞）座。

（4）尾管串球座或碰压（胶塞）座以下的螺纹连接均应涂抹锁扣胶。

（5）悬挂器总成以下的前两根套管上，应各加放一个套管扶正器，悬挂位置位于井斜在 30° 以上井段时应选用非弹性扶正器。

（6）下尾管，每根灌浆，每 5 根灌满钻井液一次，尾管下入至管鞋位置前接套管循环头打通循环，循环正常后继续下剩余尾管，并在最后一根尾管下完后，将尾管全部灌满。

（7）连接提前立于钻台的尾管挂立柱，下放过程中再次确认尾管悬挂器、封隔器剪切销钉安装数量。

（8）接顶驱，小排量打通、循环，循环泵压不超过 ××psi（××MPa）（悬挂器坐挂压力的 70%）。

（9）停止循环，扶正尾管悬挂器总成缓慢通过防喷器、四通等井口装置，观察指重表变化，注意保护液压缸、卡瓦和封隔器。下放至悬挂器通过防喷器后称重。

注：如果转盘补芯可能对悬挂器造成损坏的话，将其提出。

（10）清点并记录钻台上所有钻杆的数量并复核入井管串数据。

（11）按照尾管送入钻具表下入送入钻具，为防止下钻时井下落物，可将钻杆刮泥器套在钻杆上，保护好井口。所有入井钻具必须使用规定要求的通径规（不小于 ××mm）。应边通径边下送入钻具，且只使用一个通径规，确认通径规和尾绳出来后方能连接钻具。

（12）应充分利用接立柱的时间进行灌浆并尽可能灌满，每 5 柱灌满一次。控制下放速度 0.2~0.3m/s。不允许使用闭路系统灌浆，避免产生激动压力。

注：进入裸眼后，如果球座位置井斜小于 70° 则建议每 500m 顶通一次，每次顶通观察到返出即可。同时观察循环压力是否正常。

（13）遇阻下压吨位不得超过 10tf，遇阻后首先上提提活管串（最大上提不超过整个管串薄弱点抗拉强度的 80%，需综合考虑钻具、尾管挂、送入工具、尾管的最低抗拉强度）。

注 1：遇阻下压如需超过 10tf，必须汇报基地。

注 2：送尾管期间如需旋转，必须汇报基地，由 NOV、油化部、钻井部三方讨论决定。

（14）下放管串至设计深度，校深并灌满钻井液。

（15）称重，并记录钻杆拉伸量。

（16）接顶驱，以 0.1~0.2m^3/min 排量打通循环。观察循环压力，上提管柱调整方余并做标记，使悬挂器总成处于拉伸状态。控制大钩悬重不小于送入钻具上提悬重 +30tf；如低于 30tf 提活，则上提至设计方余。

（17）固井前至少循环 2 个环空容积，循环排量按固井设计执行，控制最高循环压力低于 ××psi（××MPa）（悬挂器坐挂压力的 85%）。确认井口钻井液返出是否干净。

5. 坐挂悬挂器

（1）循环结束后，卸顶驱，投入 ××mm 树脂球。

注：投球前确认好球尺寸，一级球座 ×× 球尺寸为 ××mm，二级球座 ×× 球尺寸 ××mm。

（2）接顶驱，微调方余误差。

（3）以 10cm 或 10tf 拉力钻杆回缩距为刻度，以转盘面为基准面，在钻杆上做位置标记。

（4）缓慢开泵以正常排量开泵送球，密切注意观察泵压表，当泵压突然上升时，停泵。

（5）观察泵压稳定后，缓慢增加压力到设定坐挂压力 +400psi，即 ××psi（××MPa），并稳压 2~3min。

（6）带压下压 30tf 钻具悬重，对比理论计算与实际回缩距，确认悬挂器坐挂。

注 1：带压下放过程中注意观察压力变化，最高压力值不能高于 ××psi（××MPa）。如有必要适当泄压。

注 2：如无法坐挂则按照“10. 应急预案”第（2）步进行操作。

6. 送入工具脱手

（1）坐挂成功后保持原下压吨位，打压至液压脱手压力 +300psi，即 ××psi（××MPa），保持压力 3min。

（2）释放压力到零，上提确认送入工具脱手，上提至计算的送入钻具悬重后缓慢继续上提 0.8m。如果钻具悬重不增加，说明脱手成功，并记录钻具自由上提悬重。

（3）严禁提活防砂帽（最大上提悬重：钻具上提悬重 +10tf；最大上提距离：××m，参考工具总装图。实际上提悬重和距离均不能超过此上限）。

（4）确认送入工具脱手后，再次下放到验挂下压时的悬重，核对方余一致。并记录钻具自由下放悬重。

注 1：如未脱手，重新下放悬重，在原有的压力基础上以 150psi 阶梯继续提高压力，保持 3min，重复第（2）步，每次压力高于先前 150psi，直到球座憋通。如脱手成功，则进行第（3）步操作；

注 2：如球座憋通仍未能脱手进行“10. 应急预案”的第（3）步备用脱手。

（5）打压，憋通球座［设计标准温度压力 ××psi（××MPa）］，并记录球座剪切压力。

（6）重新建立循环，记录循环泵压和循环排量，并与投球之前的记录对比。

注 1：正常坐挂、脱手、憋通球座后循环 2 个裸眼环空容积。

注 2：坐挂、脱手操作没有顺利完成，泥浆静止时间较长球座憋通后循环 2 个环空容积。

7. 固井和顶替

（1）接水泥头、固井管线。

（2）按照固井设计固井。打完水泥浆后，冲洗固井管线，释放钻杆胶塞，按固井设计顶替。

注：拆卸固井循环头前先关闭防喷器，再投钻杆胶塞，钻杆胶塞确认投入后，连接顶驱，打开防喷器，使用钻井泵进行顶替。

（3）在大小胶塞啮合之前 2m^3，控制排量为 0.6~0.8m^3/min，观察大小胶塞啮合压力，设定值是 ××psi（××MPa）。记录啮合压力值及顶替量，校核泵效、计量误差。在大胶塞释放后，恢复正常排量继续顶替。如果未观察到大小胶塞啮合压力，在设计大小胶塞啮合泵效之后 2m^3，恢复正常排量继续顶替。

（4）慢替量和排量按固井设计执行。碰压，记录碰压压力。

注 1：顶替使用一个系统，以消除系统误差。

注 2：顶替到设计量没有碰压，则最多再顶替球座以下套管内容积的一半（按照 2 根标准套管计算 219L，以现场管串为准）。

注 3：碰压控制：

①现场应根据泵效试验确定最大顶替冲数，顶替至预计冲数，若压力明显上升，且压力稳住，则结束顶替。

②如果大小胶塞啮合剪切明显，且啮合时泵效高于 95% 则追求碰压，如果碰压时压力不能稳住或者压力不能上升到设计压力则结束顶替，立即放压检查回流。

③如果啮合时泵效低于 95%，则按施工前测试过的经验泵效进行顶替。

④如果大小胶塞啮合无剪切显示或者剪切显示不明显，则按照 100% 泵效进行顶替。

⑤基本原则是确保不替空。如果出现未碰压情况，则汇报监督与陆地人员，经讨论后决定下步操作。

⑥固井碰压时，用小排量碰压，压力上升 3~5MPa 即可。

（5）稳压 3~5min，然后放压，记录回流体积并确认有无回流。

8. 坐封顶部封隔器

（1）迅速拆固井管线、水泥头，接顶驱，使用顶驱水泥头固井时，可直接上提坐封，但需要提前考虑循环管线的长度以及水泥头上的接头等不会影响顶驱自带的管线、轨道等。

（2）上提至钻具自由悬重后，继续上提 ××m（坐封器到回接筒顶部的距离 ××m+0.5m）。

（3）下放管柱，灵敏表调零，均速缓慢下压剪切第一组销钉（××tf）涨封胶皮。期间注意观察悬重表，确认封隔器剪切销钉剪断。悬重稳定后。继续下压剪切第二组销钉（××tf），启动封隔器卡瓦。悬重稳定后，继续下压 30tf 钻具重量，并保持下压力 3min。重复一次下压确认坐封成功。

注 1：如下放过程悬重一直不变，且最终悬重下降时方余与坐封前一致，则重复第（2）~ 第（3）步，并将第（2）步上提距离增加，不超过最大上提距离 ××m（密封补心失去密封距离 ××m−0.5m）。

注 2：如果上提至钻具悬重后，悬重继续上升，最大过提不超过尾管送入到位时上提悬重，上下活动并汇报基地。

注 3：第一次坐封时如两组销钉或其中一组销钉剪切显示不明显，第二次重复坐封可采用旋转坐封，减少摩阻，有利于更多的钻具重量传递到坐封器上。

9. 回收送入工具

（1）上提提活管柱后，做标记，打压 ××MPa（悬挂器处管柱内外压差 +3MPa），继

续上提至少 ××m（密封盒释放距离 ××m– 坐封器到回接筒顶的距离 ××m）解封密封补芯，注意观察悬重表及泵压表，回收密封补芯时剪切销钉的剪切力 6952lbf（3.16tf），观察到压力下降，迅速开钻井泵建立循环并继续上提钻具，在上提过程中逐渐提高排量（推荐排量 2.5m^3/min）。继续上提 ××m 将中心管提出回接筒后顶部，在钻杆上划线标记。

注：如果上提悬重至钻具悬重后，悬重继续上升，最大过提不超过 50tf，上下活动并汇报基地。

（2）循环期间在划线标记位置以上活动管柱，活动距离不少于一个单根，禁止旋转及下放超过标记位置。

（3）大排量循环 1.5 倍环空容积洗井，期间注意观察返出，确认水泥浆循环干净。

（4）循环结束后，记录上提、下放悬重。起钻。

（5）送入工具起出井口后，检查送入工具出井状态。并清理，包装保护好工具中心管、液压缸等部位。

10. 应急预案

（1）球未正常入座。

若球不能正常入座，在泵压安全许可范围之内，适当提高泵速，尝试送球入座。

如果依旧不成功，可以尝试静止、转动，上下活动，或组合活动管柱等方法，促使球移位。

（2）尾管挂未坐挂。

①若尾管挂未能一次性成功坐挂，上提管柱回到坐挂位置。提高 100psi 坐挂压力再试一次，检查尾管挂是否坐挂成功，若依旧未能成功坐挂，进一步提高 100psi 坐挂压力，重复坐挂步骤，最大坐挂压力不能超过 ××psi。

②如仍无法坐挂，则上提管串至坐挂位置，以 200psi 为梯度重新打压，每次压力高于之前 200psi，打压后稳压 2~3min，然后将压力泄压到 ××psi（××MPa），重复“5. 坐挂悬挂器”第（6）步操作。坐挂压力到达球座剪切压力仍无法坐挂，应向基地汇报，与甲方共同决定是否进行坐底操作。

③如有坐挂过程中有坐挂显示但打滑，则尝试更换坐挂位置。

④坐底操作：

a. 小排量开泵顶通，顶通正常后尝试下放至井底。如可以下放到井底，则下放至井底，并下压 20tf，并逐渐提高排量循环正常后按照第（3）步脱手操作。

b. 如无法下放到底，则放掉尾管浮重，继续下压 1.5 倍坐封吨位（若钻杆浮重不足，下压全部送入钻具重量），上提至“5. 坐挂悬挂器”第（6）悬重，进行第（3）步脱手操作。

（3）HRC 送入工具备用脱手：

①下压钻具重量 20tf，上提 15tf，保持工具受压 5tf，设定顶驱扭矩：通井起钻到坐挂点测试扭矩（转速 10r/min 的测试值）+ 1.2 倍 HRC 剪切销钉扭矩设定值（即 ×× lbf · ft）。缓慢右转（10r/min）管柱至顶驱设定扭矩值，记录旋转圈数，供左转参考。

②在工具处实施 1/6 圈反转，以剪切脱手销钉（设定扭矩 ×× lbf · ft），考虑减少尾管

重量的情况下，在中和点附近上下活动钻具，施加并传送反扭矩，克服在上层套管鞋处的旋转扭矩 + 剪切销钉的扭矩才能剪切销钉。注意送入管柱的螺纹类型和尾管螺纹类型，若反转后没有正转扭矩，可能某处已经倒扣。旋转销钉剪切后，下压 ×× tf 剪掉中部剪切销钉，上提管柱，确认服务工具脱手。

③上提管柱，检查是否已经脱手，确认成功脱手后，再次在尾管挂上加压 10tf，并且正转钻具回到原始旋转扭矩，这样可以确保工具脱手作业时可能倒扣的位置重新恢复连接。

注：如仍不能脱手，汇报基地。

（4）尾管挂坐挂前或坐挂工具脱手前球座误剪切：

若球座在尾管挂坐挂前或送入工具脱手前，球座误剪切，可投入 44.5mm 备用球，剪切压力为 ××psi（××MPa）。确认球尺寸正确，确认管柱没有限径位置。第二球座位于碰压接箍内。

（5）球座刺漏：

①为防止球座刺漏，固井前循环 2 个环空容积后，如条件允许可提前投球。

②下入过程中，严格使用一个通径规通井，并在观察到通径规出来后再连接下柱钻具。

③灌浆时为防止灌浆管线中存在异物或固体物质，灌浆前先排放一段时间，观察无异物后再进行灌浆。

第三节　金属膨胀密封式尾管悬挂器

×× 井本次作业是对 $8^1/_2$in 裸眼进行尾管悬挂及固井。该井上层套管为 $9^5/_8$in ×× 磅级，×× 钢级，×× 螺纹类型，上层套管管鞋深度为 MD：××m/TVD：××m，对应井斜为 ××°，$8^1/_2$in 裸眼设计完钻井深 MD：××m/TVD：××m，对应井斜为 ××°，所使用尾管为 7in ×× 磅级、×× 钢级、×× 螺纹类型，井上钻具为 ××in ×× 磅级、×× 钢级、×× 螺纹类型，该井所使用钻井液体系为 ××，密度 ××g/cm^3。

本次作业选用 7in×$9^5/_8$inHTVF 膨胀式尾管悬挂器（102667041），底部所接变扣为 $7^5/_8$in39#TSH513BOX×7in23#TSH563PIN。选用的浮鞋，浮箍和碰压接头螺纹类型均为 TSH563。尾管下入到位后进行固井作业，坐封尾管悬挂器。尾管悬挂器坐封结束后脱手送入工具，清洗多余水泥浆，回收送入工具。

一、管柱下入顺序

（1）浮鞋，7in 29#TSH563；

（2）套管，7in 29#TSH563 BOX×PIN；

（3）浮箍，7in 29# TSH563，L80；

（4）套管，7in 29# TSH563 BOX×PIN；

（5）碰压接箍，7in 29# TSH563，L80；

（6）套管，7in 29# TSH563 BOX × PIN ；
（7）套管，7in 23# TSH563 BOX × PIN ；
（8）变扣，7⁵/₈in 39# TSH513 BOX-7in 23# TSH563 PIN ；
（9）7in × 9⁵/₈in HTVF 尾管悬挂器总成；
（10）钻杆，5in 19.5# G105 NC50 ；
（11）加重钻杆，5in 49.3# 4145H NC50 ；
（12）钻杆，5in 19.5# G105 NC50。

二、工具参数

尾管作业工具汇总表：

送入工具	入井工具及附件
水泥头	2¹/₂in 钢球（备用）
钻杆 / 钻杆短节 / 变扣作为送入管串	× × in 钻杆胶塞
尾管悬挂器送入工具	尾管悬挂器总成
	7in × × # 尾管胶塞
	7in 碰压接箍
	7in 浮箍 / 浮鞋

三、相关计算

尾管胶塞释放：
（1）一级剪切 =5 个 × 270（psi/ 个）=1350psi。
（2）二级剪切 =8 个 × 394（psi/ 个）=3150psi。
活塞筒上行剪切：
（1）销钉号：101522194/12013185。
（2）每颗剪切值：2475~3025klbf。
（3）安装数量：8 个。
（4）活塞筒受力面积：5.016in^2。
（5）剪切压力：总剪切值 / 受力面积 =3947~4825psi。
阀板下行剪切：
（1）销钉号：101522194/12013185。
（2）每颗剪切值：2475~3025klbf。
（3）安装数量：8 个。
（4）活塞筒受力面积：8.3in^2。
（5）剪切压力：总剪切值 / 受力面积 =2386~2916psi。
扭矩剪切销钉：
剪切扭矩值为 2 个 × 1200lbf · ft=2400lbf · ft。

四、施工前现场检查

（1）与现场甲方代表沟通、确认作业相关信息。

（2）确认上层套管磅级、尾管磅级和螺纹类型以及钻杆尺寸、钢级、磅级和螺纹类型与悬挂器总成相符。

（3）工具到达平台后，对照送料单检查所有工具，确认齐全、完好。

（4）检查确认悬挂器总成号与《施工前报告》一致。

（5）在最后一趟通井作业时，在以下两个位置测量并记录相关数据（推荐在下钻期间完成此项操作）。

①悬挂器设计坐挂深度。

项目	测试值
上提重量	
下放重量	
转速 10r/min 扭矩及悬重	
转速 20r/min 扭矩及悬重	

② BHA 起至井口。

项目	测试值
上提重量	
下放重量	
BHA 长度	

（6）核对尾管悬挂器总成图上的所有现场可实测相关数据（长度、内径和外径等）实测值与标定值一致。

（7）确认套管胶塞与尾管匹配。

（8）核对反转应急剪切销钉的数量与《施工前报告》的数量一致。

（9）检查水泥头工作正常，测试水泥头挡销开关顺滑。尾管工程师、固井工程师、钻井监督三方确认水泥头内部预装钻杆胶塞，并确认其与钻杆尺寸相匹配。

（10）检查水泥头、钻杆、钻杆短节、加重钻杆、变扣的内径及台阶面等，确认其内部和连接之后均没有直角台阶，倒角不大于 45°。确认通径规尺寸大于 2.6in 以确保 2.5in 备用坐封球可以通过。

（11）在做尾管表之前，要求井队使用标准通径规对尾管进行通径。

（12）悬挂器胶皮应避开上层套管接箍。

（13）制作尾管表时，调方余用的短钻杆，应连接在最后一柱钻具以下。

（14）连接浮鞋、浮箍、碰压座之前应对套管进行内部检查，确保无杂物，并在连接有浮鞋、浮箍、碰压座的套管内螺纹端戴上端面封闭的护丝。

（15）下套管前应通井，调整钻井液性能，确认井内无井涌、井漏、垮塌、阻卡等复杂情况。相关技术指标按照 SY/T 5374 的规定执行。

（16）根据现场作业情况，如有需要，可提前将尾管悬挂器总成接钻管短节及尾管短节，配长后立于井架上。

（17）测量尾管与钻杆通径规尺寸。

注：$3^{1}/_{2}$in 钻杆通径规直径应不小于 50mm；5in 钻杆通径规直径应不小于 67mm；$5^{1}/_{2}$in 及 $5^{7}/_{8}$in 钻杆通径规直径应不小于 75mm；变扣 / 变径短节应正向通径；尾管悬挂器通径规尺寸应大于 2.6in（66.06mm）以确保 2.5in（63.5mm）备用坐封球可以通过。

（18）确认钻台各读数表（压力、扭矩、悬重等）正常。固井泵至钻台立管管汇试压（预测的施工最高压力附加 20%），同时校核钻台压力表。

（19）确认水泥稠化时间及安全作业时间。

（20）检查确认悬挂器总成划线位置没有错位（车间组装完后划线）。

（21）下尾管前，取出防磨套。

五、下尾管

（1）记录甲板上所有尾管及尾管短节的数量。

（2）下尾管按 SY/T 5412 的规定执行。

（3）下尾管前，召集所有相关作业人员，进行风险评估，开安全会。主要安全议题为防止落物、吊装作业、有效的沟通、防止挤压伤害等。

（4）按照尾管表，连接浮鞋、浮箍，以及相应的尾管。通过灌浆检查浮阀是否工作正常。在浮箍以上的套管上连接碰压（胶塞）座。

（5）尾管串碰压（胶塞）座以下的螺纹连接均应涂抹螺纹胶。

（6）悬挂器总成以下的前两根套管上，应各加放一个套管扶正器，悬挂位置位于井斜在 30° 以上井段时应选用非弹性扶正器。

（7）下尾管，按尾管表加放扶正器，每根灌浆，每 5 根灌满一次，最后一根下完后，将尾管全部灌满。

（8）与甲方代表沟通，建议在管柱进入 $9^{5}/_{8}$in 套管鞋前，测量管柱的上提下放悬重。如果管柱可以旋转，还需要旋转管柱，测量记录扭矩值。

（9）吊尾管悬挂器总成至钻台并扣上吊卡，送上钻台过程中要防止磕碰对 VF 悬挂器造成损害。该尾管悬挂器总成大约重 5klbf（2.3tf）。

（10）将尾管胶塞连接到尾管悬挂器送入工具下面。再次确认尾管胶塞上面初始剪切销钉和备用剪切销钉数量正确。

（11）插入尾管前给胶塞抹上足够的黄油。

（12）缓慢将胶塞插入尾管内，然后将尾管和尾管悬挂器连接好。在井口连接时注意不要损坏尾管悬挂器外部的胶皮。

（13）不提卡瓦，上提 1m，确认所有送入工具及接头连接正常，确认划线位置没有移位。

（14）下放尾管悬挂器总成，在提升短节上坐卡瓦，严禁将卡瓦坐在回接筒上，以免损坏工具。

（15）如果转盘补芯可能对悬挂器造成损坏，应将其提出。扶正悬挂器缓慢通过转盘和防喷器，小心避免磕碰。

（16）清点并记录井架内所有钻杆的数量并复核入井管串数据。

（17）连接第一柱钻杆至尾管悬挂器顶部，下放至悬挂器通过防喷器后称重。

（18）连接顶驱，以小排量 1~2bbl/min（0.16~0.32m^3/min）的排量打通，后逐渐提排量至 5bbl/min（0.8m^3/min）确认能够建立循环。最大循环排量控制在 8bbl/min（1.27m^3/min），特殊井况最大排量可至 10bbl/min（1.59m^3/min），且最高压力低于 2000psi（13.79MPa）。

（19）拆掉顶驱。按照配管表继续下钻送入尾管，下放速度 0.2~0.3m/s，钻杆下入过程中，每柱灌浆，5 柱一灌满，10 柱一打通。送入尾管时要随时记录钻杆下入根数。

（20）送尾管时，应边通径边下送入钻具，且只使用一个通径规；所有入井钻具必须通径，确认通径规和尾绳出来后方能连接钻具。

注：变扣 / 变径短节应正向通径。

（21）下入尾管过程中最大下压不得超过 10tf，用于 $9^5/_8$in47# 套管的送入工具，最大下压重量是 135573klbf（61.62tf）（最大上提不超过整个管串薄弱点抗拉强度的 80%，需综合考虑钻具、送入工具、尾管悬挂器、尾管的最低抗拉强度）。

注 1：送尾管期间如需旋转，必须汇报基地。

注 2：遇阻下压如需超过 10tf，必须汇报基地。

（22）在 7in 套管鞋进裸眼前根据甲方程序要求进行循环。最大循环排量控制在 8bbl/min（1.27m^3/min），特殊井况最大排量可至 10bbl/min（1.59m^3/min），且最高压力低于 2000psi（13.79MPa）。

（23）记录上提，下放的悬重。

（24）尾管进入裸眼后，应充分利用接立柱的时间进行灌浆并尽可能灌满，每 5 柱灌满一次；控制下放速度不超过 0.3m/s。

（25）接最后一柱钻杆时，打通循环，提高排量至 3bbl/min。

（26）下放管串至设计深度，停泵。称重，并记录钻杆拉伸量。

（27）对井口管柱进行配长，需满足固井及坐封尾管悬挂器等动作需要。要考虑到钻杆的伸长量以及机械脱手时管柱下压距离，防止脱手作业时将水泥头压入钻台面。

（28）接顶驱，小排量（0.2m^3/min）打通循环。上提管柱，控制大钩悬重不小于送入钻具上提悬重加 30tf；如低于 30tf 提活，则上提至设计方余，使悬挂器总成处于拉伸状态，调整方余并做标记。

（29）循环排量按固井设计执行，至少循环 2 个环空容积。同时，观察钻井液返出是否干净。最大循环排量控制在 8bbl/min（1.27m^3/min），特殊井况最大排量可至 10bbl/min（1.59m^3/min），且最高压力低于 2000psi（13.79MPa）。

六、固井作业

（1）召开固井作业前安全会，回顾坐封流程。

（2）在整个固井作业中确保尾管处于拉伸状态。

（3）接水泥头、固井管线。管线试压 7500psi（51.7MPa）。

（4）按照固井设计混浆并泵送水泥浆，打完水泥浆后，冲洗固井管线。

注意：一旦释放胶塞，常规情况下，需要保持稳定的泵入速度，5in 或者小于 5in 的钻杆内泵速不能低于 3bbl/min（$0.48m^3/min$），$5^1/_2$in 或更大尺寸钻杆内泵速不能低于 4bbl/min（$0.64m^3/min$），尽量避免中途停泵。如果停泵后胶塞停止前进，如再开泵推进胶塞则需要泵速达到 6~8bbl/min（0.95~$1.27m^3/min$）。

（5）调节水泥头上的释放指示销，当胶塞通过时可观察到变化。

（6）倒阀释放钻杆胶塞。

（7）开泵后，确保与甲方（钻工或者钻井监督）同时观察钻杆胶塞释放指示销状态，确认观察到胶塞释放的显示。泵入两桶尾水后如果没有观察到胶塞释放的显示，或者有任何不确定，汇报给甲方代表请求检查水泥头：卸开水泥头，打开上旋塞阀，检察钻杆胶塞是否还在水泥头内。如果仍在，投入备用胶塞，再重新接上水泥头，调整到顶替流程继续顶替钻杆胶塞。如果确认胶塞已经释放，接上水泥头继续顶替。

（8）每 1bbl/min（$0.16m^3/min$）为一个台阶逐渐增加顶替排量，最终增长到设计顶替排量。

（9）在大小胶塞啮合之前 $2m^3$，降低泵速到 0.6~$0.8m^3/min$，观察大小胶塞啮合压力。套管胶塞销钉剪切值约为 1350psi（±500psi）（9.31MPa±3.45MPa），二级应急剪切压力 3150psi（21.72MPa）。套管胶塞剪切后对计量罐清零。记录啮合压力值及顶替量，校核泵效、计量误差。在大胶塞释放后，恢复正常泵速继续顶替。如果未观察到大小胶塞啮合压力，在设计大小胶塞啮合泵效之后 $1m^3$，恢复正常泵速继续顶替。

（10）慢替量和排量按固井设计执行，碰压，记录碰压压力。

注 1：顶替使用一个泵注系统，以减少计量误差。

注 2：用固井泵顶替到设计量没有碰压最多再替球座以下套管内容积的一半。

注 3：用钻井泵顶替如果能观察到大小胶塞啮合，且啮合时泵效高于 95% 则碰压；如果观察不到大小胶塞啮合或者啮合时泵效特别低，则按施工前测试过的经验泵效并综合流量计、钻井液池等多种计量方式进行顶替，过替不超过球座以下套管内容积的一半；同时要综合考虑管内外压差，不漏的情况至少要替到设计压差。基本原则：确保不替空。如果未碰压，则汇报监督与陆地人员，讨论决定下步操作。

注 4：固井碰压时，用小排量碰压，压力上升 3~5MPa 即可。

（11）稳压 3~5min，放回流，并记录回流量。

七、坐封尾管悬挂器并脱手

（1）在坐封之前确认管柱处于拉伸状态。

（2）以稳定的泵速（1bbl/min）打压至 5000psi 左右，关闭阀板。记录泵入量和泵速。

泵速（bbl/min）	压力（psi）	体积（bbl）
1	500	
1	1000	
1	1500	
1	2000	
1	2500	
1	3000	
1	4000	
1	4342（8 颗销钉最大剪切值）	
1	5000	

（3）稳压 4~5min。

（4）快速泄压至 0psi，记录回流量。

（5）开 1bbl/min 排量，以稳定的泵速打压，记录压力和泵入量。稳压 4~5min，快速泄压至 0psi，记录回流量。如果压力和回流量和步骤（2）一样，有可能是阀板还没有关闭。则需要重复步骤（2）到步骤（5）反复加压至 5500psi。需要计入泵入量，不要过顶替 1/2 管鞋组的容积。

泵速（bbl/min）	压力（psi）	体积（bbl）
1	500	
1	1000	
1	1500	
1	2000	
1	2500	
1	3000	
1	4000	
1	5000	

（6）尾管悬挂器的坐封压力为 4500~5500psi（30~37MPa）。在坐封期间（直到坐封完成）保持稳定的泵速，此时压力不要超过 6380psi（44MPa）[TBR 回接筒抗内压 7089psi（48.88MPa）]。当内部旁通孔被打开，压力自动下降，该显示说明坐封已经完成。继续以 1bbl/min 排量进行循环以清理尾管悬挂器以上水泥浆，泵入 10bbl 后停泵。

注 1：任何尾管悬挂器深度的内外压差都会直接附加到坐封压力和阀板关闭压力上（例如环空压力有 1000psi 压差，则坐封及关闭阀板过程中压力都要增加 1000psi）。

注 2：如果通过回流不能判断阀板是否关闭的情况下，与甲方确认压力最高不超过套管抗内压安全范围。

（7）泄压，监测并记录回流量。

（8）上提坐封工具，在原上提悬重基础上过提 100klbf（45.36tf），确认尾管悬挂器已经坐封。

（9）下放管柱至中和悬重，下压 30klbf（13.61tf）到坐封工具上，脱手尾管悬挂器坐封工具。

（10）服务工具脱手后，上提服务工具至尾管悬挂器上 3m 进行反循环。

（11）反循环 1.5 个钻杆容积或者直到返出干净。推荐最大循环排量 8bbl/min（1.27m^3/min）且泵压不得超过 2000psi（13.79MPa），如果作业需要提高排量，在最大泵压不超过 2000psi 的前提下，最大循环排量可提高至 10bbl/min。循环过程可上下活动管柱。

（12）反循环结束后，根据现场条件拆甩水泥头及管线。对水泥头进行清洗，再次确认水泥头上所有的阀门均处于开启状态。

（13）将尾管悬挂器坐封工具起出井口。

（14）起钻过程中不要旋转管柱，否则可能会伤害坐封工具。

（15）当服务工具起到转盘面上，先对工具进行冲洗再甩掉。

八、应急处理

1. 作业前交流

如果井况、作业程序以及所需设备发生变化时，需要进行如下步骤：

（1）相关当事人进行交流以确保客户代表及哈里伯顿公司代表双方知晓并同意，任何不在应急计划内的作业行为均需要记录变更管理。

（2）以下步骤需要记录在现场发起的变更程序中：

①哈里伯顿公司现场领队得到口头授意。

②哈里伯顿公司领队需要在作业日志中记录作业变化并且由客户代表签字。

2. 尾管悬挂器应急坐封程序——投球坐封（管鞋功能正常）

注意：该应急坐封处理被成功应用于尾管悬挂器深度井斜小于 60° 作业中。任何特殊钻杆螺纹、钻井液密度或者其他方面原因可能会对坐封球靠重力成功落于坐封工具的球座上产生影响。当任何一个深度的钻杆内有台阶或者井斜大于或等于 90° 时，坐封球可能无法落座。

（1）确认混浆开始时间和水泥稠化时间，如果水泥返高至尾管悬挂器以上，需要和甲方代表确认是否应急脱手，在水泥稠化之前进行反循环。

（2）在尾管悬挂器膨胀前使坐封工具处于拉伸状态。

（3）打开上部旋塞阀投入坐封球。确保旋塞阀下面没有憋压。如果有压力，则使用下部旋塞阀进行隔离并泄压后再释放坐封球。

（4）使 $2^1/_2$in 坐封球靠重力落入坐封工具球座上。可以使用落球时间计算表来计算落座时间以作参考。

（5）当球落座后，开始打压坐封尾管悬挂器。膨胀期间随时监测压力升高，1bbl/min 泵速，以每秒为节点进行记录。

（6）尾管悬挂器在压力 4500psi 至 5500psi 时开始膨胀。在膨胀过程中保持稳定泵速（直到尾管悬挂器坐封结束）。压力不要超过 6380psi（TBR 抗内压 7089psi 的 90%）。当内部旁通孔被打开后压力下降，该显示为坐封已经完成，压力已经泄至环空，停泵。

（7）泄压，监测并记录回流量。

（8）参照相关步骤进行验挂及脱手。

3. 尾管悬挂器应急坐封程序——投球坐封（管鞋功能失效）

注意：如果管鞋单流功能失效或者 7in 套管胶塞没有碰压，以下操作程序需要稳压而不发生水泥的 U 型管现象，才能保证备用 $2^1/_2$in 坐封球落座；该应急坐封处理被成功应用于尾管悬挂器深度井斜小于 60° 作业中。任何特殊钻杆螺纹、钻井液密度或者其他方面原因可能会对坐封球靠重力成功落于坐封工具的球座上产生影响。当任何一个深度的钻杆内有台阶或者井斜大于或等于 90° 时，坐封球可能无法落座。确认混浆开始时间和水泥稠化时间，如果水泥返高至尾管悬挂器以上，需要和甲方代表确认是否应急脱手，在水泥稠化之前进行反循环。

（1）关闭水泥头上部旋塞阀，投入 $2^1/_2$in 备用坐封球，确认球落到旋塞阀上。

（2）连接顶驱至水泥头。

（3）确保标示指示器处于关闭状态，否则坐封球有可能会被阻挡在内销上，所以确保指示器内销收回。

（4）如安装 TIW 阀，关闭水泥头下部 TIW 旋塞阀，并检查水泥头下部腔体旋塞阀处于开启状态。如未安装 TIW 旋塞阀，则关闭水泥头下部及旁通管处旋塞阀。

（5）为了防止水泥的 U 形管现象，同时需要关闭旋转头上的阀门。

（6）顶驱开泵打压，使上部旋塞阀上下压力平衡。

（7）打开上部旋塞阀，使球通过水泥头落到下部关闭的 TIW 或旋塞阀上面，可以听到落球的声音。

（8）关闭上部旋塞阀，打开旋转头上面的阀门，调节压力以平衡 TIW 旋塞阀上下压力平衡。

（9）打开下部 TIW 或旋塞阀，监测并随时调整压力保证压力平衡。

（10）在尾管悬挂器膨胀前使坐封工具处于拉伸状态。

（11）使 $2^1/_2$in 坐封球靠重力落入坐封工具球座上。可以使用落球时间计算表来计算落座时间以作参考。

（12）当球落座后，开始打压坐封尾管悬挂器。膨胀期间随时监测压力升高，1bbl/min 泵速，以每秒为节点进行记录。

（13）尾管悬挂器在压力 4500psi 至 5500psi 时开始膨胀。在膨胀过程中保持稳定泵速（直到尾管悬挂器坐封结束）。压力不要超过 6380psi（TBR 抗内压 7089psi 的 90%）。当内部旁通孔被打开后压力下降，该显示为坐封已经完成，压力已经泄至环空，停泵。

（14）泄压，监测并记录回流量。

（15）参照相关步骤进行验挂及脱手。

4. 尾管悬挂器应急坐封程序——机械关闭阀板（尾管悬挂器处于直井端或者所处深度井斜角小于 30°）

（1）确认混浆开始时间和水泥稠化时间，如果水泥返高至尾管悬挂器以上，需要和甲

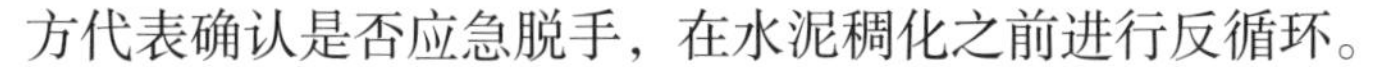

方代表确认是否应急脱手，在水泥稠化之前进行反循环。

（2）旋转管柱对钻杆施加正向扭矩，或者正转管柱对钻杆施加最大的正转扭矩值。可参考 T&D 模拟报告。此步骤非常重要以防止接下来步骤中会倒开钻杆扣。

（3）记录上提下放悬重。

（4）将管柱提至上提悬重，在钻杆上标记一条与钻台面齐平的水平线，并在腰部高度标记一条垂直线。

（5）根据模拟报告，下压所需的重量并施加地面反转扭矩。

（6）上提至之前的上提悬重，如果阀板关闭，则钻杆上的水平线会比之前高 10in。

（7）以 1bbl/min 稳定泵速持续打压并记录压力和泵入量。

泵速（bbl/min）	压力（psi）	体积（bbl）
1	500	
1	1000	
1	1500	
1	2000	
1	2500	
1	3000	
1	4000	
1	5000	

（8）尾管悬挂器在压力 4500psi 至 5500psi 时开始膨胀。在膨胀过程中保持稳定泵速（直到尾管悬挂器坐封结束）。压力不要超过 6380psi（TBR 抗内压 7089psi 的 90%）。当内部旁通孔被打开后压力下降，该显示为坐封已经完成，压力已经泄至环空，停泵。

（9）泄压，监测并记录回流量。

（10）参照验挂及脱手步骤进行。

5. 尾管悬挂器应急坐封程序——机械关闭阀板（尾管悬挂器深度井斜大于 30°）

（1）确认混浆开始时间和水泥稠化时间，如果水泥返高至尾管悬挂器以上，需要和甲方代表确认是否应急脱手，在水泥稠化之前进行反循环。

（2）旋转管柱对钻杆施加正向扭矩，或者正转管柱对钻杆施加最大的正转扭矩值。可参考 T&D 模拟报告。此步骤非常重要以防止接下来步骤中会倒开钻杆扣。

（3）记录上提下放悬重。

（4）将管柱提至上提悬重，在钻杆上标记一条与钻台面齐平的水平线，并在腰部高度标记一条垂直线。

（5）逐渐在钻杆上增加反转扭矩。

（6）根据模拟报告，下压所需的重量并施加地面反转扭矩，先施加 T&D 模拟结果所需地面反转扭矩的 1/3。保持扭矩，下压（20klbf 压力作用在坐封工具上）后上提。

（7）钻杆内打压，观察压力是否升高来确认阀板是否关闭。监测并记录压力及泵入量。

泵速（bbl/min）	压力（psi）	体积（bbl）
1	500	
1	1000	
1	1500	
1	2000	
1	2500	

备注：如果阀板关闭，则钻杆上的水平线会比之前高 10in。此时不要再下放管柱，否则会使坐封工具脱手。

（8）再次施加 T&D 模拟结果所需地面反转扭矩的 2/3。保持扭矩，下压（20klbf 压力作用在坐封工具上）后上提。

（9）钻杆内打压，观察压力是否升高来确认阀板是否关闭。监测并记录压力及泵入量。

泵速（bbl/min）	压力（psi）	体积（bbl）
1	500	
1	1000	
1	1500	
1	2000	
1	2500	

备注：如果阀板关闭，则钻杆上的水平线会比之前高 10in。此时不要再下放管柱，否则会使坐封工具脱手。

（10）再次施加 T&D 模拟结果所需地面反转扭矩的全部扭矩。保持扭矩，下压（20klbf 压力作用在坐封工具上）后上提。

（11）钻杆内打压，观察压力是否升高来确认阀板是否关闭。监测并记录压力及泵入量。

泵速（bbl/min）	压力（psi）	体积（bbl）
1	500	
1	1000	
1	1500	
1	2000	
1	2500	

备注：如果阀板关闭，则钻杆上的水平线会比之前高 10in。此时不要再下放管柱，否则会使坐封工具脱手。

（12）确认尾管悬挂器膨胀前处于拉伸状态。

（13）以 1bbl/min 稳定泵速持续打压并记录压力和泵入量。

泵速（bbl/min）	压力（psi）	体积（bbl）
1	500	
1	1000	
1	1500	
1	2000	
1	2500	
1	3000	
1	4000	
1	5000	

（14）尾管悬挂器在压力4500psi至5500psi时开始膨胀。在膨胀过程中保持稳定泵速（直到尾管悬挂器坐封结束）。压力不要超过6380psi（TBR抗内压7089psi的90%）。当内部旁通孔被打开后压力下降，该显示为坐封已经完成，压力已经泄至环空，停泵。

（15）泄压，监测并记录回流量。

（16）参照验挂及脱手步骤进行。

6. 尾管悬挂器应急脱手程序

（1）确认混浆开始时间和水泥稠化时间，如果水泥返高至尾管悬挂器以上，需要和甲方代表确认是否应急脱手，在水泥稠化之前进行反循环。

（2）旋转管柱对钻杆施加正向扭矩，或者正转管柱对钻杆施加最大的正转扭矩值。可参考T&D模拟报告。此步骤非常重要以防止接下来步骤中会倒开钻杆扣。

（3）记录上提下放悬重。

（4）将管柱提至上提悬重，在钻杆上标记一条与钻台面齐平的水平线，并在腰部高度标记一条垂直线。

（5）逐渐在钻杆上增加反转扭矩。根据模拟报告，下压所需的重量并施加地面反转扭矩，先施加T&D模拟结果所需地面反转扭矩的1/3。保持扭矩，下压（20klbf压力作用在坐封工具上）后上提。

（6）再次下压并上提。

（7 施加T&D模拟结果所需地面反转扭矩的2/3。保持扭矩，下压（20klbf压力作用在坐封工具上）后上提。

（8）再次下压并上提。

（9）施加T&D模拟结果所需地面反转扭矩的全部扭矩。保持扭矩，下压（20klbf压力作用在坐封工具上）后上提。

（10）再次下压并上提管柱至之前的上提悬重，之前的钻杆上的水平线应该会高10min。

（11）将坐封工具处于压缩状态并下压30klbf进行脱手。

（12）上提将坐封工具提出尾管悬挂器。此时可以观察到大钩悬重减少了尾管的重量。

（13）参照相关步骤进行反循环后起钻。

第四章 尾管回接

尾管回接作业是一项非常规作业，主要应用范围包括：钻井尾管或生产尾管以上套管受损需要修补时，可将尾管回接至井口或受损套管以上任意位置；受工程和地质条件限制，水泥浆无法一次性上返封固至井口或目标位置时，可先下尾管固井，后回接固井；尾管固井质量不满足作业要求时，可根据作业要求回接封隔器或回接固井。

尾管回接通常包括长回接固井（回接至井口固井）、短回接固井、短回接不固井三种作业类型。

由于短回接作业与尾管固井悬挂器的操作基本相同，区别在于短回接作业尾管悬挂器不能试脱手，只能固井后脱手。并且目前不同厂家相同类型的尾管回接程序基本一致，本章以斯伦贝谢 7in 尾管回接程序为例进行介绍，其他不再赘述。

第一节 长回接固井

一、概述

××井在下入 7in 尾管悬挂器及固井作业后，根据现场工况，下入回接插头及套管并进行固井作业；7in 尾管回接筒顶深××m/ 垂深××m，井斜××°；井上钻具为××in ××磅级、××钢级、××螺纹类型；该井所使用钻井液体系为××，密度××g/cm^3。

在回接作业前，首先下入刮管器进行清刮 $9^5/_8$in 套管，同时使用 7in 回接筒专用清刮工具对回接筒进行清刮处理；然后下入回接插头（带侧循环孔）、节流浮箍，下回接套管至井口；回接管柱到位之后，插入回接插头，然后进行压力测试，试压成功后，上提管柱使插头循环孔提出回接筒顶部进行固井作业，固井作业碰压后再次将回接插头完全插入回接筒，完成回接固井作业。

1. 第一趟钻清刮回接筒

回接筒清刮管柱下入顺序为：

（1）6in 牙轮钻头；

（2）7in 回接筒专用清刮工具；

（3）配长短节；

（4）回接筒顶部修整工具；

（5）9⁵/₈in 刮管器（可旋转型）；

（6）钻杆。

2. 第二趟钻下入回接管柱

回接管柱下入顺序为：

（1）7in 回接插头（带循环孔）；

（2）7in 双母短节；

（3）7in 节流浮箍；

（4）7in 回接套管。

二、工具参数及结构图

回接管柱作业工具汇总表：

入井工具
7in 回接插头（带循环孔）
7in 节流浮箍（带自动灌浆孔）
7in 回接固井胶塞

7in × 15ft 回接筒清刮工具串如图 4–1–1 所示，回接工具如图 4–1–2 所示。

三、施工前现场检查

（1）与现场甲方代表沟通、确认作业相关信息。

（2）工具到达平台后，对照送料单检查所有工具齐全、完好。

（3）按照《现场检查表》，检查核对并填写相关参数和数据，以确保作业时工作正常。

（4）检查节流浮箍的自动灌浆孔及单流阀工作正常。

（5）检查并确认套管吊卡、卡瓦与回接插头及回接套管的匹配性，确认回接套管的上扣扭矩。

（6）检查确认水泥头与胶塞的匹配性，确认挡销能完全挡住胶塞。

（7）确认钻台各读数表（压力、扭矩、悬重等）正常。固井泵至钻台立管管汇试压（预测的施工最高压力附加 20%），同时校核钻台压力表。

（8）确认套管磅级、螺纹类型与回接工具相符。

（9）确认短套管的数量、长度、磅级及螺纹类型等（短套管各种尺寸均需多备，建议 2m、2.5m 和 3m 各 2 根）。

（10）确认清刮工具的螺纹类型与钻具匹配。

（11）丈量并记录管柱图上的所有相关数据：长度，内径和外径等，确认与尾管悬挂器回接筒匹配。

（12）在做回接管柱表之前，使用标准通径规对套管进行通径。

（13）计算试压时插入密封的上顶力。

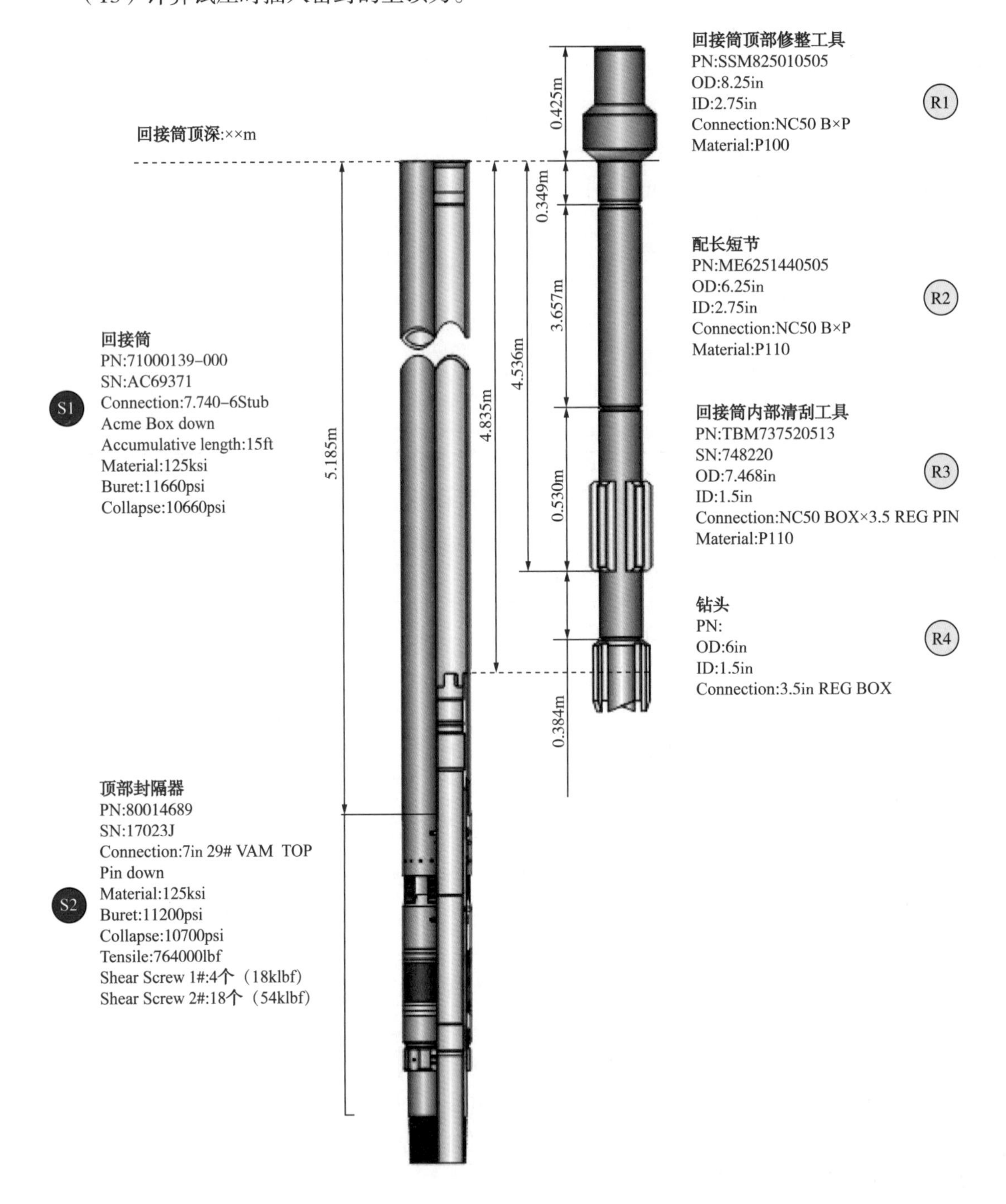

图 4-1-1　7in × 15ft 回接筒清刮工具管串示意图

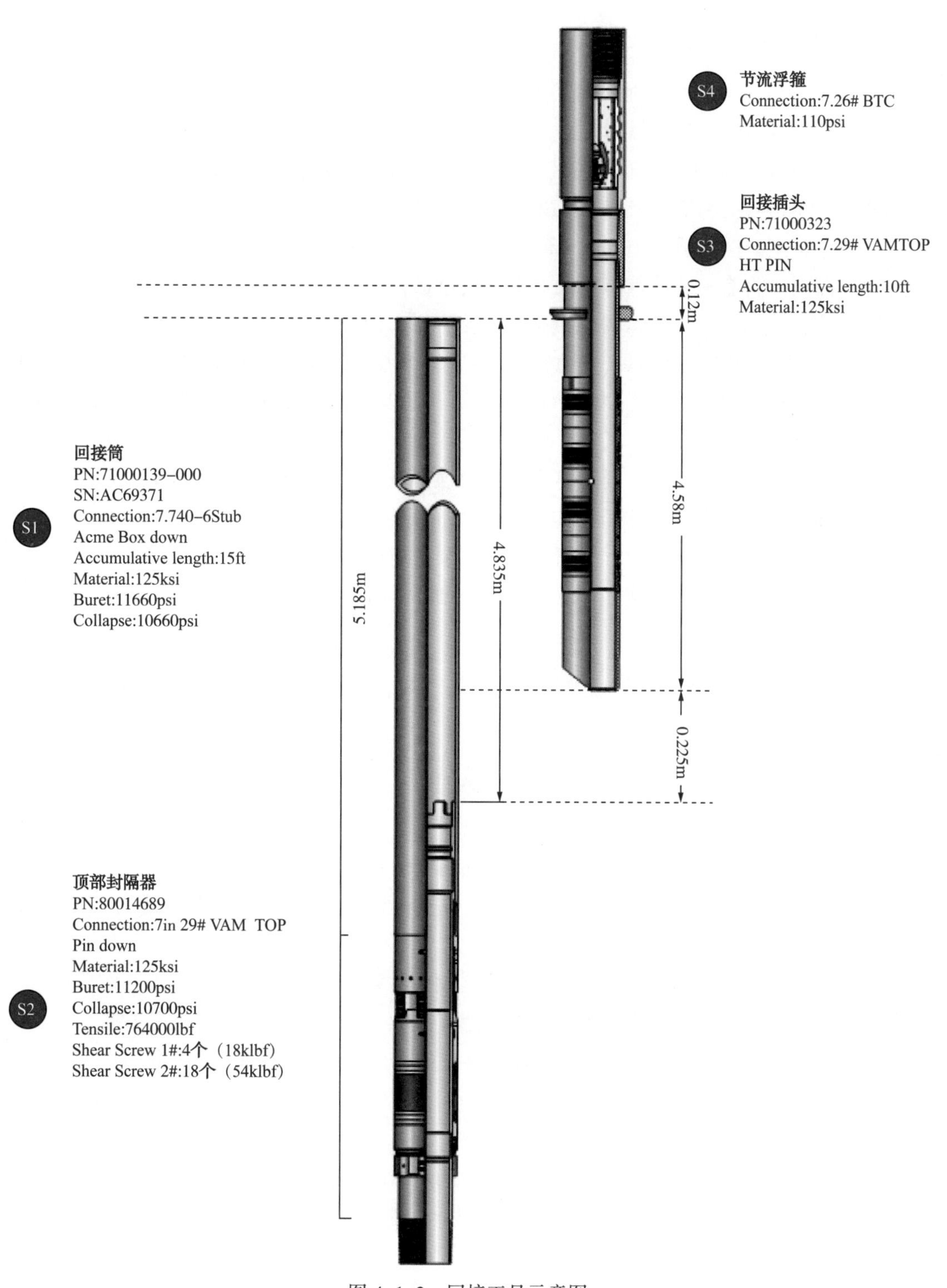

图 4-1-2　回接工具示意图

四、回接筒磨铣作业程序

（1）如果尾管顶部有水泥，需要下钻清除；在钻到回接筒顶部深度时，采用低转数、低钻压，防止破坏回接筒喇叭口。

（2）下回接筒清刮工具（可随带 $9^5/_8$in 可旋转的套管刮管工具）；清刮工具由回接筒清刮磨鞋、配长接头和喇叭口修整工具组成。

（3）下钻至回接筒顶部 100m，降低下钻速度。

（4）探回接筒前一柱称重，记录上提下放重量。

（5）连接完最后一柱钻具接顶驱，开泵循环，记录排量 $0.8m^3/min$ 时的泵压，保持 $0.8m^3/min$ 的排量缓慢下放钻具，注意观察悬重及泵压的变化；同时，结合钻具表，判断磨铣工具进入回接筒，停泵。继续缓慢下放，下压 2~3tf 校核回接筒顶部深度，在钻杆上做好标记。

（6）上提管柱 ××m（上提距离为回接筒顶部修整工具与回接筒内部清刮工具之间长度），在钻杆上做标记，开泵循环（排量 $0.8m^3/min$），同时旋转钻具（转速 20~25r/min）。

（7）在上述两个标记之间反复清刮，直到泵压与扭矩趋于稳定。

（8）将钻头提至回接筒顶部，开泵大排量循环，将井内碎屑循环干净。

（9）停泵，再次校核回接筒深度。

（10）起钻，磨铣工具出井后检查、回收。

五、下回接管柱

（1）更换长吊环，准备好足够长的固井管线。

（2）记录甲板上所有尾管及尾管短节的数量。

（3）下入回接套管前，用标准通径规对所有套管进行通径。

（4）召集所有相关作业人员，开安全会，进行风险评估。主要安全议题为防止落物、吊装作业、防止挤压伤害、有效沟通等。

（5）吊回接插头上钻台，下入回接插头，期间注意防磕碰。

（6）下入节流浮箍，下入 3~5 根套管之后，观察管内钻井液，确认回流正常。

（7）按照管柱表，下套管，并按设计加放扶正器，期间注意保护井口，防止落物入井。

六、插入密封插头

（1）下至回接筒以上 100m 左右时降低下入速度，密切关注悬重变化（回接筒顶：××m）。

（2）接最后一根套管后称重，记录上提和下放悬重。开泵循环，至少一周。

（3）小排量缓慢下放，压力上升，立即停泵；缓慢下放，将插入密封全部插入回接筒，直到悬重明显下降，做标记一。

注：如果插入头不能进入回接筒：旋转试插，控制转速不超过 5r/min。如仍不能插入，加压 0.5~1tf。

（4）下放足够的套管重量，平衡回接密封插头试压时产生的活塞效应。对回接密封试压：500psi × 3min；1000psi × 5min；或者根据工程需要进行试压。

（5）试压成功后，缓慢放压。连接水泥头及固井管线。

（6）管内打压500psi，缓慢上提管柱，将循环孔提到回接筒以上，压力快速下降时，停止上提，做标记二。继续上提循环孔到插入头底端距离的一半，做标记三，此处为固井位置。

（7）对水泥头和固井管线试压。

（8）按照固井设计泵注前置液、水泥浆。

（9）打完水泥浆后，释放套管胶塞，钻井泵顶替。

（10）碰压之后带压缓慢下放管柱，使回接插头密封进入回接筒内，缓慢释放压力，同时继续下放管柱，与之前标记一对比确认插头完全进入到回接筒内。

（11）坐卡瓦。

（12）拆水泥头及固井管线，作业结束。

第二节 短回接固井

一、概述

× × 井在下入7in尾管悬挂器及固井作业后，根据作业要求，下入回接插头及顶部封隔器进行短回接固井作业。7in尾管回接筒顶深 × × m/ 垂深 × × m，井斜 × × °；井上钻具为 × × in、× × 磅级、× × 钢级、× × 螺纹类型；该井所使用钻井液体系为 × ×，密度 × × g/cm^3。

回接作业包括：清刮 $9^5/_8$in 套管、清刮回接筒、下回接管柱、试压、固井、坐挂、脱手、坐封、回收送入工具等。

1. 第一趟钻清刮回接筒

回接筒清刮管柱下入顺序为：

（1）6in 牙轮钻头；

（2）7in 回接筒专用清刮工具；

（3）配长短节；

（4）回接筒顶部修整工具；

（5）$9^5/_8$in 刮管器（可旋转型）；

（6）钻杆。

2. 第二趟钻下入回接管柱

回接管柱下入顺序为：

（1）7in 回接插头（带循环孔）；

（2）7in 双母短节；

（3）7in 节流浮箍；

（4）7in 套管；

（5）7in 碰压座；

（6）7in 套管；

（7）回接工具总成：

①牵制短节（选用），适用于 7in ××~×× 磅级 ×9.625in ××~×× 磅级，×× 磅级、×× 钢级、×× 螺纹类型；

②液压尾管悬挂器，适用于 7in ××~×× 磅级 ×9.625in ××~×× 磅级，×× 磅级、×× 钢级、×× 双公螺纹类型；

③双母接箍，7in ×× 磅级、×× 钢级、×× 螺纹类型；

④顶部封隔器，适用于 7in××~×× 磅级 ×9.625in ××~×× 磅级，×× 磅级、×× 钢级、×× 螺纹类型；

⑤回接筒，适用于 7in××~×× 磅级、×× 钢级、×× 螺纹类型。

二、工具参数及结构图

1. 回接管柱作业工具汇总表

送入工具	入井工具
钻杆 / 钻杆短节 / 变扣作为送入管串	15ft 回接筒
回接筒清刮工具总成	7in 顶部封隔器
悬挂器总成提升短节	7in 双母接箍
JBT 防砂帽	7in 悬挂器
RDA 坐封器	7in 牵制短节
CRT 型送入工具	7in 碰压座
RCB 可回收式密封补芯	7in 节流浮箍
中心管	15ft 回接插头（带侧孔）
LWP 尾管胶塞适配器	××in 钻杆胶塞
	7in 尾管胶塞（拆除锁环）

2. 相关数据

CRT 型送入工具脱手压力	××psi（× 个 ×××psi/ 个）（××MPa）
CRT 型送入工具应急脱手左转剪切销钉扭矩	××lbf · ft（×× 个 ×××lbf · ft）（××N · m）
CRT 型送入工具应急脱手轴向剪切销钉力	52000lbf（8 个 ×6500lbf）（23.6tf）
送入工具最大旋转扭矩——WT40 螺纹	42000lbf · ft（56900N · m）
送入工具最大抗拉强度——送入工具 CRT	750000lbf（340tf）
送入工具最大抗压强度——送入工具 CRT	357000lbf（162tf）

续表

悬挂器薄弱点	最大旋转扭矩——P110，BTC 螺纹	17000lbf · ft（23035N · m）
	最大抗拉强度——PV–3 封隔器	753000lbf（342tf）
	最大抗压强度——PV–3 封隔器	357000lbf（162tf）
确认送入工具脱手最大上提距离（理论值）		× × m
顶部封隔器第一组剪切销钉值		18000lbf（4 个 × 4500lbf/ 个）（8.2tf）
顶部封隔器第二组剪切销钉值		54000lbf（18 个 × 3000lbf/ 个）（24.5tf）
悬挂器坐挂压力		× × psi（× × 个 × × × psi/ 个）（× × MPa）
悬挂器最大坐挂能力		251000lbf（114tf）
牵制短节坐挂压力		× × psi（× 个 × × × psi/ 个）（× × MPa）
牵制短节上提销钉剪切值		54000lbf（12 个 × 4500lbf/ 个）（24.5tf）
顶部封隔器最大承压		12000psi
回接插头最大承压		管内：10000psi；管外：8000psi

工具结构如图 4–1–1 和图 4–1–2 所示。

三、施工前现场检查

（1）与现场作业者代表沟通、确认作业相关信息。

（2）确认 $9^5/_8$in 套管磅级 × × #；井内回接筒顶部深度 × × m；钻杆尺寸、螺纹类型和钢级等与悬挂器总成相符。

（3）工具到达平台后，对照送料单检查所有工具齐全、完好。

（4）检查确认悬挂器总成号与施工前报告相符。

（5）按照《现场检查表》，检查核对并填写相关参数和数据，以确保作业时工作正常。

（6）检查并确认送入工具与钻杆可连接，确认上扣扭矩。确认吊卡与提升短节匹配。

（7）检查胶塞适配器（旋转、拉拽测试以及确认顶丝已安装）。

（8）核对、确认并记录销钉的数量与《施工前报告》的数量一致。

（9）如现场条件允许，回接筒内提前灌满钻杆螺纹润滑脂。

（10）下入回接套管前，用标准通径规对所有回接套管进行通径。

（11）检查节流浮箍，确认单流阀及回流孔工作正常。

（12）检查尾管胶塞，去除胶塞锁紧机构。

（13）确认钻台各读数表（压力、扭矩、悬重等）正常。固井泵至钻台立管管汇试压（预测的施工最高压力附加 20%），同时校核钻台压力表。

（14）检查确认悬挂器总成划线位置没有错位，确认各部件连接正常（车间组装完后划线）。

（15）下回接管柱前，取出防磨套。

（16）计算试压时插入密封的上顶力。

（17）清刮回接筒时，重新校正回接筒深度。

四、回接筒磨铣作业程序

（1）如果尾管顶部有水泥，需要下钻清除；在钻到回接筒顶部深度时，采用低转数、低钻压，防止破坏回接筒喇叭口。

（2）下回接筒清刮工具（可随带 $9^5/_8$in 可旋转的套管刮管工具）；清刮工具由回接筒清刮磨鞋、配长接头和喇叭口修整工具组成。

（3）下钻至回接筒顶部 100m，降低下钻速度。

（4）探回接筒前一柱称重，记录上提下放重量。

（5）连接完最后一柱钻具接顶驱，开泵循环，记录排量 $0.8m^3/min$ 时的泵压，保持 $0.8m^3/min$ 的排量缓慢下放钻具，注意观察悬重及泵压的变化；同时，结合钻具表，判断磨铣工具进入回接筒，停泵。继续缓慢下放，下压 2~3tf 校核回接筒顶部深度，在钻杆上做好标记。

（6）上提管柱 ××m（上提距离为回接筒顶部修整工具与回接筒内部清刮工具之间长度），在钻杆上做标记，开泵循环（排量 $0.8m^3/min$），同时旋转钻具（转速 20~25r/min）。

（7）在上述两个标记之间反复清刮，直到泵压与扭矩趋于稳定。

（8）将钻头提至回接筒顶部，开泵大排量循环，将井内碎屑循环干净。

（9）停泵，再次校核回接筒深度。

（10）起钻，磨铣工具出井后检查、回收。

五、下回接管柱

（1）更换长吊环，准备好足够长的固井管线。

（2）记录甲板上所有尾管及尾管短节的数量。

（3）下入回接尾管前，用标准通径规对所有尾管进行通径。

（4）召集所有相关作业人员，开安全会，进行风险评估。主要安全议题为防止落物、吊装作业、防止挤压伤害、有效沟通等。

（5）下入回接插头，期间注意防磕碰。

（6）下入节流浮箍，下入 3~5 根尾管之后，观察管内钻井液，确认回流正常。

（7）按照管柱表，下尾管，并按设计灌浆、加放扶正器，期间注意保护井口，防止落物入井。

（8）连接悬挂器总成并按标准扭矩上扣（确认上扣时，大钩吊卡已经放松）。

（9）不提卡瓦，上提 1m，确认划线位置没有移位。

（10）再次确认牵制短节、悬挂器及封隔器剪切销钉数量。

（11）回接筒内灌满钻杆螺纹润滑脂（如回接筒内已提前灌满螺纹润滑脂，则忽略此步骤）。

注意：禁止在回接筒上坐卡瓦。

（12）悬挂器总成缓慢通过转盘和防喷器，在 ××in 钻杆短节上坐卡瓦。

（13）对尾管串进行称重。

（14）为防止下钻时井下落物，可将钻杆刮泥器套在钻杆上，保护井口。

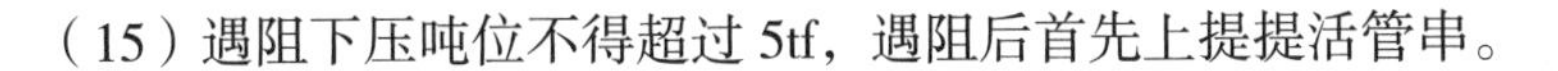

（15）遇阻下压吨位不得超过 5tf，遇阻后首先上提提活管串。

六、试插入密封插头

（1）试插作业全程应控制压力小于悬挂器总成设定压力最小值的 70%。

（2）下至回接筒以上 100m 左右时降低下入速度，密切关注悬重变化（回接筒顶：××m）。

（3）最后一柱钻具接顶驱、称重并记录。开泵循环，至少一周。

（4）小排量缓慢下放，压力上升，立即停泵；缓慢下放，将插入密封全部插入回接筒，直到悬重明显下降，做标记一。

注：如果插入头不能进入回接筒：旋转试插，控制转速不超过 5r/min。如仍不能插入，加压 0.5~1tf。

（5）下放足够的套管重量，平衡回接密封插头试压时产生的活塞效应。对回接密封试压：500psi × 3min；1000psi × 5min；或者根据工程需要进行试压。

（6）试压成功后，缓慢放压。连接水泥头及固井管线。

（7）管内打压 500psi，缓慢上提管柱，将循环孔提到回接筒以上，压力快速下降时，停止上提，做标记二。继续上提循环孔到插入头底端距离的一半，做标记三，此处为固井位置。

七、回接固井作业

（1）固井作业全程应控制压力小于悬挂器总成设定压力最小值的 70%。

（2）对水泥头和固井管线试压。

（3）按照固井设计泵注前置液、水泥浆。

（4）打完水泥浆后，释放钻杆胶塞，按固井设计顶替。

（5）在大小胶塞啮合之前 $2m^3$，降低泵速到 $0.6\sim0.8m^3/min$，观察大小胶塞啮合压力（设定值是 1992psi/13.7MPa）。记录啮合压力值及顶替量，校核泵效、计量误差。在大胶塞释放后，恢复正常泵速继续顶替。如果未观察到大小胶塞啮合压力，在设计大小胶塞啮合泵效之后 $2m^3$，恢复正常泵速继续顶替。

（6）慢替量和排量按固井设计执行，碰压。记录碰压压力。

注 1：顶替使用一个泵注系统，以减少计量误差。

注 2：用固井泵顶替到设计量，若没有碰压，最多再替球座以下套管内容积的一半。

注 3：用钻井泵顶替如果能观察到大小胶塞啮合，且啮合时泵效高于 95% 则碰压；如果观察不到大小胶塞啮合或者啮合时泵效特别低，则按施工前测试过的经验泵效并综合流量计、钻井液池等多种计量方式进行顶替，过替不超过球座以下套管内容积的一半；同时要综合考虑管内外压差，不漏的情况至少要替到设计压差。

八、插入密封插头

（1）碰压后带压缓慢下放管柱，使回接插头密封进入回接筒内，缓慢释放压力；同时，继续下放管柱，与之前标记一对比确认插头完全进入回接筒内。

（2）回接插头到位之后下压 10tf，坐卡瓦，放压并检查、记录回流。

（3）拆水泥头及固井管线。

九、坐挂悬挂器、牵制短节和送入工具脱手

（1）连接顶驱。

（2）管内打压至悬挂器与牵制短节设计压力最高值 +400psi（2.8MPa），即 ××psi（××MPa），稳压 5min。

注意：在此过程中，保持下压吨位（根据上顶力进行调整）。

（3）继续下压 20tf，管内打压至 CRT 脱手压力 +400psi（2.8MPa），即 ××psi（××MPa），稳压 5min。

注意：在此过程中，保持下压吨位（根据上顶力进行调整）。

（4）缓慢释放压力到零，上提至钻具悬重后继续上提 0.5m，如果钻具悬重不增加，说明脱手成功（最大上提悬重：钻具上提悬重 +10tf）。记录脱手后钻具悬重。

注意：如无法脱手，重新下放 30tf 钻具悬重，在原有的压力基础上以 400psi 阶梯继续提高压力，保持 5min，重复步骤（3）。如仍无法脱手，则采用机械应急脱手。

十、坐封顶部封隔器

（1）上提至钻具提活悬重后，继续上提 ××m（涨封挡块到回接筒顶部距离 ××m+××m）。

（2）下放管柱，灵敏表调零，下压 40tf 坐封封隔器。期间注意观察悬重，确认封隔器剪切销钉剪断。销钉剪切后保持下压至少 3min。

（3）根据作业者要求可以环空对封隔器试压。

十一、回收送入工具

（1）打压（悬挂器处管柱内外压差 +3MPa），上提管柱 ××m（密封补芯失去密封距离 ××m- 胀封挡块到回接筒顶部距离 ××m）。压力下降，迅速开泵，小排量循环。继续上提 ××m（中心管提出回接筒），大排量循环（推荐 2.5m^3/min 左右），以确保将回接筒顶部水泥浆清洗干净。

（2）继续上提 3~5m。在钻杆上沿转盘面划线，在划线位置以上活动钻具，活动距离不少于一个单根。

（3）循环 1.5 个环空容积，期间注意观察返出，确认水泥浆循环干净。

（4）循环结束后，记录上提下放悬重，起钻。

第三节　短回接不固井

一、概述

××井在下入7in尾管悬挂器及固井作业后，根据现场工况，作业者要求下入回接插头及顶部封隔器对7in尾管顶部环空封堵；7in尾管回接筒顶深××m/斜深××m，井斜××°；井上钻具为×in××#××螺纹类型钻杆；该井所使用钻井液体系为××，密度××g/cm³。

回接作业包括：清刮9⁵/₈in套管、清刮回接筒、下回接管柱、试压、坐挂、脱手、坐封、验封、回收送入工具等。

1. 第一趟钻清刮回接筒

回接筒清刮管柱下入顺序为：

（1）6in牙轮钻头。

（2）7in回接筒专用清刮工具。

（3）配长短节。

（4）回接筒顶部修整工具。

（5）9⁵/₈in刮管器（可旋转型）。

（6）钻杆。

2. 第二趟钻下入回接管柱

回接管柱下入顺序为：

（1）7in回接插头（带循环孔）。

（2）7in双母短节。

（3）7in回接套管。

（4）回接工具总成：

①牵制短节，适用于7in××~××磅级×9.625in××~××磅级，××磅级、××钢级、××螺纹类型。

②液压尾管悬挂器（选用），适用于7in××~××磅级×9.625in××~××磅级，××磅级、××钢级、××双外螺纹类型。

③双母接箍，7in××磅级、××钢级、××螺纹类型。

④顶部封隔器，适用于7in××~××磅级×9.625in××~××磅级，××磅级，××钢级，××螺纹类型。

⑤回接筒，适用于7in××~××磅级，××钢级、××螺纹类型。

二、工具参数及结构图

1. 回接管柱作业工具汇总表

送入工具	入井工具
钻杆 / 钻杆短节 / 变扣作为送入管串	15 ft 回接筒
回接筒清刮工具总成	7in 顶部封隔器
提升短节	7in 双母接箍
JBT 防砂帽	7in 悬挂器
RDA 坐封器	7in 牵制短节
CRT 型送入工具	7in15ft 回接插头
RCB 可回收式密封补芯	
中心管	
LWP 尾管胶塞适配器	

2. 相关数据

CRT 型送入工具脱手压力		××psi（××个×××psi/个）（××MPa）
CRT 型送入工具应急脱手左转剪切销钉扭矩		××lbf·ft（××个×1621lbf·ft）（××N·m）
CRT 型送入工具应急脱手轴向剪切销钉力		××lbf（××个×××lbf）（××tf）
送入工具最大旋转扭矩——WT40 螺纹		42000lbf·ft（56900N·m）
送入工具最大抗拉强度——送入工具 CRT		750000lbf（340tf）
送入工具最大抗压强度——送入工具 CRT		357000lbf（162tf）
悬挂器总成薄弱点	最大旋转扭矩——P110，BTC 螺纹	17000lbf·ft（23035N·m）
	最大抗拉强度——PV-3 封隔器	753000lbf（342tf）
	最大抗压强度——PV-3 封隔器	357000lbf（162tf）
确认送入工具脱手最大上提距离（理论值）		××m
顶部封隔器第一组剪切销钉值		18000lbf（4 个 ×4500lbf/ 个）（8.2tf）
顶部封隔器第二组剪切销钉值		54000lbf（18 个 ×3000lbf/ 个）（24.5tf）
悬挂器坐挂压力		××psi（××个×××psi/个）（××MPa）
悬挂器最大坐挂能力		251000lbf（114tf）
牵制短节坐挂压力		××psi（××个×××psi/个）（××MPa）
牵制短节上提销钉剪切值		54000lbf（12 个 ×4500lbf/ 个）（24.5tf）
顶部封隔器最大承压		12000psi
回接插头最大承压		管内：10000psi；管外：8000psi

工具结构如图 4-1-1 和图 4-1-2 所示。

三、施工前现场检查

（1）与现场作业者代表沟通、确认作业相关信息。

（2）确认 $9^5/_8$in 套管磅级 ××#；井内回接筒顶部深度 ××m；钻杆尺寸、螺纹类型、钢级等与悬挂器总成相符。

（3）工具到达平台后，对照送料单检查所有工具齐全、完好。

（4）检查确认悬挂器总成号与施工前报告相符。

（5）按照《现场检查表》，检查核对并填写相关参数和数据，以确保作业时工作正常。

（6）检查并确认送入工具与钻杆可连接，确认上扣扭矩。确认吊卡与提升短节匹配。

（7）检查胶塞适配器（旋转、拉拽测试以及确认顶丝已安装）。

（8）核对、确认并记录销钉的数量与《施工前报告》的数量一致。

（9）如现场条件允许回接筒内提前灌满钻杆螺纹润滑脂。

（10）下入回接套管前，用标准通径规对所有回接套管进行通径。

（11）确认钻台各读数表（压力、扭矩、悬重等）正常。固井泵至钻台立管管汇试压（预测的施工最高压力附加20%），同时校核钻台压力表。

（12）检查确认悬挂器总成划线位置没有错位，确认各部件连接正常（车间组装完后划线）。

（13）下回接管柱前，取出防磨套。

（14）计算试压时插入密封的上顶力。

（15）清刮回接筒时，重新校正回接筒深度。

四、回接筒磨铣作业程序

（1）如果尾管顶部有水泥，需要下钻清除；在钻到回接筒顶部深度时，采用低转数、低钻压，防止破坏回接筒喇叭口。

（2）下回接筒清刮工具（可随带9⅝in可旋转的套管刮管工具）；清刮工具由回接筒清刮磨鞋、配长接头和喇叭口修整工具组成。

（3）下钻至回接筒顶部100m，降低下钻速度。

（4）探回接筒前一柱称重，记录上提下放重量。

（5）连接完最后一柱钻具接顶驱，开泵循环，记录排量0.8m^3/min时的泵压，保持0.8m^3/min的排量缓慢下放钻具，注意观察悬重及泵压的变化，同时结合钻具表，判断磨铣工具进入回接筒，停泵。继续缓慢下放，下压2~3tf校核回接筒顶部深度，在钻杆上做好标记。

（6）上提管柱××m（上提距离为回接筒顶部修整工具与回接筒内部清刮工具之间长度），在钻杆上做标记，开泵循环（排量0.8m^3/min），同时旋转钻具（转速20~25r/min）。

（7）在上述两个标记之间反复清刮，直到泵压与扭矩趋于稳定。

（8）将钻头提至回接筒顶部，开泵大排量循环，将井内碎屑循环干净。

（9）停泵，再次校核回接筒深度。

（10）起钻，磨铣工具出井后检查、回收。

五、下回接管柱

（1）记录甲板上所有尾管及尾管短节的数量。

（2）下入回接尾管前，用标准通径规对所有尾管进行通径。

（3）召集所有相关作业人员，开安全会，进行风险评估。主要安全议题为防止落物、吊装作业、防止挤压伤害、有效沟通等。

（4）下入回接插头，期间注意防磕碰。

（5）按照管柱表，下尾管，并按设计灌浆、加放扶正器，期间注意保护井口，防止落物入井。

（6）连接悬挂器总成并按标准扭矩上扣（确认上扣时，大钩吊卡已经放松）。

（7）不提卡瓦，上提 1m，确认划线位置没有移位。

（8）再次确认牵制短节、悬挂器及封隔器剪切销钉数量。

（9）回接筒内灌满钻杆螺纹润滑脂（如回接筒内已提前灌满螺纹润滑脂，则忽略此步骤）。

注意：禁止在回接筒上坐卡瓦。

（10）悬挂器总成缓慢通过转盘和防喷器，在 × ×in 钻杆短节上坐卡瓦。

（11）为防止下钻时井下落物，可将钻杆刮泥器套在钻杆上，保护井口。

（12）遇阻下压吨位不得超过 5tf，遇阻后首先上提提活管串。

六、插入密封插头

（1）作业全程应控制压力小于尾管悬挂器总成设定压力最小值的 70%。

（2）下至回接筒以上 100m 左右时降低下入速度，密切关注悬重变化（回接筒顶：× ×m）。

（3）最后一柱钻具接顶驱、称重并记录。开泵循环，至少一周。

（4）小排量缓慢下放，压力上升，立即停泵；继续缓慢下放，将插入密封全部插入回接筒，直到悬重明显下降，做标记一。

注：如果插入头不能进入回接筒：旋转试插，控制转速不超过 5r/min。如仍不能插入，加压 0.5~1tf。

（5）下放足够的套管重量，平衡回接密封插头试压时产生的活塞效应。对回接密封试压：500psi 试压 3min；1000psi 试压大于 5min；或者根据工程需要进行试压。

（6）试压成功后，缓慢放压。

七、坐挂悬挂器、牵制短节和送入工具脱手

（1）管内打压至悬挂器与牵制短节设计压力最高值 +400psi（2.8MPa），即 × ×psi（× ×MPa），稳压 5min。

注意：在此过程中，保持下压吨位（根据上顶力进行调整）。

（2）继续下压 20tf，管内打压至 CRT 脱手压力 +400psi（2.8MPa），即 × ×psi（× ×MPa），稳压 5min。

注意：在此过程中，保持下压吨位（根据上顶力进行调整）。

（3）缓慢释放压力到零，上提至钻具悬重后继续上提 0.5m，如果钻具悬重不增加，说明脱手成功（最大上提悬重：钻具上提悬重 +10tf）。记录脱手后钻具悬重。

注意：如无法脱手，重新下放 30tf 钻具悬重，在原有的压力基础上以 400psi 阶梯继续提高压力，保持 5min，重复步骤（2）。如仍无法脱手，则采用机械应急脱手。

八、坐封顶部封隔器

（1）上提至钻具提活悬重后，继续上提 ××m（胀封挡块到回接筒顶部距离 ××m+××m）。

（2）下放管柱，灵敏表调零，下压 40tf 以坐封封隔器。期间注意观察悬重，确认封隔器剪切销钉剪断。销钉剪切后保持下压至少 3min。

（3）对封隔器试压。

九、回收送入工具

（1）起钻。

（2）起出送入工具并检查。